首都师范大学史学丛书

新时期婚姻伦理与生活质量研究

（1980-2014）

梁景和　主编

Xinshiqi
Hunyin Lunli Yu
Shenghuo Zhiliang Yanjiu
1980-2014

中国社会科学出版社

图书在版编目(CIP)数据

新时期婚姻伦理与生活质量研究：1980—2014／梁景和主编．—北京：中国社会科学出版社，2018.1

（首都师范大学史学丛书）

ISBN 978－7－5203－0820－5

Ⅰ.①新…　Ⅱ.①梁…　Ⅲ.①婚姻道德—研究—中国—1980—2014②生活质量—研究—中国—1980—2014　Ⅳ.①B823.2②C913.3

中国版本图书馆CIP数据核字(2017)第194421号

出 版 人　赵剑英
责任编辑　田　文　徐沐熙
责任校对　张爱华
责任印制　王　超

出　　版　中国社会科学出版社
社　　址　北京鼓楼西大街甲158号
邮　　编　100720
网　　址　http://www.csspw.cn
发 行 部　010－84083685
门 市 部　010－84029450
经　　销　新华书店及其他书店

印　　刷　北京君升印刷有限公司
装　　订　廊坊市广阳区广增装订厂
版　　次　2018年1月第1版
印　　次　2018年1月第1次印刷

开　　本　710×1000　1/16
印　　张　19
插　　页　2
字　　数　265千字
定　　价　79.00元

凡购买中国社会科学出版社图书，如有质量问题请与本社营销中心联系调换
电话：010－84083683

生活质量：社会文化史研究的新维度（代序）

梁景和

社会文化史发展至今，把生活质量作为其研究的一个新维度，是社会文化史研究的新理念之一。为什么要从史学角度来研究生活质量，主要研究哪些内容和问题，怎样进行研究，这些是本书拟探索的主旨。

一　概念与价值

欧美国家在20世纪50年代末开始把生活质量作为多学科的研究领域与研究视角进行研究。[①] 20世纪80年代以后，中国的社会学、心理学、经济学、医学等学科也开始探讨生活质量这个问题，但迄今为止历史学对此却鲜有研究。如果从史学角度来研究生活质量，可以开辟社会文化史研究的新维度。生活质量是指人们客观生活的实际状况以及对生活的满意程度和幸福感受程度。[②] 这里既包含客观生活质量，即社会生活条件的实际状况，也包含主观生活质量，即生活满意度和主观幸福感。

研究生活质量有其重要的意义和价值。肯定和实现提高生活质

① 美国经济学家加尔布雷斯于1958年在其所著《富裕社会》一书中首次提出“生活质量”这一学术概念。

② 这个概念界定虽然与其他人文社会科学的界定没有本质上的差异，但史学的研究方法和问题意识与其他人文社会科学相比则有自己的独到之处。

量是人类社会的目的和欲求，是人类整体生活和人类个体生活的目的和欲求。生活质量既反映在社会生活条件方面，也反映在人们的主观幸福感上。幸福感是人类生活永恒美好的追求，正如休谟所说："一切人类努力的伟大目标在于获得幸福。"①"对幸福生活的向往和追求，可以说是不同时代、不同经济和文化背景下人们的共同欲求。从这一意义上说，幸福似乎可以成为一种普遍主义的价值理想。"②研究生活质量的意义和价值还在于：探寻生活质量在不同历史阶段的基本概念或界定；设计并确定生活质量这一崭新的学术研究领域在不同时代的基本框架体系；探讨不同时代、不同需求层次的人③对生活质量的认识、理解和判断的合理性、差异性和谬误性，及造成此种现象的历史、文化和社会等方面的基本缘由；研讨客观生活质量和主观生活质量的联系与相互作用产生的各种功能及其成因；探求不同时期人类个体主观生活质量的复杂性形成的基本原因；探索不同时代生活质量的主观满意度和幸福感表现出的层次相同以及"处于相同物质生活水平的人们，对其个人生活的评价和满意度可以大相径庭；反之，生活满意度相同的人，其实际物质生活水平可以相去甚远"④的基本因由；研究实现人的全面自由发展目标与提高人们生活质量要求的两者之间内在的基本逻辑，等等。

当我们了解了生活质量的研究概念和研究价值之后，就可以进一步认识和理解它的学术承续。从宏观史学发展的脉络来看，历史学早期从关注"事件的历史"出发，主要是探讨政治的历史，研究政治、军事和政权更迭中的大的历史事件；之后开始关注"社会的

① ［英］休谟：《人性的高贵与卑劣——休谟散文集》，杨适等译，上海三联书店1988年版，第81页。

② 王露璐：《幸福是什么——从亚里士多德与密尔的幸福观谈起》，《光明日报》2007年11月13日。

③ 按照马斯洛的理论，人的需求有5个层次，即生理需求、安全需求、爱与归属需求、尊重需求和自我实现需求。

④ 冯立天主编：《中国人口生活质量研究》，北京经济学院出版社1992年版，第107页。

历史”，主要探讨社会经济和社会生活的历史状态；再后来进一步关注历史主体的内在观念和心理的历史，去研讨人的内心世界和情感感受。从西方兰克以前的政治史，到年鉴学派的经济社会史，再到后来的观念心态史、新文化史以及中国的王朝史、清末的新史学，最后到社会史、社会文化史，大致反映了这样的一个学术历程。历史科学发展的这种脉络的客观性，是历史发展到某一阶段的客观需要决定的：比如中国的王朝史主要是在王朝时代为王朝的统治需要服务的；西方的新社会史是为有益于民众群体和个体的生活改观服务的；中国社会史的复兴是为改造中国社会的实际问题服务的；而今天从社会文化史的角度来研究生活质量也是中国当下社会注重群体与个体的生存状态，改善生活条件，提高生活满意度和增强主观幸福感的客观需要决定的。也就是说，学术发展脉络承续的客观性是历史发展的客观需要决定的。

二　内容与问题

生活质量是社会文化史研究的新维度，它的研究内容，有初期起步到未来发展这一过程上的先后变化，所以应当遵循先窄后宽、先易后难、先分解后综合的原则来进行。

首先，我们应当关注人类日常生活的第一主题。刚刚开始从生活质量的领域来研究社会文化史时，要考虑的是从纷繁的社会生活中选择什么样的具体内容来研究。社会生活的内容太广太繁，而且随着时代的发展，又会不断地添加新的内容。然而社会生活无论怎样庞杂，其中贯穿人类社会过往时代的基本范畴却是几种相对恒常的具体内容，那就是衣食住行、婚姻家庭、两性伦理、休闲娱乐、生老病死等等，这些基本的范畴就是人类生活的第一主题。[①] 这些最为基本的生活范畴贯穿于长久的历史阶段中，它们

① 梁景和、王峥：《中国近代早期国人眼中的欧美生活·结语》，《首都师范大学学报》2012 年第 1 期。

的现状以及发展变化与人们的生活质量息息相关，所以研究生活质量可以从人类日常生活的第一主题做起，即从这些社会生活的基本范畴做起。虽然我们仅用上面的几个词语就概括了日常生活的第一主题，但它的具体内容还是相当广泛的，所以我们研究的内容就不可能是单一、狭隘的。比如衣食住行中的“食”就包含着极其丰富的内容，例如食品原料、食品生产、饮食器具、饮食风尚、菜系品种、饮食思想、美食养生、食疗保健、茶酒饮料等等；再如“家庭”可包括家庭形式、家庭规模、家庭结构、家庭文化、家庭关系、家庭功能、家庭类别、个体家庭等等；还有生老病死中的“生”也包含着极其广泛的内容，例如人生仪礼、教育成长、强身健体、求职就业、养家糊口、日常消费、友情社交、理想追求等等。以上所举，说明仅是日常生活的第一主题就有着丰富的研究内容，从中选取任何一项，都可以作为生活质量研究的起点。日常生活的第一主题以往有着大量的研究，如果转换一下视角，运用生活质量的维度再去思考这一主题，可能会发现很多有学术价值的新问题。

其次，我们研究的内容再向前伸展，即从政治、经济、文化、社会、环境等宏大的范畴去探索生活质量问题可能会显得更为开阔和宏观。各个层次的政治管理、中央和地方的机构组织、军队、法律、监狱等，这些政治因素的实施和运行对于不同阶层、不同类型的群体与个体的生活质量会有直接或间接的影响；不同的经济制度、政策和经济措施、手段，不同的生产力水平，对外贸易的发展，各类企业的发展壮大对于不同阶层、不同类型的群体和个体的生活质量会有直接或间接的影响；文化教育政策的发展、变迁，社会信仰和社会思潮的变革，国家、民族宣扬的价值观、世界观和人生观对于不同阶层、不同类型的群体和个体的生活质量会有直接或间接的影响；社会城乡的管理和调控，社会的保障和疏导，市政设施的建设和完善对于不同阶层、不同类型的群体与个体的生活质量会有直接或间接的影响；环境的污染和恶化及对其的治理，对于不同阶层、不同类型的群体和个体的生活质量会有直接或间接的影响。综上所述，我们从宏观的政治、经济、文化、社会、环境作为视角，同样可以研究人们的生活质量问题。比如历代国家统治集团面对天灾、人祸等采取的一系列社会救济的荒政保障建设，与民众现实的生活和生活质量紧密相连；明清以来苏州的碑刻[①]中有许多关于赋役管理、商业管理、宗族管理、寺观管理、环境管理、市政管理的碑文，这些社会管理的功效，与民众的现实生活和生活质量紧密相连；革命家王稼祥曾给他的堂弟王柳华写信说："可怜我们受环境的压迫，婚姻不得自由，求学不得自由，择业不得自由，而且一盼前途，就觉茫茫毫无把握，不知自己的生活怎样才可解决。唉！这样的环境，难道不能或不应当把它打碎吗？不过这不是局部问题，乃是政治问题，政治改良，环境自不求自善。柳华，'人是政治的动物'，我们应当负改革中国政治的责。"[②] 从这样一封家书中，我们可以看到参与革命、改革政治，同样也与民众的现实生活和生活质量紧密相连。当然，这样的研究范畴与上述第一点不同，它更显开阔性和宏观性。

最后，我们要对生活质量涉及的诸多内容进行综合、全面地研究。这是一种十分复杂的研究，即便如此，它同样可以对于不同阶层、不同类型的群体和个体生活质量的优劣高低作出基本的梳理、判断和评价。

上面对研究内容设置的三个梯度，只不过是研究生活质量初始阶段的一个一般性原则，这样的梯度设置有助于我们研究的起步，但它并不是硬性的研究程序，根据研究队伍的状况以及研究者的兴趣、积累和能力，可以打破这样的研究程序，我们提倡研究内容在宽窄、难易、分解综合上的交叉、互动和提升。

在对生活质量研究的内容有了一个基本的理解和把握之后，我们再进一步思考研究生活质量的问题意识。研究生活质量的主要问题

---

① 王国平、唐力行主编：《明清以来苏州社会史碑刻集》，苏州大学出版社 1998 年版。

② 中共中央文献研究室编：《老一代革命家家书选》，中央文献出版社、生活·读书·新知三联书店 1990 年版，第 10—11 页。

意识在于：探讨特定历史时期的人们对生活质量的认识和理解；研究特定历史阶段的物质发展、人们的生活方式以及特定时代人们生活质量的标准和对其的认同；探究特定历史阶段中特定人群具体生活的实际状况以及客观生活质量和主观生活质量的实际状态；研讨为什么在特定的历史阶段中，特定的人群会追求那样的生活质量，会过那样的生活，会有那样的生活态度和生活向往，是什么样的“社会存在、文化传统、历史经验等因素”[①] 决定的。只有对上述的问题意识有了诠释和解答，我们的研究才能彰显出它应有的价值。

三　研究的方法

研究生活质量采用的方法随其研究的具体内容的不同以及问题意识的不同而有所不同，并且随着研究的展开和不断发展以及研究成果和研究经验的积累，还会不断创造出新的研究方法。目前，我们可以关注如下一些研究方法。

1. 宏观微观的研究方法。关于生活质量，既可以进行宏观研究，又可以进行微观研究[②]。宏观研究和微观研究主要关涉到时间、空间、人群等概念。诸如此类，既可以研究一个长时段的生活质量，也可以研究一个短时期的生活质量；既可以研究大区域内的生活质量，也可以研究小区域内的生活质量；既可以研究多群体的生活质量，也可以研究单一群体或个体的生活质量。关注不同时段，不同地域，不同人群，不同个体，不同问题，有助于进行宏观与微观的研究，有助于研究的理论化以及细化和具体化。这种研究有着丰富的史料来开启我们的思考，比如在地方志中有记载浙江人订婚习俗的，反映了浙江富贵人家与平常人家的不同生活：“订婚之始，谓之缠红。富厚之家，聘物恒用金饰，如手镯、如意、耳环、戒指

---

① 王露璐：《幸福是什么——从亚里士多德与密尔的幸福观谈起》，《光明日报》2007 年 11 月 13 日。

② 宏观和微观都是相对概念，宏观是相对微观而言，微观是相对宏观而言，所以这里舍弃了中观的概念。

之类，加以绒线制成五色盆景，光艳夺目。满盛盘中，谓之花果缠红。平常人家，则无如是之财力，或用小纹银一锭，鎏金如意一柄，取一定如意之意，或用鎏金八吉一对，镀金手镯一副，取有吉局之意。”① 从民国时期河南安阳的衣着习俗中，可见不同阶级之间存在的差异：“境内习尚，认俭朴为美德，以装饰为浮夸。除资产阶级、官僚家庭以洋布为衣料，间或着绫罗锦缎外，余则均以自织之棉布加以颜色裁为服裳，一袭成就，间季浣濯，直至破烂而后已。”② 民国时期河北元氏县的士商与农民使用着不同的交通工具：“凡出行，近时无论士商，必脚踏自行车，故自行车之销路，有一日千里之势。唯农民出门，多步行。”③ 20 世纪 20 年代的上海“以乘汽车为豪，每至礼拜日，必有许多少年男女，同乘一车，疾驰于南京路、静安寺路、福州路。”④ 这些地方志资料从宏观视角反映了具体领域不同人群的社会生活和生活质量。我们再来看民间歌谣中的史料，如反映明末农民苦难生活的歌谣：“官府征粮纵虎差，豪家索债如狼豺，草根木叶权充腹，儿女呱呱相向哭，壮者抗，弱者死，朝廷加派犹不止。”⑤ 民国时期反映农民怨恨苛税的歌谣：“钟庄田，真是难，大人小孩真可怜！慌慌忙忙一整年，这种税，那样捐，不管旱，不管淹，辛苦度日好心酸，两眼不住泪涟涟。告青天，少要钱，让俺老少活几年。”⑥ 还有反映官僚腐败，耽于享乐的：“三年清知府，十万雪花银”⑦ “出外做官，回家享福”“千

① 胡朴安：《中华全国风俗志》下篇卷四《浙江·海宁风俗记》，中州古籍出版社 1990 年版，第 27 页。

② 丁士良、赵放主编：《中国地方志民俗资料汇编》（中南卷·上），北京图书馆出版社 1991 年版，第 102 页。

③ 丁士良、赵放主编：《中国地方志民俗资料汇编》（华北卷），北京图书馆出版社 1991 年版，第 127 页。

④ 胡朴安：《中华全国风俗志》下篇卷三《江苏·上海风俗琐记》，中州古籍出版社 1990 年版，第 139 页。

⑤ 张守常辑：《中国近世谣谚》，北京出版社 1998 年版，第 74 页。

⑥ 同上书，第 844 页。

⑦ 同上书，第 855 页。

里做官，为的吃穿”[①]，这些也从宏观视角反映了具体领域的不同人群的社会生活和生活质量。清末竹枝词也是如此，普遍带有宏观性的风土民情和社会生活的记载，如富家女子从南京去上海的情景：“火车当日达吴淞，女伴遨游兴致浓。今日司空都见惯，沪宁来去也从容。”[②] 市民流行穿西装的情景：“西装旧服广搜罗，如帽如衣各式多。工厂匠人争选买，为他装束便摩挲。”[③] 此外，丰富的文艺作品，如小说、戏曲、诗词等，也能为我们从宏观视角研究生活质量提供珍贵的资料。以小说为例，陈寅恪认为，小说可以证史，小说“个性不真实，而通性真实”[④]，这通性之真实就是宏观之真实，[⑤] 如傅桂禄编辑的三卷本小说《中国蛮婚陋俗名作选粹》就是很好的例证。三卷本《商人妇》《活鬼》和《节妇》所收集的作品反映了中国社会典妻婚、童养婚、人鬼恋、冥婚、老夫少妻等一幕幕人间悲剧，是“旧中国蛮陋婚俗的缩影与概括”[⑥]，反映了一部分人的婚姻生活质量。总体来说小说是通过多方史料的相互印证，来反映社会生活的“通性之真实”。上述说明，运用大量的史料能够帮助我们从宏观的视角来研究生活质量问题，那么从微观的角度同样如此。日记、书信、传记、回忆录等文献中蕴藏着大量丰富的材料，例如《历代日记丛钞》是对国家图书馆所藏五百多种宋、元、明、清以及民国年间的日记进行的影印出版，这其中不乏对生活质量进行微观研究的珍贵资料。诸如王闿运的《湘绮楼日记》对“家常琐事，柴米油盐，无不一一记载”[⑦]，反映了一个家

---

① 张守常辑：《中国近世谣谚》，北京出版社1998年版，第859页。

② 朱文炳：《海上竹枝词》，载顾炳权编著《上海洋场竹枝词》，上海书店出版社1996年版，第203页。

③ 颐安主人：《沪江商业市景词》，载顾炳权编著《上海洋场竹枝词》，上海书店出版社1996年版，第167页。

④ 石泉：《先师寅恪先生治学思路与方法之追忆（补充二则）》，载胡守为《陈寅恪与二十世纪中国学术》，浙江人民出版社2000年版，第157页。

⑤ 齐世荣：《谈小说的史料价值》，《首都师范大学学报》2010年第5期。

⑥ 参见傅桂禄编《商人妇》《活鬼》《节妇》的内容简介，群众出版社1994年版。

⑦ 王钟翰：《〈历代日记丛钞〉序》，载俞冰编《历代日记丛钞提要》，学苑出版社2006年版，第9页。

庭的物质生活水平。丰子恺在《法味》一文中提及他的老师李叔同曾经说过："我从二十岁至二十六岁之间的五六年，是平生最幸福的时候。此后就是不断的悲哀与忧愁，直到出家。"[①] 李叔同的这段话，为我们研究他一生的生活质量和主观幸福感提供了一个大致的线索。共和国成立初期，毛泽东成为国家的领袖，他的一些亲朋故友要来京见他，并希望解决工作或生活上的问题。处理这类亲情方面的事情，有诸多难处。毛泽东在给亲属的信中，做了多方面的解释和抚慰工作，并要求亲友"不要来京"，或寄钱暂时解决一下亲友的生活困难[②]，从这些书信里能够体会到毛泽东当年的心理感受。

2. 综合分解的研究方法。研究生活质量，既可以把客观生活质量与主观生活质量两者结合起来进行综合研究，也可以把客观生活质量与主观生活质量两者分开进行分解研究。综合研究既关注客观生活质量与主观生活质量两者的互动和影响，也关注影响生活质量的诸多因素如物质生活、精神生活、政治生活、社会生活、环境生活、劳动生活、公民素质等多方面的相互制约、共同作用的综合结果。比如当代社会"居民收入增加、消费水平提高，但环境污染严重，社会保障程度很低，社会秩序恶化，则不能说生活质量好。所以，生活质量不仅表现在生活的某个或某几个方面，更重要的是物质、精神生活等各方面的综合"[③]。比如清代具体的饮食生活中，宫廷、贵族、民间的饮食生活中的饮食风尚、饮食品种、品种质量、饮食器具以及养生思想是不同的，这种具体的物质饮食上的生活与饮食观念和饮食诉求的多方面综合才反映了不同人群的总体性

---

① 丰子恺：《法味》，载杨耀文选编《文化名家谈佛录—— 一日佛门》，京华出版社 2005 年版，第 49 页。

② 参见毛泽东给杨开智、文南松、毛泽连、毛远悌、毛宇居的信，载中共中央文献研究室编《老一代革命家家书选》，中央文献出版社、生活·读书·新知三联书店 1990 年版，第 9 页。

③ 王海敏、陈钰芬：《我国各地区城镇居民生活质量的综合评估》，《商业经济与管理》2004 年第 8 期。

的饮食生活质量。[①] 再如民国时期的居住生活，官僚权贵们居住的高级官邸、富商们居住的豪华别墅、中产阶级居住的单元公寓、穷苦平民居住的棚户区和茅草屋，这些物质上的居住条件与居住者的宗教信仰、日常生活观念与生活目标、生活要求的结合，构成了各类人等的综合性的居住生活质量。还有中国的末代皇后和皇妃们，她们在衣食住行的物质生活方面条件优越，但是她们的精神生活和婚姻生活却很悲惨，能说她们的生活质量高吗？显然不能。溥仪说："长时期受着冷淡对待的婉容，她的经历也许是现代新中国的青年最不能理解的。……我后来时常想，她如果在天津时能像文绣那样和我离了婚，很可能不会有那样的结局。"[②] 这段话道出了婉容一生的悲惨生活，可见有优裕的物质生活条件未必会生活幸福。分解研究既包括对客观生活质量的研究，也包括对主观生活质量的研究，两种研究是分别进行的。其中对客观生活质量的研究，主要是研究社会条件发展的程度和水平，政治、经济、文化、社会、环境等社会的大范畴和大背景在具体的衣着、饮食、居住、交通、教育、就业、娱乐、医疗、健康、保险、养老等诸多方面为人们的物质生活和精神生活提供了什么，它反映了社会整体的发展状态和发展水平。如近代国人的娱乐生活，各类人等如何看戏剧电影，如何听书阅报，如何游乐购物，去酒馆还是茶馆，如何琴棋书画，如何跳舞打牌，如何进行体育活动，如何交往游历等，根据这些都能对人们的客观生活质量做出探索和评价。再比如近代以来交通工具的变迁，从传统的轿子到人力车、畜力车、西洋马车、自行车、机动车、火车、轮船和飞机等，从这种不断变化中同样可以观察到各类群体的客观生活质量的改善和提高。还有从餐饮地点也可看出不同人等的饮食生活质量。近代上海，"在饭摊、露天食堂、饭店楼下

① 徐海荣主编：《中国饮食史》卷五，华夏出版社 1999 年版，第 9 页。

② 长春市政协文史资料研究委员会编：《末代皇后和皇妃》，吉林人民出版社 1984 年版，第 2 页。

就餐的多是工人、黄包车夫、苦力等”[①]，而“只有穿长衫的人才上楼吃”[②]。的确，在哪儿吃，“吃的是什么菜，我就可以说出你是什么人”[③]。晚清、民国时期上海闸北棚户区居民住的是茅草棚，“以污泥为墙，稻草为顶。而一行一行排列的距离，又极狭窄，普通不满两公尺，所以常常有一经着火，瞬息延烧千百余户的！在他们每一家的住宅里，都只有一进门就是外房也是工房的、食喝于斯生死于斯的一大间，父母子媳六七口住在一个处所，煨水烧饭也在这一个地方，有时还得划出一小块地方来养猪，而他们的大小便也就在这喂猪的溷里了”[④]，这类人群悲惨的居住生活，一目了然。相反，梁实秋在上海和青岛做教授时的物质生活质量是很好的，“那时当教授收入较高，实秋兼职又多，所以家庭经济情况逐渐好转，俨然成为上海滩上的中产阶级了”[⑤]。1928 年梁实秋在上海从“爱文义路的一楼一底中迁出，移居赫德路安庆坊，是二楼二底，宽绰了一倍”。[⑥] 1929 年“又搬到爱多亚路 1014 弄，是一栋三层楼的房子，有了阳台、壁炉、浴室、卫生设备等等，而且处于弄堂深处，非常清静”。[⑦] 梁实秋很喜欢青岛，1930 年又到青岛大学任教授，他在“鱼山路 4 号租到一栋房子，楼上四间楼下四间。那里距离汇泉海滩很近，约十几分钟就可以走到”[⑧]。可见梁实秋那些年优裕的居住生活条件。而主观生活质量则注重对生活满意度和主观幸福感的研究，这种心灵上的感受更为至关重要，无论客观生活条件如何，内心的生活价值观左右着个体的主观生活感受，比如有人

---

① 唐艳香、褚晓琦：《近代上海饭店与菜场》，上海辞书出版社 2008 年版，第 200 页。

② 陈存仁：《银元时代生活史》，上海人民出版社 2000 年版，第 79 页。

③ ［法］图珊·萨玛：《布尔乔亚饮食史》，管筱明译，花城出版社 2007 年版，第 15 页。

④ 陈问路：《大上海的劳工生活状况之透视》，载中华全国总工会中国工人运动史研究室编《中国工运史料》（第二十七期），工人出版社 1985 年版，第 130 页。

⑤ 鲁西奇：《梁实秋传》，中央民族大学出版社 1996 年版，第 107 页。

⑥ 同上书，第 107—109 页。

⑦ 同上。

⑧ 同上。

崇尚“金钱未为贵、安乐值钱多”“贫穷自在、富贵多忧”“生死由命、富贵在天”“命里有时终须有、命里无时莫强求”的人生理念，那么不管客观生活条件如何，因为他有着知足常乐的心态，所以他的主观感受或者说他的生活满意度和主观幸福感就不与他的客观生活条件成正比了。钱锺书说：“‘永远快乐’这句话，不但渺茫得不能实现，并且荒谬得不能成立。”[①] 这与民间的“人无千日好，花无百日红”有着相似的意蕴，是对主观生活感受的辩证态度。快乐、幸福完全是精神层面的东西，它有相对的独立性，甚至面对病魔和灾难，人们都可以调整心态，坦然面对，所以钱锺书又说：“于是，烧了房子，有庆贺的人；一箪食，一瓢饮，有不改其乐的人；千灾百毒，有谈笑自若的人。所以我们前面说，人生虽不快乐，而仍能乐观。”[②] 而主观幸福感尤其与婚姻恋爱关系密切，由于与有真爱的恋人结婚而感到幸福，而与没有真爱的人结婚或与有真爱的恋人不能结婚就都会给人的内心带来极大的痛苦。林语堂曾经热恋一位至交的妹妹C，C生得其美无比，因C的父亲在一个名望之家为C物色了一名金龟婿，故林语堂与C俩人的婚事无望，林语堂自述：“我知道不能娶C小姐时，真是痛苦万分。我回家时，面带凄苦状，姐姐们都明白。夜静更深，母亲手提灯笼到我屋里，问我心里有什么事如此难过。我立刻哭得瘫软下来，哭得好可怜。”[③] 人世间这样的婚姻悲剧数不胜数。

3. 理论命题的研究方法。这种方法主要包括两个方面，其一是理论预设方法。所谓理论预设是指已经被社会和人们基本认可的理论，它是在社会发展过程中，人们对生活实践有了切身的感受，进而对社会生活有了切实的认识和理解，并形成被人们普遍接受的理论观点。比如客观物质生活条件相同的人们，其主观幸福感却有截然不同的；相反，主观幸福感相同的人，其客观物质

---

① 钱锺书：《论快乐》，载《钱锺书集·写在人生边上》，生活·读书·新知三联书店2002年版，第20页。

② 同上书，第21—22页。

③ 《林语堂自传》，河北人民出版社1991年版，第70页。

生活条件却有截然不同的。这些理论观点都是人们在社会生活实践中观察和感受到的生活真实，进而被总结、被概括、被提升，最终被人们所认同。而理论预设的研究方法是指，我们要依据这样的一些已经被公认的理论观点进行历史现象的研究，用历史的事实来印证这些理论观点的客观实在性，故而用这种理论预设的方法可以研究人们的生活质量问题。诸如，清末民初剪辫子，虽客观事实相同，但给一些人带来了兴奋和愉悦，却也给一些人带来了极大的失落和痛苦；晚清以来，婚姻自由逐渐流行于社会，同样是婚姻自由，给多少开放的年轻人带来了情感上的愉悦和幸福，也给多少传统守旧的父母们带来了精神上的创痛和苦楚；对于民国时期丧礼的改革，多少家庭因繁文缛节的革除而感到生活压力的减轻，也有多少人因不能接受新式丧礼观而痛楚不堪。如对上述事例进行透彻地研究，就可以回答客观物质生活条件相同的人们，而主观幸福感却不同这样的理论预设。与之相反，清末留美的幼童，出国时穿一身华丽的长袍马褂，头戴一顶瓜皮帽，幼童们会感到喜悦和快乐，而到了美国不久，改穿一身休闲服、又穿上运动鞋，他们仍然感到洒脱和心怡，虽然内心的感受相同，但客观的装束已完全是中西两异了。革命烈士陈铁军和周文雍在刑场婚礼上的感受与一般的夫妻在婚礼上的感受，应当说是有着某种共同之处的，虽然他们的境遇完全不同，陈周面临的是死亡，而一般夫妻面临的是新的生活。类似的研究同样可以证明主观幸福感相同的人，其客观物质条件和生活境遇却截然不同这样的理论预设。其二是命题预设方法。所谓命题预设是指古往今来人们在社会实践生活的基础上总结出来的具有一定真理性并让人耳熟能详的一些概念，这些概念真实地反映了社会生活的实际和本质，甚或成为人们能够深刻认识社会生活的路径和方法，同时这些概念还朗朗上口，便于传诵。我们可以根据这样的命题去研究历史上的社会生活和人们的生活质量，即运用真实的历史材料去验证既定的命题，一方面给命题以历史的解释，同时也是对特定历史时期、历史地域和历史人群生活质量的研究。“朱门酒肉臭，路有冻死骨”[①] 这一命题叙述了富贵人家门前飘出酒肉的味道，穷人们却在街头因冻饿而死，说明了一个社会财富不均，贫穷差距大，穷人缺少保障的社会历史现象，是典型的研究社会生活质量的命题。还有“富家一席酒，贫家半年粮”[②]、“欲求生富贵，需下死功夫”等类似的命题，也能够进行社会生活和生活质量的研究。还有些命题，如“三年讨饭，不愿做官”[③]、“有子万事足，无官一身轻”[④] 以及民间说的“老婆孩子热炕头”，反映了一部分人的生活观念和追求的生活样式，并以此为生活乐事。曾国藩就希望自己的后代以耕读为要，不谋大官，他说：“凡人都望子孙为大官，余不愿为大官，但愿为读书明理之君子。”[⑤] 由于曾国藩追求这种以读书为要的生活理念，他的后人大多从事科学技术和文化教育工作，而少谋官位。梁启超也认为做官不如做学问，他本人晚年也弃官从学，对其后代亦如此要求。1916 年他给女儿梁思顺的信中谈及女婿周希哲做官一事，认为“做官实易损人格，易习于懒惰于巧滑，终非安身立命之所”[⑥]。1921 年 7 月 22 日他给梁思顺的信中又说：“希哲具有实业上之才能，若再做数年官，恐将经商机会耽搁，深为可惜。”[⑦] 正是由于梁启超有这样的人生理念和家风，他教育出来的子女有一代建筑宗师梁思成、考古学家梁思永、图书馆专家梁思庄、经济学家梁思达、火箭专家梁思礼。[⑧] 但也有与之相反的生活理念和命题，以传统的“学而优则仕”为代表，百姓中有“升官发财”“穷不跟富斗，富不跟官斗”“有权

---

① 杜甫：《自京赴奉先县咏怀五百字》。

② 张守常辑：《中国近世谣谚》，北京出版社 1998 年版，第 703 页。

③ 同上书，第 852 页。

④ 同上书，第 657 页。

⑤ 曾国藩：《字谕纪鸿儿》，载张海雷等编译《曾国藩家书》，中国华侨出版社 1994 年版，上册第 332 页。

⑥ 丁文江、赵丰田编：《梁启超年谱长编》，上海人民出版社 1983 年版，第 796 页。

⑦ 同上书，第 931 页。

⑧ 参见丁宇、刘景云编著《梁启超教子满门俊秀》，中华工商联合出版社 2002 年版，第 14 页。

话真语，无权语不真”这样的生活民谚，以反映人们对“官”的优越性的认同。以上所谈的理论命题的研究方法在一定程度上带有演绎法的特征。

4. 史料提炼的研究方法。这是与上述的理论命题相对应的研究方法，它没有事先的理论命题的概念预设，完全是通过对原始史料的阅读和诠释，进而来研究生活质量问题。清代徐珂的《清稗类钞》，是从近人文集、笔记、札记、报章中广搜博采的关于清代掌故遗闻的汇编。全书分服饰、饮食、舟车、婚姻、疾病、廉俭、赌博、奴婢、盗贼、娼妓、丧祭等近百个种类，涉及内容非常广泛，特别是关于下层社会、民情风俗、日常生活的资料非常丰富，自身就具有史料提炼的特点，可谓是研究生活质量的重要史料。晚清时期出版的《点石斋画报》以图文并茂的形式反映了晚清社会诸多的社会生活和民俗事象，是当时各阶层人群的思想观念和日常生活的表述，与此相应，清末与民国时期的大量的画报和摄影作品也都在一定程度上显示了各阶层民众的生活状态，为我们的研究提供了大量史料。史料提炼是最基本的研究方法，只要我们爬梳原始资料就能进行研究。比如我们通过对不同时代的家训、家规的研究，可以发现一个时代的家训、家规反映了那个时代人们普遍带有的家庭观念和生活观念；也可以对某个家庭的家训、家规进行研究，把握具有这个家庭特点的家庭观念和生活观念，这些都有助于我们研究一般家庭和特定家庭的生活理念、生活感受和生活质量。清末民初出版的《香艳丛书》，内容以“涉及女性活动的篇目为选取标准，广泛搜集汉、唐、宋、元、明、清各代的野史笔记、小说辞赋、传记谱录、民俗方志和鉴赏游戏等方面的著述三百二十余种，几乎反映了社会生活的各个层次”，“该丛书对于我国历史、文化、人物和风土民情的研究，提供了丰富的资料”①，这套丛书可以为我们研究中国女性的社会生活和生活质量提供相关的历史资料。胡文楷编著的《历代妇女著作考》是一部对历代妇女的史著、诗词、文集的

① 《〈香艳丛书〉影印说明》，《香艳丛书》，上海书店1991年版，第16页。

比较全面的辑录和介绍，“凡见于正史艺文志者，各省通志府州县志者，藏书目录题跋者，诗文词总集及诗话笔记者，一一采录”①，“自汉魏六朝，以迄近代，凡得四千余人”②。以本书作为线索，爬梳相关的史料，特别是对一些诗词的解读，可从女性的视角探索相关社会生活及其生活质量的问题。20 世纪 30 年代编纂成书的《清代燕都梨园史料》，是张次溪先生以毕生之力，广搜博采，“对当时的戏曲演出活动、班舍沿革、名优传略，以至梨园的逸闻掌故，搜罗备细”③ 的一部关于清代戏曲的著述。书中记述了处于卑微社会地位的优伶们的身世际遇，对于探讨和研究清代戏曲演员的社会生活及生活质量有着重要的启示作用，并对搜寻新资料有着指引的作用。中国电影家协会和电影史研究部编纂的多卷本《中国电影家列传》在 20 世纪 80 年代由中国电影出版社出版，它全面介绍了“在中国电影发展史上作出贡献的编、导、演、摄、录、美、技术、音乐、评论家、事业家等约七百人（包括港台的著名电影艺术家）”④，“对电影家的生活经历、成长道路、艺术风格、创作特色、成就经验、失败教训等诸方面进行简略叙述和分析评价”⑤，从中“我们可以看到他们在逆境中怎样磨炼意志，与困难搏斗，苦学技艺的顽强倔劲，最后在艺术创作中迸发出耀眼的火花”⑥。这套书既是史料又是线索，可以帮助我们在此基础上或再开辟出新的史料资源，来进一步探讨电影家们的社会生活、生活经验、生活感悟和生活质量。此外，我们还可以在大量移民和人口迁徙的史料中探寻这类人群的生活现状。以上阐述的史料提炼的研究方法就是通过对

---

① 胡文楷编著：《历代妇女著作考自序》，上海古籍出版社 1985 年版，第 16 页。

② 胡文楷编著：《历代妇女著作考凡例》，上海古籍出版社 1985 年版，第 16 页。

③ 张次溪编纂：《清代燕都梨园史料出版前言》，中国戏剧出版社 1988 年版，第 16 页。

④ 参见《中国电影家列传》第一集“内容说明”，中国电影出版社 1982 年版，第 16 页。

⑤ 参见《中国电影家列传》第一集“前言”，中国电影出版社 1982 年版，第 16 页。

⑥ 同上。

诸多史料的爬梳、查阅和提炼，去研究各个时代、各类人等的日常生活及其生活质量，这种方法在一定程度上类似于归纳法。

5. 相互比较的研究方法。所谓相互比较的研究方法就是在两项或多项具有相同主题的事象中，选择在某个相同的领域进行比较，进而凸显参与比较事象的各自特征，以反映某一事象的日常生活的实际状况。就一般情况而言，这种比较有不同阶层之间的比较，有相似人群之间的比较，有不同地域之间的比较，有自身纵向发展产生的不同的比较，有不同问题意识之间的比较，有不同生活观念之间的比较，可谓能够多重划分。具体的生活观念和生活领域就可以进行比较研究，如在为人处世的观念上，有人认同人而无信，不须礼之，有人却认同宽宏大量，与人为善；有人认同酒大伤身，有人却认同一醉方休；有人认同财大气粗，有人却认同贫穷自在；有人认同助人为乐，有人却认同闲事不管；有人认同“忠言逆耳利于行”，有人却认同“话不投机半句多”，这些观念影响着日常生活，也影响着日常生活的生活质量，通过比较可以探讨人们的不同心态以及制约这种心态的多重因子。相似的人群与相似的生活也可以进行比较，如妻子与小妾的生活比较；奴隶与婢女的生活比较；优伶与娼妓的生活比较；乞丐与盗贼的生活比较；流氓与土匪的生活比较；缠足与留辫的生活比较；赌博与吸毒的生活比较；风水与迷信的生活比较；典当与租赁的生活比较等等，不一而足。这样的比较，能够把不同人群的社会生活和生活质量反映出来。甚至可以进行个体生活细节的比较，诸如胡适为了母亲的感受与旧式包办的妻子终生为伴，胡适在给胡近仁的信中说：“吾之就此婚事，全为吾母起见，故从不曾挑剔为难（若不为此，吾决不就此婚。此意但可为足下道，不足为外人言也）。今既婚矣，吾力求迁就，以博吾母欢心。吾之所以极力表示闺房之爱者，亦正欲吾母欢喜耳，岂意反以此令堂上介意乎！”① 而顾维钧对父母包办的旧式婚姻采

---

① 耿云志、宋广波编：《胡适书信选》，外语教学与研究出版社2012年版，第56页。

取协议离婚的方式：“协议规定，我们两人各执一份，另两份送双方父母。我们以一种十分友好的方式脱离了关系。”① 我们对两者的婚姻选择还不能做出褒贬是非的评判，需要进行比较研究，这是非常有价值的比较研究课题，它涉及个体的生活感受和婚姻生活质量。说到婚姻，能够比较的太多太多，仅重要的历史人物，就能随即举出一些，如康有为与梁启超的婚姻、孙中山与蒋介石的婚姻、李大钊与陈独秀的婚姻、鲁迅与郭沫若的婚姻、徐志摩与郁达夫的婚姻等等，都可以进行比较。而且通过对官绅政要、名流贤达、文人墨客、商贾军阀、市井平民的婚姻比较，还能够对不同类型的婚姻以及婚姻生活做出深入的分析，从而引发更加深刻的思考。可见，比较的范围和内容非常之广。资产阶级革命家陈天华和杨毓麟都选择了蹈海自尽，两人均留有绝命书，通过对两人的绝命书的比较，可以感受到两人投海前的内心世界。杨毓麟在绝命书中说自己“脑炎大发，因前患脑弱，贫服磷硫药液太多，此时狂乱炽勃，不可自耐。欲趁便船归国，昨晚离厄北淀来利物浦。今晨到车站，然脑迸乱不可制，愤而求死，将以海波为葬地”②，可见杨毓麟投海亡命是因为无法忍受病魔的折磨，“愤不乐生，恨而死之”③，临终前的痛苦可想而知。而陈天华蹈海是在日本颁布“取缔规则”，引起留日学生总罢课并欲全体回国，却被日本媒体诋为“乌合之众”“放纵卑劣”的情景下发生的。当时陈天华对此污蔑极为愤慨，欲以一死来唤醒留日学生忧国忧民的情怀，他在绝命书中说：“鄙人心痛此言，欲我同胞时时勿忘此语，力除此四字，而做此四字之反面：‘坚忍奉公，力学爱国’。恐同胞之不见听而或忘之，故以身投东海，为诸君之纪念。”④ 陈天华蹈海前与杨毓麟的内心感受不

---

① 天津编译中心编：《顾维钧回忆录缩编》上册，中华书局 1997 年版，第 9 页。

② 杨毓麟：《致怀中叔祖书》，载饶怀民编《杨毓麟集》，岳麓书社 2001 年版，第 390 页。

③ 杨毓麟：《致某某二君书》，载饶怀民编《杨毓麟集》，岳麓书社 2001 年版，第 390 页。

④ 陈天华：《绝命辞》，载《陈天华集》，湖南人民出版社 2008 年版，第 231 页。

同，陈天华是怀着爱国、救国之渴望而投海自戕的，《绝命辞》通篇对政治理念的阐述都能够反映这一点。相互比较的研究方法，要有明确的比较主旨，即问题意识要显明清晰，比较的内容要具体明了，对比较的双方或多方，要依靠史料分别进行全面、细致的探索，从中找出异同，并对此进行深入的因果分析。

6. 感受想象的研究方法。这是关注被研究者的主观感受并敢于大胆假设和想象的一种方法。研究生活质量问题，在关注社会生活与思想观念的基础上，进一步关注和研究群体或者个体的主观感受是至关重要的，主观感受的问题应当引起我们高度的重视。我们知道，感受与观念有不同之处，观念的主要特点是指人们对于主客观事物的一种认识、判断、理解和评价，而感受则是客观事物作用于人的心灵之后，受其影响而产生的一种身心的反应和感觉，本书涉及的感受还不是指那种一时的、短暂的心灵波动，而是一种比较稳定的、比较深刻的主观体验或体会，“比如，责任感、幸福感、荣誉感、骄傲感、廉耻感等，都较深刻地反映出个人意识或群体意识”①。这种长时段的，稳定和深刻的感受，无可避免地要影响到人们的主观生活质量，从这个意义上来讲，我们所谓的感受因为与生活质量有着紧密的联系，所以它是可以成为社会文化史的研究对象的。从主观感受的视角去研究生活质量，就是从生活满意度和主观幸福感进行研究。生活满意度和主观幸福感与客观生活质量有关，同时也与个体的世界观、人生观、价值观的趋向有关，与个体经济收入和生活状态的历史、现状和理想有关，与个体的期望值有关②，与个体的社会关系诸如婚姻关系、家庭关系、朋友关系是否和谐等有关，与个体视野的宽隘及与他人生存状态的比对有关，正如“自己优于别人，就感到幸福；低于他人，就感到不幸。许多研

---

① 沙莲香：《社会心理学》，中国人民大学出版社1987年版，第185页。

② 期望值理论认为，期望值与实际成就之间的差异与SWB（主观幸福感）相关，高期望值与个人实际差距过大会使人丧失信心和勇气，期望值过低则会使人厌烦。参见吴明霞《30年来西方关于主观幸福感的理论发展》，《心理学动态》2000年第4期。

究发现，向上比较会降低主观幸福感，向下比较会提高主观幸福感”①，就是这个道理。可见通过研究主观感受来研究主观生活质量是有意义的。研究主观感受要敢于大胆假设和想象，这种假设和想象不是无根据的胡思乱想，而是根据掌握的现有材料，研究者的知识结构、学识、经验和历史感悟和被广泛认同的理论和方法，去分析推理，去探寻被研究者内心感觉的奥秘，进而比较准确的把握被研究者的内心感受，再对其主观生活质量作出一个基本的判断。有根据的假设和想象作为一种史学方法是被认同的。胡适说：“治史者可以做大胆的假设，然而决不可作无证据的概论也。”② 彼得·伯克说：“无论历史学的未来如何，都不应该回到想象力的贫乏中去。”③ 20 世纪 20 年代《申报》老报人雷瑾回忆报馆的住宿条件：“当时申报房屋本甚敝旧。……若吾辈起居办事之室，方广不逾寻丈，光线甚暗。而寝处饮食便溺，悉在其中。冬则寒风砭骨，夏则炽热如炉。最难堪者臭虫生殖之繁，到处蠕蠕，大堪惊异，往往终夜被扰，不能睡眠。”④ 在这样恶劣的住宿条件下生活，我们可以想象得到这些报人当时内心的屈辱感受。20 世纪 40 年代，文学家朱自清在生活困难的情况下，还拒绝领取“美援”面粉，他在 1948 年 6 月 18 日的日记中写道：“我在《拒绝“美援”和“美援”面粉的宣言》上签了名，这意味着每月使家中损失六百万法币，对全家生活影响颇大；但下午认真思索的结果，坚信我的签名之举是正确的。因为我们既然反对美国扶植日本的政策，就应采取直接的行动，就不应逃避个人的责任。”⑤ 我们按照逻辑想象一下，

---

① 苗元江、余嘉元：《幸福感：生活质量研究的新视角》，《新视野》2003 年第 4 期。

② 耿云志、宋广波编：《胡适书信选》，外语教学与研究出版社 2012 年版，第 269 页。

③ ［英］彼得·伯克：《什么是文化史》，蔡玉辉译，杨豫校，北京大学出版社 2009 年版，第 149 页。

④ 雷瑾：《申报馆之过去状况》，载《申报》五十周年纪念《最近之五十年》，转引自王敏《上海报人社会生活》，上海辞书出版社 2008 年版，第 238 页。

⑤ 《朱自清全集》（第 10 卷），江苏教育出版社 1997 年版，第 511 页。

当时朱自清一家的生活是困难的，他的签名行动无疑会对家庭生活雪上加霜，但为了国家和民族的利益和尊严，虽然加重了自家生活的艰难，但作为一名敢于承担责任的中国学者，他内心的感受却是欣慰和坦然的，这符合一位爱国知识分子的良知。

四　余论

生活质量作为社会文化史研究的一个新维度，是新近提出的一种研究理念和设想，还需要通过研究和实践去验证。所以上述的几种研究方法也只是一个最初的探索，还需要在研究、实践中不断的修正、补充和发展。上述几种研究方法之间存在着内在的辩证联系，是你中有我、我中有你的关系，在运用上可能是多维交叉、同步进行的。这种辩证关系不但是我们研究生活质量的一种思维方式，同时也是研究生活质量的一种研究方法，因为如何看待和评价生活质量本身并不是一个简单的平面问题，它本身具有错综的复杂性，生活质量的优劣高低是会发展变化或是彼此相互生发的。比如当下的逆境和困苦经过人们的奋力打拼，也许会给未来带来希望和光明，这叫做苦尽甘来；相反，贪图享乐到了忘乎所以，其中必然潜藏着极大的祸患，这叫作乐极生悲。“生于忧患，死于安乐”的民间谚语，以及把病魔称赞为“教人学会休息的女教师”①，这些话语都反映了人们对生活质量的辩证思考。我们对生活质量的理解和认识也要具有这样的辩证分析态度，因为历史与现实生活本身就是如此。拙文只想表达一个粗浅的想法：把生活质量作为社会文化史研究的一个新维度。抛砖引玉，期待同好者深入探索。

---

① 钱锺书：《论快乐》，载《钱锺书集·写在人生边上》，生活·读书·新知三联书店2002年版，第22页。

四　余论

目　　录

绪　论

张浩墨　杨　冰　张欢欢

探索改革开放时期的婚姻伦理与婚姻生活质量，首先要对研究论题的相关概念、学术史以及史料等问题做些说明和介绍。

一　概念与价值

（一）概念界定

1. 婚姻

婚姻是一种社会现象，是人类社会绝大多数人最基本的组合方式。中国古籍中的“婚姻”一般写作“昏姻”或“昏因”，主要有三种内涵，体现了一种社会关系，反映了古代婚姻关系成立所要经过的流程和形式。第一种是指嫁娶的仪式，《诗经·郑风·丰》小序中提道，“婚姻之道缺，阳倡而阴不和，男行而女不随”①。可以看出男女以礼嫁娶，因嫁娶而好合，故嫁娶之礼，好合之际，均称婚姻。第二种是指男女夫妻关系，《礼记》引郑玄注：“婿曰昏，妻曰姻。”② 唐孔颖达疏：“……婿则昏时而迎，妇则因之随之，故

① 毛亨传、郑玄笺、孔颖达疏：《毛诗正义》，载李学勤主编《十三经注疏》，北京大学出版社 1999 年版，第 308 页。

② 郑玄注、孔颖达疏：《礼记正义》，载李学勤主编《十三经注疏》，北京大学出版社 1999 年版，第 1372 页。

云婿曰昏，妻曰姻。”①《白虎通·嫁娶篇》曰：“不惟旧姻”，谓夫也，又曰：“燕尔新婚”②，谓妇也。第三种是指姻亲关系，《尔雅·释亲》中提道：“女子之夫为壻，壻之父为姻，妇之父为婚。”③《礼记正义》谓：“女氏称昏，婿氏称姻。”④《毛诗正义》谓：“妇党称婚，婿党称姻。”⑤ 表明了夫妻一方与他方所产生的亲属关系。《礼记·昏义》还说：“昏礼者，将合二姓之好，上以事宗庙，而下以继后世也，故君子重之。”⑥ 可以看出，古代的婚姻并非完全是夫妻之间的事情，而是牵扯到两个家庭乃至宗族的利益，因此婚姻关系的缔结需要家族来决定，夫妻双方的个人感情从属于宗族的利益。

到了现当代社会，学者们仍然从不同的角度对婚姻进行了界定，一般认为“婚姻是一定社会制度所确认的男女双方的稳定结合及由此而产生的夫妇和家庭关系”⑦。而在法律上，认为“婚姻是指男女双方以共同生活为目的，以产生配偶之间的权利义务为内容的两性结合”⑧；“婚姻是人类两性之间通过被社会认同的方式而结成的一种配偶关系”⑨；“婚姻从广义上而言是配偶之间一种特定的社会结合。从狭义而言是规范和制度化的社会条件下的男女两性为

① 郑玄注、孔颖达疏：《礼记正义》，载李学勤主编《十三经注疏》，北京大学出版社 1999 年版，第 1372 页。

② 陈立撰：《白虎通疏证》，中华书局 1994 年版，第 492 页。

③ 郭璞注、邢昺疏：《尔雅注疏》，载李学勤主编《十三经注疏》，北京大学出版社 1999 年版，第 122 页。

④ 郑玄注、孔颖达疏：《礼记正义》，载李学勤主编《十三经注疏》，北京大学出版社 1999 年版，第 1617 页。

⑤ 毛亨传、郑玄笺、孔颖达疏：《毛诗正义》，载李学勤主编《十三经注疏》，北京大学出版社 1999 年版，第 308 页。

⑥ 郑玄注、陈戍国校：《周礼·仪礼·礼记》，岳麓书社 2006 年版，第 459 页。

⑦ 韩明希、李德辉主编：《简明人口学词典》，甘肃人民出版社 1987 年版，第 341 页。

⑧ 法律出版社法规中心编：《中华人民共和国婚姻法文书范本注解版》，法律出版社 2011 年版，第 3 页。

⑨ 梁景和：《近代中国陋俗文化嬗变研究》，首都师范大学出版社 2009 年版，第 29 页。

满足生理、物质、精神和情感等多元需求而结成的关系。”①

综上所述，笔者认为婚姻是指男女两性之间以组建家庭为基础，而缔结的一种特殊的社会关系。这种社会关系包含自然属性、社会属性和情感属性。自然属性是指婚姻赖以形成的自然条件，即男女两性的生理差别和人类所固有的性本能，是婚姻存在的生理基础；社会属性是指婚姻的形态、特点、配偶双方的地位和关系等，这些属性都要与当时的社会制度相适应；情感属性则是指婚姻关系的形成和延续的过程中，夫妻之间的情感交流和沟通。在现代婚姻中，情感属性所占的比重正在与日俱增，本书讨论的婚姻、婚姻伦理和婚姻生活质量，都与情感属性比重的上升有着紧密的联系。

2. 婚姻伦理

婚姻伦理即婚姻的伦理道德。黑格尔认为，婚姻的实质就是一种伦理关系，“婚姻是具有法定意义的伦理性的爱，这样就可以消除爱中一切倏忽即逝的、反复无常的和赤裸裸的主观因素”②。婚姻是自然性的、意识上的、情感上的存在上升到家庭的、社会的存在，是双方共同意志的自我规定，进入伦理关系和社会关系之后，达成共同的意愿，为法律做铺垫和准备。在马克思和恩格斯看来，婚姻的基础应当是爱情。正如恩格斯所说：“如果说只有以爱情为基础的婚姻才是合乎道德的，那么也只有继续保持爱情的婚姻才合乎道德。”③ 这里强调的就是婚姻中的情感因素。

学术界对婚姻伦理的概念进行了探索。王歌雅认为：“婚姻伦理，顾名思义，应界定为婚姻道德关系，即婚姻关系所应遵循的道德准则，也即婚姻当事人缔结、维系、解除婚姻关系所应遵循的行

---

① 李慧波：《北京市婚姻文化嬗变研究（1949—1966）》，社会科学文献出版社2014年版，第7页。

② ［德］黑格尔：《法哲学原理》，范扬、张企泰译，商务印书馆2009年版，第177页。

③ 《马克思恩格斯选集》第4卷，人民出版社1995年版，第81页。

为规范。”[①] 这个界定指出婚姻伦理的本质是道德关系和行为规范，概括了婚姻伦理所适用的三个不同阶段，即婚姻开始前、婚姻进行中和婚姻结束时，均应遵循婚姻的伦理规范。《现代女性知识辞典》中关于婚姻伦理的定义是：“调整婚姻关系的行为规范的总和。婚姻伦理是依靠人们的信念、习惯、传统和教育的力量，而不是依靠国家的强制手段来实现。大家以善与恶、公正与偏私、诚实与虚伪、崇高与低劣等等道德概念，来评价人们的行为，从而调整人们在婚姻关系中的相互关系。”[②] 指出婚姻伦理得以实现所依靠的力量和实现的途径以及实现的目标。

笔者认为，从历史学的角度来看，虽然不同时代的人们对婚姻会有不同的认识，但往往会在社会中形成一种被公认的、最为典型的婚姻规范，这种规范是人们对婚姻理解和认识的普遍观念，它直接引导着婚姻行为。本论题所用的婚姻伦理概念，即指人们在婚姻缔结、维系、解除等环节中，对婚姻的理解和认识，它包含婚姻行为中应该遵循的规范，也包括由于时代变迁而出现的新思潮和新意识，这些新思潮和新意识推动了婚姻内容和形式的变化，经过不断完善，演变为婚姻行为的新规范。

3. 生活质量

生活质量的概念起源于20世纪50年代的美国，是由美国经济学家加尔布雷斯在1958年出版的《富裕社会》一书中首先提出。自20世纪50年代以来，关于生活质量的研究历经了半个多世纪，不同学科的学者们分别从社会学、人类学、心理学、哲学、经济学等学科的角度去审视和探究“生活质量”这一概念。

对于生活质量概念的界定，学术界一直有不同的看法。生活质量的首倡者加尔布雷斯认为“生活质量是指人们生活舒适、便

---

① 王歌雅：《中国婚姻伦理嬗变研究》，中国社会科学出版社2008年版，第2页。

② 《现代女性知识辞典》编写组：《现代女性知识辞典》，天津科学技术出版社1990年版，第134页。

利程度以及精神上所得到的享受或乐趣”①；我国经济学家厉以宁提出“生活质量是反映人们生活和福利状况的一种标志，它包括自然方面和社会方面的内容。自然方面是指人们生活环境的美化、净化等等；社会方面是指社会文化、教育、卫生、交通、生活服务状况、社会风尚和社会秩序等等”②，他认为生活质量在很大程度上是和经济发展水平挂钩的，从一定的角度上讲，社会经济水平的高低决定着生活质量的高低；国内学者冯立天提出“所谓生活质量，就是指‘一定经济发展阶段上人口生活条件的综合状况’。换言之，生活质量就是生活条件的综合反映”③；《首都社会发展指标及其评价方法》中提出：“生活质量是全面衡量生活优劣的尺度，既有物质水平的提高，又有精神道德的内容，物质条件是生活质量的基础，生活质量的提高又促进物质生产的发展。”④ 学者们从不同角度表达了对生活质量的看法，虽然表达方式不同，但都认为生活质量是评价生活总体水平的重要尺度，并强调人们对生活的感受。

以上是学术界从多学科的角度去解释生活质量这一概念和内涵，而历史学则从社会文化史的角度来探索生活质量这一问题，这是历史学者梁景和近年来提出的一个新的研究维度，他认为“生活质量是社会文化史研究的一个新维度。生活质量主要包括客观生活质量与主观生活质量两个方面，客观生活质量主要指社会生活条件的实际状况，而主观生活质量指的是生活满意度和主观幸福感。”⑤ 他强调研究生活质量应当从人类日常生活的第一主题入手，而婚姻

---

① 转引自周长城、蔡静诚：《生活质量主观指标的发展及其研究》，《武汉大学学报》2004 年第 5 期。

② 厉以宁：《社会主义政治经济学》，商务印书馆 1986 年版，第 5 页。

③ 冯立天：《中国人口生活质量研究》，北京经济学院出版社 1992 年版，第 4 页。

④ 社会发展指标及评价方法课题组：《首都社会发展指标及其评价方法》，《社会学研究》1987 年第 4 期。

⑤ 梁景和：《生活质量：社会文化史研究的新维度》，《近代史研究》2014 年第 4 期。

问题恰恰是人类日常生活第一主题中的一项重要内容。[①]

综上所述，生活质量是指人们客观生活的实际状况以及对生活的满意程度和幸福感程度。分为客观生活质量和主观生活质量，客观生活质量是指社会生活各方面的客观条件；主观生活质量是指生活参与者对生活的满意度与幸福感。按照各种社会活动划分也可分为物质生活质量、文化生活质量、家庭生活质量、婚姻生活质量、工作生活质量、环境生活质量等。

4. 婚姻生活质量

婚姻生活质量，即婚姻质量，它的概念在学术界还没有统一的界定。卢淑华、文国峰将婚姻质量定义为与社会发展一致条件下的人们对自身婚姻的主观感受和总体评价，认为“从婚姻主体的角度看，婚姻质量的好坏取决于婚姻当事人对自己婚姻的评价与心理感受。这种以主体意识为核心的价值取向，不仅是现代社会发展的主流，其中也必然包括婚姻评价的价值观念”[②]。徐安琪、叶文振认为婚姻质量为“夫妻的情感生活、物质生活、余暇生活、性生活、夫妻双方的凝聚力在某一时期的综合状况”[③]。将上述两种表述综合起来，能够比较全面地反映婚姻生活质量的内涵，故笔者认为婚姻生活质量是指夫妻的情感生活、物质生活、余暇生活、性生活等在某一时期的综合状况以及对婚姻生活的主观感受。不仅要关注已婚者对其婚姻生活的感受，也要关注他们的客观生活条件。判断婚姻生活质量高低的指标还包括婚姻满意度，它是指夫妻在婚姻生活中体会到的满意度和幸福感，是考察主观生活质量的重要标识，而客观生活质量则要对婚姻物质生活的水平进行考量。

---

① 梁景和认为：社会生活的内容太广太繁，而且随着时代的发展，又会不断地添加新的内容。然而社会生活无论怎样庞杂，其中贯穿人类社会过往时代的基本范畴却是几种相对恒常的具体内容，那就是衣食住行、婚姻家庭、两性伦理、休闲娱乐、生老病死等等，这些基本的内容和范畴就是人类生活的第一主题。参见梁景和、王峥：《中国近代早期国人眼中的欧美生活》，《首都师范大学学报》2012 年第 1 期。

② 卢淑华、文国峰：《婚姻质量的模型研究》，《妇女研究论丛》1999 年第 2 期。

③ 徐安琪、叶文振：《婚姻质量：婚姻稳定性的主要预测指标》，《上海社会科学院学术季刊》2002 年第 4 期。

5. **婚恋流行词**

流行词语反映了一定时期的社会面貌及社会心理，不仅数量大而且形式多样。婚恋流行词是指关于婚姻恋爱的流行词，学术界尚未对这一具体领域的流行词进行区分和归纳。笔者认为婚恋流行词是指在某一时段和地区流行起来的并持续一段时间的，有一定社会影响的，在网络、电视、报纸、期刊等传媒中较为频繁出现和使用的，关于择偶、恋爱、婚姻的流行词语。

（二）研究对象

本书研究的主要对象是20世纪80年代以来处于适婚年龄的青年群体，当然有些问题也涉及其他婚姻群体。本书通过对史料的分析解读，来探索被研究对象的婚姻伦理和婚姻生活质量。20世纪80年代以来，城乡之间，尤其沿海城市与传统乡村之间在经济条件、人口流动、思想文化等方面差距尤显突出。本书主要研究20世纪80年代以来产生的婚姻生活的新事象，这些新事象主要反映在发展程度较高的大中城市里，所以大中城市的婚姻现象是本书的主要研讨对象，在某些章节也会涉及一些农村的婚姻问题。

（三）研究意义

本书限定的时间段上至20世纪80年代初，下迄21世纪的2014年。[①] 1980年，国家颁布的新《婚姻法》中，历史性的将夫妻双方“感情破裂”作为离婚的充分条件，将计划生育作为夫妻双方在婚姻生活中应共同遵守的义务。新时代的社会变革，促使人们婚姻自由的意识的发展。对外开放政策的实行，进一步打破了人们传统、封闭式的婚恋观。西方自由主义思潮的传入，使国内以政治为轴心的婚恋观逐渐弱化和边缘化。进入21世纪后，中国进一步融入世界，信息大爆炸使人们的思想观念更加活跃，人们的价值判

① 20世纪80年代初是改革开放的起始时期；2014年是我们着手研究这一课题的初始时间，所以本书考察的时间段是20世纪80年代至2014年。

断和行为选择亦日趋多元，与传统婚姻伦理不同的新生婚姻伦理滋生、扩展。选择这个时代的婚姻伦理与婚姻生活质量进行研究，具有重要的学术价值和现实意义。

本书意在将婚姻、婚姻伦理与婚姻生活质量结合起来，放在历史的长河中进行考察。从生活质量的角度讨论这个时代的婚姻伦理是怎样变革的？思考生活质量在人们选择婚姻时起到了什么作用？婚姻的选择对生活质量的变化起到了什么作用？研究婚姻伦理与婚姻生活质量可以使人们更加理性地对待婚姻生活中的物质条件等客观因素，同时也有助于人们关注主观生活质量，即婚姻幸福感。今日中国是昨日中国之继续，了解和认识以往社会中人们婚姻生活质量的实际情况以及与婚姻伦理的相互关系，使今人可以从中获取经验教训，启迪生活、感悟人生，以提高个体人生的婚姻生活质量，树立科学的婚恋价值观。

二 学术研究现状

（一）关于婚姻与婚姻伦理的研究

随着时代的变迁，20世纪80年代以来的婚姻生活出现了许多新现象，学术界如社会学、心理学、历史学等诸多学科对此展开了广泛的研究，关于婚姻与婚姻伦理的研究大致可分为以下几个方面。

1. 微观区域性研究

阎云祥的专著《私人生活的变革：一个中国村庄里的爱情、家庭与亲密关系（1949—1999）》[1] 以东北的下岬村为调查对象，重点研究了下岬村婚姻道德的变化、农村青年择偶过程的变化、婚姻彩礼的变化以及各种过程细节的变化等，认为在过去的半个世纪里，农民的私人生活经历了重要的转型，而这一转型的核心是个人

① 阎云祥：《私人生活的变革：一个中国村庄里的爱情、家庭与亲密关系（1949—1999）》，上海书店出版社2006年版。

独立人格、意识的逐步确立。

2. **择偶与婚姻缔结方式研究**

杨善华的《经济体制改革和中国农村的家庭与婚姻》① 探讨了随着时代的变化，原有的农村婚姻缔结方式、家庭功能、家庭结构、家庭规模以及家庭关系都发生了相应的变化，其中婚姻的缔结方式更加自由化，婚姻大事不再是完全由父母做主，青年人同样有权利选择自己的婚姻。

3. **婚姻道德伦理研究**

曾盛聪、林滨、葛桦等著的《伦理的嬗变——十年伦理变迁的轨迹》②、徐安琪的《论第三者介入婚姻纠纷的特点与趋势》③、邝海春的《当代青年婚姻与性价值观的嬗变——对广西405名青年的问卷调查》④、陈薇的《当代青年“婚外情”现象初探》⑤、陈新欣的《婚外性关系及道德评判》⑥、张卫的《对婚外恋的几点思考》⑦、吴鲁平的《当代中国青年婚恋、家庭与性观念的变动特点与未来趋势》⑧ 等，这些文章探究了90年代传统婚姻道德伦理受到冲击，婚外情现象层出不穷、第三者数量增加等诸多事象，揭示了这些事象出现的深层社会原因，进而判断婚姻的道德伦理走向。

4. **离婚问题研究**

徐安琪的《世纪之交中国人的爱情和婚姻》⑨、李银河的《中

---

① 杨善华：《经济体制改革和中国农村的家庭与婚姻》，北京大学出版社1995年版。

② 曾盛聪、林滨、葛桦等：《伦理的嬗变——十年伦理变迁的轨迹》，人民出版社2005年版。

③ 徐安琪：《论第三者介入婚姻纠纷的特点与趋势》，《社会科学》1990年第1期。

④ 邝海春：《当代青年婚姻与性价值观的嬗变——对广西405名青年的问卷调查》，《青年探索》1992年第5期。

⑤ 陈薇：《当代青年“婚外情”现象初探》，《中国青年研究》1995年第4期。

⑥ 陈新欣：《婚外性关系及道德评判》，《浙江学刊》1998年第6期。

⑦ 张卫：《对婚外恋的几点思考》，《学海》1994年第4期。

⑧ 吴鲁平：《当代中国青年婚恋、家庭与性观念的变动特点与未来趋势》，《青年研究》1999年第12期。

⑨ 徐安琪：《世纪之交中国人的爱情和婚姻》，中国社会科学出版社1997年版。

国人的性爱与婚姻》①、徐安琪的《中国离婚现状、特点及其趋势》②、苏全有、李丽霞的《二十世纪我国两次离婚潮之比较》③、夏吟兰的《对离婚率上升的社会成本分析》④、王秀红的《家庭内部暴力干涉婚姻自由的现象、成因和防治对策》⑤、李克凝的《关于离婚问题及其处理的再认识》⑥、白洁的《正确理解离婚自由》⑦等，这些研究不但关注中国人的择偶标准、青春期恋爱、浪漫爱情、婚前性行为、婚外恋、独身、同性恋等问题，而且重点研讨了80年代以来的离婚问题，围绕离婚率大幅提高的社会原因、对婚姻生活造成的影响和自由离婚权利得到社会认可等各个方面展开了讨论。

5. 人口流动影响下的婚姻研究

田心源的《人口流动·婚孕·生育转变》⑧、郭虹的《当前农村婚姻流动的特点及其社会影响》⑨、朱正贵、陈苏兰的《农村流动人口婚育问题刍议》⑩、林富德、张铁军的《京城外来女的婚育模式》⑪、“外来女劳工研究”课题组的研究成果《外出打工与农村及农民发展——湖南省嘉禾县钟水村调查》⑫ 等等，这些文章探讨

---

① 李银河：《中国人的性爱与婚姻》，中国社会科学出版社1997年版。

② 徐安琪：《中国离婚现状、特点及其趋势》，《上海社会科学院学术季刊》1994年第2期。

③ 苏全有、李丽霞：《二十世纪我国两次离婚潮之比较》，《周口师范学院学报》2004年第3期。

④ 夏吟兰：《对离婚率上升的社会成本分析》，《甘肃社会科学》2008年第1期。

⑤ 王秀红：《家庭内部暴力干涉婚姻自由的现象、成因和防治对策》，《当代法学》1995年第3期。

⑥ 李克凝：《关于离婚问题及其处理的再认识》，《山西大学师范学院学报》1995年第2期。

⑦ 白洁：《正确理解离婚自由》，《新疆大学学报》1995年第2期。

⑧ 田心源：《人口流动·婚孕·生育转变》，《中国人口科学》1990年第4期。

⑨ 郭虹：《当前农村婚姻流动的特点及其社会影响》，《社会科学研究》1992年第2期。

⑩ 朱正贵、陈苏兰：《农村流动人口婚育问题刍议》，《人口学刊》1998年第1期。

⑪ 林富德、张铁军：《京城外来女的婚育模式》，《人口与经济》1998年第2期。

⑫ “外来女劳工研究”课题组：《外出打工与农村及农民发展——湖南省嘉禾县钟水村调查》，《社会学研究》1995年第4期。

了社会人口流动尤其是农民工进城对传统的夫妻关系和婚姻观念产生的影响。

6. **婚姻法律制度研究**

肖爱树的《20世纪中国婚姻制度研究》[①]、马荟的《当代中国婚姻法与婚姻家庭研究》[②]、周由强的《当代中国婚姻法治的变迁(1949—2003)》[③]、萧杨的《婚姻法与婚姻家庭50年》[④]、李心淑的《现行婚姻法的不足及立法改进之我见》[⑤]、罗萍的《婚姻道德与婚姻法的控制功能及其关系》[⑥]、刘延东的《中国婚姻法与社会现代化》[⑦] 等等，这些成果主要是将现有的法律条文与现实情况相对照进行的研讨，其中肖爱树的《20世纪中国婚姻制度研究》以近代百年为段限，对20世纪婚姻法律条例的沿革进行了梳理，对近百年来中国婚姻制度的变化进行了历史学角度的考察。

7. **婚恋词研究**

常蕾蕾、王凤娟的《关于“80后”“裸婚”现象的社会学思考》[⑧]、唐利平的《社会变迁与“剩女”现象——当代大龄女青年婚嫁困境探究》[⑨]、徐勇的《消费时代的婚恋观及其伦理冲突——

① 肖爱树:《20世纪中国婚姻制度研究》，知识产权出版社2005年版。

② 马荟:《当代中国婚姻法与婚姻家庭研究》，博士学位论文，山东大学，2012年，第10页。

③ 周由强:《当代中国婚姻法治的变迁（1949—2003)》，博士学位论文，中央党校，2004年，第11页。

④ 萧杨:《婚姻法与婚姻家庭50年》，《中国妇女》2000年第5期。

⑤ 李心淑:《现行婚姻法的不足及立法改进之我见》，《西北第二民族学院学报》1997年第3期。

⑥ 罗萍:《婚姻道德与婚姻法的控制功能及其关系》，《江西社会科学》1998年第2期。

⑦ 刘延东:《中国婚姻法与社会现代化》，《中央政法管理干部学院学报》1998年第4期。

⑧ 常蕾蕾、王凤娟:《关于“80后”“裸婚”现象的社会学思考》，《西北农林科技大学学报》(社会科学版）2011年第4期。

⑨ 唐利平:《社会变迁与“剩女”现象——当代大龄女青年婚嫁困境探究》，《中国青年研究》2010年第5期。

以〈裸婚时代〉和〈闪婚〉等影视剧为例》[①]、刘美玲的《对我国当前试婚现象的伦理考察》[②] 等，都是从婚恋流行词的视角探索了有关的婚姻问题，这些研究为本书的婚恋流行词研讨提供了借鉴。虽然流行词语的研究刚刚起步，但取得了重要的研究成果，不论是论文和著作的数量、研究角度还是研究方法，都有很多值得关注的地方。

（二）关于婚姻生活质量的研究

1. 关于生活质量的研究

自20世纪50年代以来，人们已经从社会学、心理学、哲学、人类学、医学等诸多角度对生活质量进行研究并取得了丰硕的成果。[③]

对生活质量的概念进行界定的著作和文章有厉以宁的《社会主义政治经济学》[④]、冯立天主编的《中国人口生活质量研究》[⑤]、刘伟和蔡志洲的《经济增长与幸福指数》[⑥]、赵彦云、李静萍的《中国生活质量评价、分析和预测》[⑦]、易国松的《生活质量研究进展综述》[⑧] 等。这些研究认为物质条件是生活质量的基础，但影响人们生活质量的不仅是客观的物质生活水平，还有许多其他的因素，诸如激励与创造、健康、政治参与与社会渴望、自由等各种社会

---

① 徐勇：《消费时代的婚恋观及其伦理冲突——以〈裸婚时代〉和〈闪婚〉等影视剧为例》，《新世纪剧坛》2012年第1期。

② 刘美玲：《对我国当前试婚现象的伦理考察》，硕士学位论文，湖南师范大学，2010年。

③ 风笑天：《生活质量研究：近三十年回顾及相关问题探讨》，《社会科学研究》2007年第6期。

④ 厉以宁：《社会主义政治经济学》，商务印书馆1986年版。

⑤ 冯立天主编：《中国人口生活质量研究》，北京经济学院出版社1992年版。

⑥ 刘伟、蔡志洲：《经济增长与幸福指数》，《人民论坛》2005年第1期。

⑦ 赵彦云、李静萍：《中国生活质量评价、分析和预测》，《管理世界》2000年第3期。

⑧ 易国松：《生活质量研究进展综述》，《深圳大学学报》（人文社会科学版）1998年第1期。

主、客观因素[①]，提示人们在考察生活质量时要综合分析多种因素的影响，既要看到各种物质条件，也要注意精神因素。

对生活质量中主、客观生活质量关系进行研究的著作主要有易松国、风笑天的《城市居民主观生活质量研究——武汉、北京、西安三地调查资料的比较分析》[②]、林南的《生活质量的结构与指标》[③]、胡荣的《厦门市居民生活质量调查》[④]、李莹的《天津市青年主观生活质量的调查分析》[⑤] 等。其中很多学者将主观生活质量与生活质量加以等同，认为研究生活质量的全部意义在于人们对生活的感受，对物质生活质量的研究只是为主观生活质量的分析做出的必要的铺垫。

对生活质量指标体系的研究主要有罗新阳的《幸福指数：和谐社会的新追求》[⑥]、风笑天、易松国的《城市居民家庭生活质量：指标及其结构》[⑦]、于萍、周士义、徐晓娟的《美国宏观生活质量指标体系的建构》[⑧] 等。这些学者设置了测评生活质量高低的指标体系，如评定幸福感的“幸福指数”等；还有学者根据实地调查，分析了影响国人生活质量的诸多因素，包括经济、社会、环境、家庭生活等，为我们全面、深入了解生活质量提供了帮助，也为本论题的研究提供了相关的视角。

2. 关于婚姻生活质量的研究

随着对生活质量研究的深入，学者们的研究成果开始扩展到生活质量的各个方面，包括把婚姻与生活质量的互动作为一种学术探讨。

---

① 康君：《幸福指数研究的不同视角及国际比较》，《数据》2011 年第 6 期。

② 易松国、风笑天：《城市居民主观生活质量研究——武汉、北京、西安三地调查资料的比较分析》，《华中理工大学学报》1997 年第 3 期。

③ 林南：《生活质量的结构与指标》，《社会学研究》1987 年第 6 期。

④ 胡荣：《厦门市居民生活质量调查》，《社会学研究》1996 年第 2 期。

⑤ 李莹：《天津市青年主观生活质量的调查分析》，《青年研究》2003 年第 3 期。

⑥ 罗新阳：《幸福指数：和谐社会的新追求》，《桂海论丛》2006 年第 6 期。

⑦ 风笑天、易松国：《城市居民家庭生活质量：指标及其结构》，《社会学研究》2000 年第 4 期。

⑧ 于萍、周士义、徐晓娟：《美国宏观生活质量指标体系的建构》，《学习与实践》2011 年第 5 期。

首先是把婚姻作为生活质量的一项指标进行研究。如蒋青的《城镇居民生活质量及其影响因素》[①]、黄立清、邢占军的《国外有关主观幸福感影响因素的研究》[②]、叶南客、陈如、饶红、许益军、董淑芬的《幸福感、幸福取向：和谐社会的主体动力、终极目标与深层战略——以南京为例》[③] 等，这些文章探索了婚姻对生活质量的重要作用。

其次是研究婚姻满意度的问题。如林南的《生活质量的结构与指标：1985 年天津千户户卷调查资料分析》[④]、卢淑华的《中国城市婚姻与家庭生活质量分析——根据北京、西安等地的调查》[⑤]、风笑天、易松国的《城市居民家庭生活质量：指标及其结构》[⑥]、蒋青的《城镇居民生活质量及其影响因素》[⑦] 等，这些文章认为婚姻满意度是研究生活质量的一个重要向度，阐述了婚姻满意度与生活质量的关系，强调夫妻之间的责任感、感情和理解是影响生活质量最重要的三大要素。

此外还有很多著作都与本论题相关。有些是对婚姻生活质量的社会调查结果，有些从社会学、心理学、伦理学等角度入手，对婚姻问题和生活质量进行分析，提供了婚姻或生活质量的相关理论依据，对本论题的研究具有借鉴意义。

---

① 蒋青：《城镇居民生活质量及其影响因素》，《财经科学》2004 年第 1 期。

② 黄立清、邢占军：《国外有关主观幸福感影响因素的研究》，《国外社会科学》2005 年第 3 期。

③ 叶南客、陈如、饶红、许益军、董淑芬：《幸福感、幸福取向：和谐社会的主体动力、终极目标与深层战略——以南京为例》，《南京社会科学》2008 年第 1 期。

④ 林南：《生活质量的结构与指标：1985 年天津千户户卷调查资料分析》，《社会学研究》1987 年第 6 期。

⑤ 卢淑华：《中国城市婚姻与家庭生活质量分析——根据北京、西安等地的调查》，《社会学研究》1992 年第 4 期。

⑥ 风笑天、易松国：《城市居民家庭生活质量：指标及其结构》，《社会学研究》2000 年第 4 期。

⑦ 蒋青：《城镇居民生活质量及其影响因素》，《财经科学》2004 年第 1 期。

三 研究资料

（一）报纸杂志

20 世纪 80 年代以来，报纸、期刊数量丰富，类型多样，对当时的婚姻现象多有翔实地记载，笔者从中可窥探到婚姻当事人对婚姻和生活质量的切身感受，为本论题的写作提供了重要的史料。这些报纸、期刊大体包括：

综合性报刊。如《人民日报》《人民日报》（海外版）、《光明日报》《中国青年报》《人民画报》等等。这些报纸中的文章大多反映了国家政策或法律条文，从中也能看到国家对当时的婚姻和民众生活的主流价值判断和价值导向。

普通报刊。这是面向大众阅读的报刊和地域性报刊，如《北京晚报》《东方早报》《浙江早报》《辽宁日报》《青岛日报》《广州早报》《沈阳日报》等。中国地域辽阔，婚姻伦理存在地域特色，把不同地区的报纸所反映的内容进行对比，从中可以窥探到不同地区人们的社会环境与婚姻生活的状态。

研究家庭婚姻的专业性报刊。改革开放以来创办了很多专业的家庭婚姻报刊，如《婚姻与家庭》《生活周刊》《家庭》《生活与健康》《社会》《现代交际》《南风窗》《大家》《当代青年研究》等等。这类报刊主要反映民众的婚姻、家庭生活，很多是婚姻实例的记叙，内容丰富，真实性强。在这些报刊中还有对青年群体进行婚姻伦理和生活质量的问卷调查，这些记载和数据统计为本论题的研究提供了大量可靠的资料。

（二）著作

20 世纪 80 年代以来有很多研究婚姻和生活质量的著作，其中有些是对婚姻问题和生活质量的直接调查整理，为进一步研究婚姻问题提供了许多案例和数据信息，如李银河的《中国人的性爱与婚姻》《中国婚姻家庭及其变迁》、王跃生的《社会变革与婚姻家庭变动：20 世纪 30—90 年代的冀南农村》、吴德清的《当代中国离婚现状及发展趋势》、徐安琪的《中国婚姻质量研究》等，这些著作中有关婚姻的调查数据可以作为史料使用。

（三）问卷资料

本书探究的是 20 世纪 80 年代以来的中国婚姻伦理和婚姻生活质量的整体情况，除了要了解具体案例的情况，还要把握人们婚姻生活的整体趋势。社会学等学科对婚姻伦理和婚姻生活质量研究做过许多问卷调查，这些问卷调查中包含大量的、多元化的信息，可以作为重要的历史研究资料。

四　理论与方法

本书运用的理论和方法主要包括社会文化史的理论、马斯洛需求层次理论、历史文献法、口述访谈法等。

（一）社会文化史的理论

社会文化史是研究社会生活与观念形态之间的互动关系的历史。人们的现实社会生活怎样影响了人们的观念形态，使人们的观念发生了什么变化，这种变化反过来又对社会生活产生哪些影响，使社会生活发生了什么变化，这就是两者之间的互动。[①] 本论题研究的是婚姻伦理与婚姻生活质量的互动关系，自 20 世纪 80 年代以来，人们的婚姻伦理发生了哪些变化，它们如何影响了人们的婚姻生活质量，人们对婚姻生活质量的追求又如何影响了婚姻伦理的发展变化，这种观念与社会生活的互动需要社会文化史的理论与方法的具体指导。

---

① 参见梁景和《关于社会文化史的几个问题》，《山西师大学报》2010 年第 1 期；《关于社会文化史的几对概念》，《晋阳学刊》2012 年第 3 期。

（二）马斯洛需求层次理论

马斯洛需求层次理论是人本主义科学的理论之一，由美国心理学家亚伯拉罕·马斯洛于 1943 年在《人类激励理论》中提出。书中将人类的需求像阶梯一样从低到高按层次分为五种，分别是：生理需求、安全需求、归属与爱的需求、尊重需求和自我实现需求。当人们满足了低一层次的需求之后，就会向高一层次的需求迈进。这种理论也反映在人们的婚姻择偶观念中，如“文化大革命”时期，人们在择偶时喜欢找“红五类”，这与满足自己的安全需求有关。改革开放后，人们的择偶标准发生变化，从最开始只看重对方的经济条件逐渐发展到考量对方的学历水平、有无共同语言、是否有感情基础等条件，这与满足自己的归属与爱的需求有关。这些变化说明人们的需求层次随着时代的变化逐步提升，只有达到需求的满足后，人们才会产生幸福感。

（三）历史文献法

本论题最重要的是对大量史料的分析和解读，文献法是本论题采用的基本方法。20 世纪 80 年代距今并不遥远，与婚姻生活相关的文献资料形式多样，数量极多，要有选择地筛选、整理，找到最具时代特色、最能反映当事人真实感受的历史资料。

（四）口述访谈法

作者拟根据需求对当事人进行访谈，从他们的口述中获得 20 世纪 80 年代以来的当事人对婚姻伦理和婚姻生活质量的真实感受，同时要注意受访者在叙述过程中存在的主观性以及遗漏或隐瞒信息的情况。

此外还有一些社会学、心理学、伦理学的著作，如弗洛伊德的《性学与爱情心理学》、徐安琪的《离婚心理》、刘达临的《婚姻社会学》、徐光兴的《婚姻幸福学》等，这些著作也对婚姻问题提供了相关理论，亦可作为一定的参考。

上卷（1980—1990）

杨　冰

一　婚姻伦理的几个问题

在中国古代，“伦”和“理”通常是分开使用的，它们是两个独立的概念。东汉郑玄注：“伦，犹类也；理，分也”。《说文解字》中提道，“伦，从人，辈也，明道也；理，从玉，治玉也”。“伦理”一词的合用最早现于《礼记·乐记》：“凡音者，生人心者也；乐者，通伦理者也”。在古代“伦理”主要有两个意思，一是指事物的条理，如北宋苏轼《论给田募役状》：“每路一州，先次推行，令一州中略成伦理。一州既成伦理，一路便可推行。”二是指人伦道德，如《朱子语类》中：“正家之道在于正伦理，笃恩义。”黑格尔说过，“主观的善和客观的、自在自为地存在着的善的统一就是伦理”①，“伦理在一种本性上是普遍的东西”②。根据《现代汉语词典》的解释，伦理的现代意义是指人与人相处的各种道德准则。章海山在《伦理学引论》中提到，“无论在中国还是西方社会，伦理和道德这两个概念，基本意义相近，都是指通过一定原则和规范的治理、协调，使社会生活和人际关系符合一定的准则和秩序”③。笔者认为，伦理是人们在处理人际关系时，为达到和

① ［德］黑格尔：《法哲学原理》，范扬、张企泰译，商务印书馆 1961 年版，第 161 页。

② 同上书，第 8 页。

③ 章海山等：《伦理学引论》，高等教育出版社 2005 年版，第 2 页。

谐顺利的目的，而需要遵守的某些道德标准和约定俗成的行为规范。

顾名思义，婚姻伦理就是指在婚姻关系或婚姻行为中，当事人应当遵守的道德标准或约定俗成的行为规范。根据不同的标准，婚姻伦理又可以分为诸多种类。按地域划分，可分为中国的婚姻伦理和外国的婚姻伦理；按时间来分类，可分为古代婚姻伦理、近代婚姻伦理和现当代婚姻伦理；按婚姻伦理的基本规范来分类，可分为准婚姻伦理、结婚伦理、夫妻伦理、离婚伦理和再婚伦理，而准婚姻伦理又可分为择偶标准伦理、择偶途径伦理，结婚伦理也可细分为婚姻消费伦理和婚姻类型伦理；按婚姻伦理的本质与内涵来分类，可以分为狭义和广义的婚姻伦理，狭义的婚姻伦理仅仅是指在婚姻存续期内，夫妻双方应当遵守的道德标准和行为规范；广义婚姻伦理则包括当事人在结婚前、婚姻中和解除婚姻时应当遵守的道德标准和行为规范。本书正是站在广义婚姻伦理的立场上来探究中国婚姻伦理和生活质量的关系的。下面仅探讨婚姻伦理中的几个问题。

（一）婚姻伦理的四个特征

1. 历史性

在不同的历史阶段，会形成不同的婚姻伦理。婚姻伦理从产生发展到至今经历了三个阶段，体现了其历史性的特征。第一阶段是群婚伦理阶段，这一阶段又可以分为血缘群婚伦理和亚血缘群婚伦理。血缘群婚伦理是建立在血缘婚基础上的，它规定了直系血亲间不能婚配，旁系血亲间允许婚配的原则。血缘群婚的产生是人类婚姻史上一次重大的进步，血缘群婚伦理也随之成为人类婚姻伦理的第一次飞跃。亚血缘群婚伦理是血缘群婚伦理的高级阶段，它与血缘群婚伦理最大的不同在于，它规定旁系血亲间不能婚配，婚姻当事人必须来自不同的氏族，即需要遵从族外婚的原则。第二阶段是在群婚伦理的基础上演变而来的对偶婚伦理，对偶婚伦理的出现体现了婚姻伦理正由群婚伦理向单婚伦理的转变，它规定成对男女要过着偶居生活、偶居生活中以“主夫”和“主妻”的身份界定为中心、子女可以知晓生父是谁以及女娶男嫁和从妇而居的婚姻标准。对偶婚伦理的出现，打破了群婚伦理中“知其母而不知其父”的状态，也说明了夫妻家庭关系网逐渐趋于稳定。第三阶段是群婚伦理彻底转变至单婚伦理时出现的一夫一妻婚伦理。一夫一妻婚伦理是建立在一夫一妻婚姻制度上的，具体来说就是社会生产力的发展为一夫一妻婚伦理提供了经济基础，而母系氏族的瓦解，男权社会的确立又为一夫一妻婚伦理提供了社会基础，父权制度下的私有财产继承制也直接促使了一夫一妻婚伦理的形成。

2. **延续性**

从婚姻伦理出现到至今，每一个时代，每一个社会阶段，都会形成与当时社会形态相符合的一些更为具体的婚姻伦理。当社会形态发生转变，旧的社会形态被新的社会形态所取代时，旧社会形态下的婚姻伦理并不会立即随之消失，它总会或长或短的影响着新社会形态下人们的婚姻行为。比如改革开放后，中国传统社会以“父母之命、媒妁之言”为代表的旧式包办婚姻观念依旧不同程度地影响着当时人们的婚姻行为，80 年代初期，近 70% 的婚姻中掺杂着包办婚姻的影子①。可见，虽然社会形态在进步，人们的思想观念、经济文化水平在提升，但旧式婚姻伦理依旧或多或少的遗留在人们的婚姻行为中，体现出婚姻伦理所具有的延续性特征。

3. **差异性**

婚姻伦理是由经济、政治、文化、风俗习惯、宗教信仰等社会因素共同构成的，所以它会因为地域和民族等的不同而显示出不同的特征。不同国家、地域、民族所具有的婚姻伦理是有差别的。比如，1971 年 10 月 7 日香港颁布《修订婚姻制度条例》，明确规定禁止纳妾，实行一夫一妻制，在这之前，“香港在婚姻家庭制度方

---

① 唐达、严建平等：《文化传统与婚姻演变——对中国婚姻文化轨迹的探寻》，文汇出版社 1991 年版，第 89 页。

面，封建社会的纳妾、休妻、兼祧子嗣等制度仍为中国人所遵循，同时英国的法律和判例以及香港立法局颁布的法令，也同样在港发生效力，形成了资本主义现代法和封建主义古代法在香港共存相容的局面”①，而当时中国内地已经确立了以一夫一妻制为中心、实行男女平等和婚姻自由的婚姻伦理。在我国，堂表婚被视为乱伦，是明令禁止的，而姨表婚却根据不同民族的风俗习惯而有不同的规定。② 在中国的维吾尔族、乌孜别克族和塔吉克族的婚俗中，姨表兄弟姊妹可以结婚，而汉族以及苗族、彝族等民族却是不允许姨表兄弟姊妹结婚的。这些都反映了婚姻伦理的差异性特征。

4. **普遍性**

伦理是一种社会道德标准，它具有普遍性的特征。“婚姻道德（伦理）既具有适用于一定社会和文化的多样性、特殊性，又具有适用于一切社会和文化的普遍性、一般性。”③

（二）婚姻伦理的四点要素

婚姻伦理并非孤立地存在，它的形成和发展受到许多因素的影响，其中主要因素有：

1. **经济要素**

经济要素决定了婚姻伦理的性质。婚姻伦理作为上层建筑的一部分，必然依附于一定的社会经济，受到社会经济因素的制约。社会经济的性质决定了社会体制和社会形态的性质，而不同的社会形态又会形成不同的婚姻伦理，所以社会经济的性质决定着婚姻伦理的性质。经济因素不仅决定着婚姻伦理的性质，也决定着婚姻伦理的内容。

经济因素的转变决定了婚姻伦理的发展趋势。纵观历史的发展潮流，社会经济经历了几次重大变革，婚姻伦理也随着社会经济的变革而变化，婚姻伦理变革的根本原因就是社会生产力的不断发展和进步。每个不同社会的经济体制对应着不同的婚姻伦理体系，新

---

① 赵秉志：《香港法律制度》，中国人民公安大学出版社 1997 年版，第 467 页。

② 陈国强：《简明文化人类学词典》，浙江人民出版社 1990 年版，第 110 页。

③ 王海明：《伦理学原理》，北京大学出版社 2001 年版，第 88 页。

的社会经济体制要求重新建立适应新社会经济体系的婚姻伦理。纵观婚姻伦理的发展过程，可以看到，每次婚姻伦理发生变化，都是伴随着当时社会经济体制的变革的。

2. **政治要素**

经济因素在社会生活中的集中表现就是政治，婚姻伦理反映着国家的政治需求，而政治目的、政治追求、政治利益在婚姻生活中的影响集中表现在对婚姻伦理的干预上。

婚姻伦理的内容反映着国家的政治需求。任何时代，政治总是维护阶级利益的重要手段，每个时代的婚姻伦理都包含着政治因素，有什么样的政治体制就要求形成与之相适应的婚姻伦理。

政治又是国家干预婚姻伦理的重要手段。国家运用政治手段干预婚姻伦理在现实生活中屡见不鲜，国家往往按照自己的价值体系来管理和限定婚姻伦理以实现其政治诉求，从确定不同阶级在婚姻生活中的地位到限定各个阶层婚姻的对象和形式，这种强制性的运用政治手段来干预婚姻伦理的情况充斥在现实生活当中。

3. **宗教要素**

宗教生活作为社会生活不可或缺的一部分，紧密地与世俗生活联系在一起。宗教生活中的宗教信仰和宗教文化对人们的婚姻行为和当时、当地的婚姻伦理产生巨大影响。中国传统社会的宗教以“儒、释、道”三教为主，儒教以纲常伦理为教义，曾长期作为中国官方的意识形态，对我国婚姻伦理的发展影响深远；佛教在中国的传播最为广泛，它用“十二因缘说”来解释人生和世间没有任何孤立的存在，“前世姻缘，今世婚姻”为婚姻的缔结提供了足够的理由；道教是依据春秋战国时期的《道德经》和《南华经》长期演变创立的宗教，是中国的本土宗教，它推崇“天道”，主张“不淫不盗、不色不欲”，婚前人们往往请道士或算命先生运用所谓的“道术”为新人拆字算命，八字相符者方能结婚，可见其对人们婚姻缔结产生的重大影响。

4. **法律要素**

法律是由国家制定的，规定了在人际关系网中个体的权利和义务，它既保障了统治阶级的利益，又反映了统治阶级的意志和需求。在婚姻伦理方面符合统治阶级利益的法律就是婚姻法，婚姻法规定着人们在婚姻行为当中应当遵守的各项行为准则。

婚姻伦理与婚姻法律具有一致性。婚姻伦理与婚姻法律都是统治阶级的意志在社会生活方面的体现，它们有着共同的本质，两者在价值取向上具有同一性。婚姻伦理和婚姻法律都具有规范人们婚姻行为的功能，根据它们不同的特点，相互融合、相互补充，共同组成维护社会婚姻秩序的万里长城。

（三）婚姻伦理的三种功能

1. 规范个人的婚姻行为

婚姻伦理属于道德范畴，具有调节婚姻秩序和稳定社会的作用，也规范着每个人的婚姻行为。每个个体在进行婚姻行为的整个过程中，都会表现出个人的道德意识、道德品质、道德行为，也反映出每个人不同的婚恋价值观和道德观，婚姻伦理就是在婚姻当事人的意志、信念和情感等精神层次方面对人们进行合理的约束，以达到稳定婚姻秩序并促进社会稳定的目的。婚姻理应是严肃、积极的，维护婚姻的美好性要求婚姻关系的双方应当忠诚的履行婚姻义务和承担起对社会的责任，而婚姻伦理正是站在维护婚姻美好性的角度从观念层面上来规范个人的婚姻行为的。

2. 确保家庭的稳定性

婚姻伦理是家庭伦理的重要组成部分。现代社会中家庭是社会的基本单位之一，所以婚姻伦理又成为社会伦理不可或缺的一部分。婚姻、家庭是人生需要经历的一个过程和场域，婚姻是联结爱情和家庭的桥梁，是产生家庭的前提条件，夫妻关系是维系家庭关系的首要因素，家庭则是婚姻关系的外在体现，也是男女双方进行婚姻行为的结果，所以说，婚姻关系是否和谐直接影响着家庭关系的稳定与否。中国社会历史悠久，形成了一套内容丰富且影响深远的婚姻伦理体系，它发挥着规范夫妻关系和促进家庭稳定的作用。

3. 促进社会的文明进程

马克思指出："根据男女两性的关系可以判断出人类的整个文明程度。"① "一般来说，人类两性关系的发展经历了三种主要的婚姻形式，这三种婚姻形式大体上与人类发展的三个主要阶段相适应，与蒙昧时代相适应的是群婚制，与野蛮时代相适应的是对偶婚制，与文明时代相适应的是一夫一妻制。"② 婚姻伦理规定了每个人在进行婚姻行为的过程中都应当遵守的规则，这是对个人道德素质的要求，而社会是由个人组成的，许许多多的个人道德构成了整个社会的道德风貌。因此，婚姻伦理不仅仅是每个时代、每种社会形态内规范个人道德素质的手段，它更深刻的反映和促进着每个时代、每种社会形态的生产力发展水平与其文明进程的发展程度。

小结

现代意义上的婚姻是指因结婚而产生的配偶关系，是配偶双方结合后共同生活且双方都具有某些特定的权利与义务的一种社会现象，它具有自然属性也具有社会属性，并受到多种因素的影响。伦理是指人们在处理人际关系时，为达到和谐的目的，而需要遵守的某些道德标准或约定俗成的行为规范。而婚姻伦理则是指在婚姻关系和婚姻行为中，当事人应当遵守的道德标准或是约定俗成的行为规范。婚姻伦理具有历史性、延续性、差异性和普遍性的特征，它受经济、政治、宗教和法律四点因素的影响，婚姻伦理不但有利于规范个人行为，确保家庭关系的稳定，同时还反映和促进着社会文明的发展。

二　婚姻伦理变革与婚姻新现象

20 世纪 80 年代，中国社会进入转型时期，人们的婚姻生活发

---

① 马克思：《1844 年经济学哲学手稿》，人民出版社 1979 年版，第 72 页。

② 罗国杰：《伦理学》，人民出版社 2007 年版，第 281 页。

生了重大变革。20 世纪 80 年代以“自由”为核心的婚恋方式逐渐发展，夫妻维系婚姻关系逐渐向以情感因素为主导的方向转变。同时，离婚率上升、婚姻稳定性下降，早婚、包办婚姻、婚外恋、一夜情、重婚等各种婚姻现象在这个时期都有程度不同的反映。下面我们就来探究 80 年代婚姻伦理的变革和在此期间出现的婚姻新现象。

（一）择偶标准——“文凭”和“金钱”

择偶，顾名思义就是选择配偶，它是婚姻过程的第一步。择偶标准亦是随着人类社会的不断发展而发生变革。随着改革开放的进行，中国社会发生了很多变化，从而影响了 20 世纪 80 年代的择偶标准。

1. 改革开放前的择偶标准

20 世纪六七十年代的择偶标准趋向于政治化。在那个政治色彩浓厚的年代，男女青年的内心中搅和着爱恋的甜蜜与现实的苦涩。六七十年代是一个突出政治的时代，当时的青年男女往往将择偶对象的政治面貌和家庭出身作为自己择偶的一个不能忽视的重要标准。是否是“黑五类”子女、是否有“历史遗留问题”、是否有复杂的“海外关系”等成了人们择偶时首先需要考虑的问题。“龙生龙，凤生凤，老鼠的儿子打地洞”“老子英雄儿好汉，老子反动儿浑蛋”，当时社会上的这类流行语体现了政治面貌和家庭出身是择偶标准的一个重要因素。

“文化大革命”开始前，一些姑娘找对象时，甚至要考虑择偶对象在工作中是不是模范，在政治上是不是要求上进，在家庭出身上是不是贫下中农。所以，60 年代前期“出身好、根正苗红和政治上有发展前途的男性更受女性青睐”[①]。而“文化大革命”开始后，很多青年意识到“阶级成分”对自己的平凡生活有着重要的影响，所以在择偶时纷纷把“家庭背景”“政治成分”放到首要位置，“结婚不谈爱和情，阶级成分要分清”，姑娘们不嫌弃男青年

① 陈冀京：《明天你嫁给谁?》，《青年探索》1995 年第 5 期。

“一穷二白”，只要他是“出身贫苦”的人。“根正苗红”的男青年，尤其是贫下中农出身的男青年或者是对革命事业忠心耿耿的解放军战士，成为姑娘们择偶时的首选。

一名女大学生这么描述她的解放军丈夫：

> 他在文化上虽然相对的暂时比我低，但他有一个最根本的优点，就是对革命事业忠心耿耿，我们在政治思想上一致，脾气合得来，就促使我们的爱情不断地巩固和发展。①

甚至勇于和贫下中农男青年结婚的姑娘们也成为当时人们学习的模范。1969 年 12 月，喻利华作为武汉市的知青来到洪油县落户，一年后与当地的贫农青年相爱，她从毛主席《青年运动的方向》中汲取了与农民结合的精神力量，勇敢地迈出了与贫农结婚的一步，成为轰动一时的学习模范。② 而那些家庭背景和政治成分复杂的青年，在择偶恋爱方面就有很多麻烦。上海有个“反革命分子”，他有四个儿子，直到他“摘帽子”后才找到对象，那时，他的儿子们中最大的三十六岁，最小的也有二十八岁，他们的表现一直很好，只因出身不好，缺乏相当的“政治资本”，才落得“老大不小”才结婚的结果。③ 更有甚者，因为与政治成分差的人结婚而被逐出家门。一个姑娘瞒着自己的母亲与被打成“右派”的男青年结婚，当母亲得知实情以后，决定将爱女逐出家门，母女关系一刀两断。④

有人回忆起“文化大革命”时期的择偶标准，是这么描述的：

> “文化大革命”中，很多人的婚姻是出于一种利益考虑，当然与金钱没什么关系，主要是考虑出身，出身不好的人拼命

① 《解放军成为“最可爱的人”》，《中国青年》1999 年第 23 期。

② 陈重伊：《中国婚姻家庭非常裂变》，中央编译出版社 2005 年版，第 258 页。

③ 伯雄、甄非：《美满的婚姻应以爱情为基础》，《民主与法制》1980 年第 11 期。

④ 李松晨：《“文革”档案》（第 1 卷），当代中国出版社 1999 年版，第 262 页。

想找一个出身好的，以改变社会地位并为孩子创造一个安稳的环境。①

20世纪70年代，人生的浮沉变化莫测，使青年们在择偶时小心翼翼，尤其是女青年，择偶时往往非常重视对象的家庭出身、社会关系、本人成分和政治面貌，那个年代是出身越穷越光荣，拥有“贫下中农几代红”的出身是一个颇有分量的择偶筹码。许多上山下乡的知青为了表示自己的政治立场，也会毫不犹豫的与没有太多感情的农民结婚。知青白启娴1968年大学毕业后被安排到河北某农村落户，为了表明她一辈子扎根农村的信念，于1970年嫁给了自己并不满意的农民。而这桩婚事却被《人民日报》刊发，她也就被宣传成了“彻底与旧观念决裂”的典型，成为了当时中国社会的模范人物。②

亦有人回忆道：

那个年代，找军人是时髦。还有家庭出身不好的知青，考虑到可能要在农村扎根，就找个农村生产队长或老贫农后代，为的是有了依靠，还能改变成分，像这样出于政治背景考虑的婚姻在70年代时最多。③

能够提供一个可靠的家庭背景与政治成分的人，就代表着他能够提供一个稳定的家庭，所以受人青睐和向往。

2. 80年代的择偶标准

进入20世纪80年代以后，“家庭背景”和“政治成分”不再钳制人们的择偶观念。这个时期，人们择偶的首要考虑因素不再是政治背景，而逐渐转变成以“文凭”和“金钱”为中心，并随着

① 钱瑜、李健鸣：《实录北京80年代印象》，上海文艺出版社2004年版，第24页。

② 丛聪：《“红”牌坊——白启娴婚姻问题调查追记》，《中国妇女》1987年第8期。

③ 王跃年、孙青：《百年风俗变迁》，江苏美术出版社2000年版，第143页。

时代的变化表现出不同时段的独特性。

第一个阶段是80年代初期，“文凭”成了年轻人择偶的重要标准。高考制度的恢复以及改革开放后国家四个现代化建设对知识的迫切需求，使得社会对知识和知识分子的地位和价值有了新的肯定和认识。“臭老九”吃香了，社会上掀起一股“尊重知识、尊重人才”的热潮，知识分子的地位提高了，在婚姻择偶方面，文化因素取代了政治因素，“文凭”成为青年择偶的重要标准。“即使外貌条件再差的男大学生，也能找到一位漂亮的妻子，因为他们的知识能带给人们追求美好生活的信心。”[①] 80年代前中期，人们通常把高学历和高收入挂钩，有学历就不愁没有工作，拥有大学文凭的大学生成为了炙手可热的追求对象。

有人回忆说：

> 我那时正在读研究生，我和我的同学们整天把校徽戴在胸前，以此为荣，并引来年轻姑娘们的目光。我的一位同学因常在图书馆读书，漂亮的女图书管理员不仅给他提供借阅方便，而且，以书传情爱上了他，与他结为连理。[②]

1984年，一位普通的中学教师与一位千金小姐结了婚。后来他回忆道：

> 我1983年大学毕业，现在感觉学历不高，但是那时候感觉和现在的博士研究生差不多，找对象的时候是香饽饽，她虽然是个工人，但是副县长的千金，别人向她介绍了我，她一听我是大学生，就很愿意和我见面。[③]

---

① 邓伟志、胡申生：《上海婚俗》，文汇出版社2007年版，第124页。

② 《21世纪婚姻家庭怎么样？——中国社科院众学者新世纪的展望》，《民主与法制》2001年第2期。

③ 董怀良：《访谈录》（未刊），受访人L先生，1960年生，河北保定某中学教师，访谈时间：2013年8月22日。

山西也有一位拒绝了很多条件优越的男青年的姑娘，她一心想找个大学生，临近30岁时终于找到了一位刚分配到山西大学当老师的大学生，尽管那位大学生身高不足一米六，但是她成了“教授太太”，着实令旁人羡慕。①

第二个阶段是80年代中后期，“万元户”逐渐成了新的择偶标准。随着经济开放政策的实施、经济体制的不断改革，商品经济逐渐取代了计划经济，一大批人选择放弃所谓的“铁饭碗”，纷纷“下海”，这一股“下海”浪潮也冲击着人们过往以“文凭”为标准的择偶观。

有一位女大学生在应征一位乡镇企业厂长的征婚时说道：

> 我不愿说假话，我觉得命运之神对我很苛刻，虽然我是个“三班倒”的普通女工，但我参加自学考试已经三年了，14门课程已拿到了12门单科结业证书。我放弃了一切爱好，把别人喝咖啡的时间都用到了读书上。有几次外单位来调我，工厂都不肯放，眼看我就要拿到大专文凭了，可是“文凭人”已经过时了，文件规定“五大”学生可以当干部也可以当工人。我心灰意冷，只觉得我拼得够苦的了，几乎精疲力竭，但看来，一切都是徒劳的。所以，我想来应征，或许这是一条走向新生活的道路。②

一同参加应征的另一位女士也说道：

> 他（厂长）虽只有小学文化，但人们更看重他的“实绩”，他的业绩说明了他是个肯学习、爱钻研的人，而他愿意找个文化水平比他高的女子就是希望能相互取长补短，比翼双飞，他既没有那种“大男子主义”的虚荣自傲，又显示了他是

① 马变凤：《六十年来择偶观》，《山西晚报》2013年8月1日。

② 张万华：《征婚启事与58名女大学生》，《中国青年》1987年第3期。

个充满自信的真正的男子汉。[①]

从上述材料可以清晰地看到，两位女青年的择偶对象是同一位乡镇企业厂长，从她们的诉说中可以归纳出80年代中后期，女性在择偶时选择“万元户”的两个重要原因：第一，认为“文凭人”已经过时，选择“万元户”作为自己的伴侣或许是一条获得新生活的道路；第二，认为虽然有的“万元户”并没有多少文化，但是他们所取得的“实绩”足以证明他们的素质和品性。

“知识，文凭值几个钱?”“搞导弹不如卖茶叶蛋”“革命一辈子，不如摆摊一阵子”“一辆摩托两个筐，收入赛过胡耀邦”，这些社会上的流行语反映了在80年代中后期，青年择偶的过程中，文化因素逐渐被经济因素取代。找个“万元户”或者“大款”成了不少姑娘的择偶标准，而与其相比，以大学生为代表的知识青年已经不再是强势群体了。

（二）择偶途径——“新式媒婆”

俗语说：“天上无云不下雨，地上无媒不成亲。”择偶途径就是人们选择配偶时所采用的方式与方法。“如果说择偶标准在某种程度上体现了婚姻当事人的婚恋价值取向，那么，择偶途径则进一步说明婚姻当事人实现婚恋价值取向的途径。”[②] 总的来说，与以往的“包办婚姻”“政治婚姻”不同，20世纪80年代后，“新式媒婆”的介入逐渐取代了“父母操办、组织介绍”等旧式择偶途径。

1. 改革开放前的择偶途径

60年代前期，男女青年认识的途径比较单一，大多数是到了适婚年龄，其父母或亲戚、朋友托人找对象并在征求双方意见后安排见面，两者相处一段时间后若觉得满意就去办理结婚手续，只有少数人能够在学校、工厂等地方进行所谓的“自由恋爱”。同时在

---

① 张万华：《征婚启事与58名女大学生》，《中国青年》1987年第3期。

② 刘玲：《20世纪80年代中国婚姻伦理嬗变研究》，硕士论文，首都师范大学，2012年。

包办婚姻中也存在着很多“强买强卖”的情况。1963 年，17 岁的安某经舅母介绍认识了在北京门头沟矿厂上班的矿工杨某，因杨某年龄实在太大，安某遂打算拒绝杨某。哪知其家人千方百计想让安某接受这段婚姻，安某无可奈何，只得与杨某领了结婚证。领证后，安某实感委屈，跑去公社哭诉她的遭遇，当地法院得知真相后销毁了结婚证书。① 在电影连环画《儿女们自己的事》里面，老两口碰到女儿的婚姻问题时也表现得很强硬：

> 老头对老婆说：“（女儿婚姻）都‘自主’起来，还有个啥规矩？”他私下托媒人给女儿找了个婆家，并严厉训斥跟他对抗的女儿说：“听听你说那话，还有一点规矩没有啦？你！由你啦？”②

“文化大革命”开始后到 70 年代末这段时期，以父母为主导的“包办婚姻”受到了前所未有的挑战。学者黄桂琴、张志永曾做过调查，“文化大革命”前农村“包办婚姻”的比例达到了 48.5%③，而在“文化大革命”时期传统的父母包办婚姻只占当时婚姻的 0.82%④。“文化大革命”开始后将“包办婚姻”取而代之的是更具控制力的“组织干预型婚姻”和“政治干预型婚姻”。“‘文化大革命’期间，组织干预青年人的恋爱生活发挥着不可估量的作用。”⑤ 徐安琪在《世纪之交中国人的爱情和婚姻》一书中调查得出“有关组织和社区对当事人的婚恋曾给予过帮助的达 4.6%”⑥，“某公社党支部书记利用职务便利，诱骗三名女知青与

---

① 《潭柘寺公社妇联婚姻问题的材料》，1963 年，门头沟区档案馆藏，档号：26－1－137。

② 参见电影连环画《儿女们自己的事》，1963 年。

③ 黄桂琴、张志永：《建国初期婚姻制度改革研究》，《政法论坛》2004 年第 2 期。

④ 李相珍：《“文革”期间婚姻生活之我见》，《辽宁大学学报》2002 年第 3 期。

⑤ 刘玲：《20 世纪 80 年代中国婚姻伦理嬗变研究》，首都师范大学硕士论文，2012 年。

⑥ 徐安琪：《世纪之交中国人的爱情和婚姻》，中国社会科学出版社 1997 年版，第 56 页。

当地男青年结婚，其中一个与他儿子结了婚”[①]。这些仅仅是直接干预，而那些看不见的“隐形”干预更为严重。“文化大革命”期间，政治影响着普通人的生活。而在婚恋方面，知识青年的婚恋受到当时国内紧张的政治气氛的影响尤为严重。

有位知青谈到他们的婚恋状况时说道：

> 当人们公开或半公开地选择恋爱对象的时候，正是知识青年们最苦闷、绝望的时候，知青看不到未来的出路，对枯燥的劳动、学习已经厌倦，只有男女间的爱情才能给人以刺激和消磨时间，有很多知青在受到打击、沮丧失意时选择了结婚。[②]

在那个年代，“政治”不单单能左右你与谁结婚，更具有阻止人们结婚的权力。

著名知青作家梁晓声接受采访时是这么说的：

> 采访人：你们兵团男女的交往怎么样？
>
> 受访者：我们这一代人跨越了爱情这一个阶段，我们直接从青少年阶段跳入中年，因此，在感情上，我们有一种想回到青年那个阶段，再来生活一遍的愿望，这个我特别有感触。我是七年以后离开兵团的，从十八岁到二十五岁，我没有过浪漫的感情。当时有很多条件限制，不能有，但我连那种要求也没有。正常的人来说，十八九岁到二十二三岁，是恋爱的年龄，我们恰恰在这个时候自己压抑自己。我们去争当劳动模范、优秀团员，争进毛著小组，从外在荣誉来获得精神安慰。[③]

---

① 陈重伊：《中国婚姻家庭非常裂变》，中央编译出版社 2005 年版，第 261 页。

② 何岚、史卫民：《漠南情：内蒙古生产建设兵团写真》，法律出版社 1994 年版，第 329 页。

③ 梁丽芳：《从红卫兵到作家——觉醒一代的声音》，万象图书股份有限公司 1993 年版，第 329—330 页。

“文化大革命”时，那种强烈的政治压迫感将人们最原始的求爱本能抹杀殆尽，20 世纪 60 年代后期到 70 年代末的择偶途径，就是一条被政治干预的“不归路”。

2. 80 **年代的择偶途径**

进入 20 世纪 80 年代，社会上出现了许多受“文化大革命”影响迟迟未婚的大龄青年，相关政府部门相当重视，时任全国妇联主席的康克清指出：“妇联组织要为大年龄青年服务。大年龄青年们，你们要充满信心地迎接幸福，为四化建设作贡献。”与此同时，文化界也加入关注青年婚姻的队伍中。1984 年《中国妇女》专门刊登一期“大龄青年婚姻专号”，呼吁全社会关注青年人的婚姻问题。这表明了当时青年男女婚姻问题的严峻性，进而在一定程度上促使更多、更新的择偶途径的出现。报纸征婚、婚介所与电视征婚就是“新式媒婆”在实际生活中的体现。

图 2. 1　**《中国妇女》“大龄青年婚姻专号”**①

① “大龄青年婚姻专号”封面，《中国妇女》1984 年第 9 期。

（1）报纸征婚

刚进入20世纪80年代，青年就已经沐浴到一丝“自由恋爱”的曙光，由此产生的一种将传统与现代相结合的“半自主婚姻”方式占据了当时择偶途径的主导位置。有调查数据表明“全国包办婚姻占到婚姻总数的15%；半自主婚姻占55%；完全自由的选择，摆脱社会、家庭影响的婚姻占30%左右”①。这种所谓的“半自主婚姻”主要是受当时青年人心态的影响而形成的。当时的青年人大都既不愿完全依靠家人来解决婚姻大事，又没有完全走出“匪媒不得”的传统婚恋形式，而“新式媒婆”就是青年人这种不断纠结着的婚恋心态所形成的一种新的择偶途径。

1981年1月8日，《市场报》刊登了一则征婚启事，“丁乃钧”成了当天在全国最轰动的人，后来还有人专门写了一篇文章来分析丁乃钧的这一举动。② 他是共和国成立后第一个刊登征婚启事的人：

求婚人丁乃钧，男，未婚，四十岁，身高一米七。曾被错划为右派，已纠正。现在四川江津地区教师进修学院任数学教师，月薪四十三元五角。请应求者，来函联系和附一张近影。③

1984年，张敏杰在《社会》杂志上发表了一篇名为《从“征婚广告”这个窗口望去》的文章。在这篇文章中，他做了关于80年代初期《经济生活报》和《市场报》上的征婚人群的调查，发现征婚在80年代初期已经不再是少数人的行为，各个层次，各种工作，各种文化程度的人都相继参与到报纸征婚中来，征婚者参与度较高。详细见下表④：

---

① 唐达、严建平等：《文化传统与婚姻演变——对中国婚姻文化轨迹的探寻》，文汇出版社1991年版，第89页。

② 木子：《丁乃钧70个字震动世界》，《环球人物》2009年第27期。

③ 摘自《市场报》，1981年1月8日。

④ 表格来源，张敏杰：《从“征婚广告”这个窗口望去》，《社会》1984年第5期。

表 2.1 不同年龄段的征婚人情况

			25 岁及以下	26—35 岁	31—35 岁	36—40 岁	41—45 岁	46—50 岁	51 岁及以上	合计
《经济生活报》	未婚 318 人	男	3	75	48	39	21	12	13	211
		女	8	47	44	6	1	0	1	107
	失偶 84 人	男	0	3	15	13	13	15	5	64
		女	0	2	9	4	3	2	0	20
《市场报》	未婚 243 人	男	16	77	48	31	8	12	5	197
		女	2	14	17	13	0	0	0	46
	失偶 78 人	男	0	6	18	24	11	10	9	68
		女	0	1	3	5	0	1	0	10
总计			29	225	202	125	57	52	33	723

表 2.2 不同文化程度的征婚人情况

		文盲	小学	初中	高中（含中专）	大学	不详	合计
《经济生活报》	男	0	1	24	41	45	164	275
	女	0	0	9	38	31	49	127
《市场报》	男	0	7	78	92	41	46	265
	女	1	0	6	25	22	3	56
总计		1	8	117	196	139	26	723

表 2.3 不同职业的征婚人情况

		农民	个体职业者	集体企业职工	全民企业职工	干部	不详	合计
《经济生活报》	男	18	8	6	120	66	57	275
	女	2	1	13	45	65	1	127
《市场报》	男	3	3	27	130	87	15	265
	女	0	0	5	4	43	4	56
总计		23	12	51	299	261	77	723

市場 31

求婚

求婚人丁乃钧，男，未婚，四十岁，身高一米七。曾被错划为右派，已纠正。现在四川江津地区教师进修学院任数学教师，月薪四十三元五角。请应求者，来函联系和附一张近影。

图 2.2　丁乃钧在《市场报》上的征婚启事①

（2）婚介所和电视征婚

20 世纪 80 年代，在报纸征婚兴起的同时，各地的婚介所也如雨后春笋般出现在神州大地上。1982 年 11 月 15 日，广州市青年婚姻介绍所成立，这是国内第一家正式的婚姻介绍所。此后，全国各地都相继成立了婚姻介绍所。以北京为例，1981 年年末至 1982 年年末，北京市先后成立了朝阳、西城、崇文、海淀、宣武、燕山 6 家婚姻介绍所，“北京婚姻介绍所日趋繁忙，仅十多天来，北京各区婚姻介绍所登记的数量明显增加，据朝阳、海淀等区的统计，现在一天登记的人数是过去的两倍，各个介绍所的电话铃声不断，接

① 图片摘自《丁乃钧 70 个字震动世界——新中国公开征婚第一人》，《奉化日报》2009 年 10 月 17 日。

待人员应接不暇”[①]。根据统计，“1980 年至 1985 年北京市经过婚姻介绍所介绍成婚的有三千五百多对”[②]。

20 世纪 80 年代后期，随着电视机的普及，各种电视节目也开始蓬勃发展，以征婚为主的电视节目逐渐出现在人们的视野当中，并日趋红火。1988 年山西电视台的《电视红娘》开创了中国电视征婚节目的先河。[③] 1989 年上海电视台的《让我们同行》播出，“这是第一次以荧屏亮相的形式让男女自由选择对象，第一次有女性在众目睽睽下公开自己的择偶观”[④]。

20 世纪 80 年代以报纸征婚、婚介所和电视征婚等为代表的“新式媒婆”的择偶途径的出现，为正处于婚恋困境的男女青年提供了轻松的择偶环境和舒适的交流空间。

（三）婚姻消费——新式婚姻消费

婚姻行为不但是一种社会行为，也是一种经济行为，而婚姻的经济意义就体现在婚姻消费上。婚姻消费，是指当事人为实现婚姻行为所发生和将发生的需求以及需求的结构和水平。[⑤] 通俗来讲，婚姻消费就是人们在婚姻过程中的花销。婚姻消费中最直接也是最具代表性的就是“彩礼、嫁妆”和“婚礼消费”。从古至今，这种婚姻必备的物质消耗和传统的婚姻习俗都深深地影响着中国人的婚姻消费观。从 20 世纪 60 年代到 80 年代，随着社会经济水平的不断提高，中国人的婚姻消费也发生了很大的变化。

1. 改革开放前的婚姻消费

20 世纪 50 年代末 60 年代初，国家开展“大跃进”和“人民公社化运动”，国民经济水平不升反降，外加三分天灾、七分人祸

---

① 李庆山：《新中国百姓生活六十年》，人民出版社 2009 年版，第 1027 页。

② 冯媛、毛磊：《我国青年择偶方式发生可喜变化——自助婚姻压倒包办婚姻、社会介绍取代家庭介绍》，《人民日报》1986 年 9 月 14 日。

③ 钟欣：《外媒称中国女性择偶标准太过挑剔》，《西南商报》2010 年 9 月 15 日。

④ 唐达、严建平等：《文化传统与婚姻演变——对中国婚姻文化轨迹的探寻》，文汇出版社 1991 年版，第 90—91 页。

⑤ 蔡久忠：《婚姻消费及其市场意义》，《成都师专学报》1993 年第 2 期。

的“三年自然灾害”，使社会生产力遭到了严重破害。经济水平的低下导致物资匮乏，生活物资“凭票供应”。当时社会上流行的“三大件”，即锤子、锄子、小锅子成为了结婚的必需品，有些人家也会送一些鸡、鸭蛋等农副产品，家庭环境稍微好点的则会送些被褥和木桶。当时的婚礼也比较简单，摆上两三桌酒席，桌上放些糖果，亲朋好友欢聚一堂，送些鞋袜、床单被罩作为礼物，这婚也就算结了。相对来说20世纪60年代前期的婚姻消费受到社会经济因素的制约，比较简朴。

“文化大革命”开始后，婚姻消费由简朴型转变为政治型。虽然国民经济受到“文化大革命”的影响，没有能够大幅发展，但是相对于50年代末60年代初，经济水平还是有了一些进步的，无论是“聘礼”还是“婚礼”在数量上和质量上都比以往有所提高。70年代结婚必备的“四大件”是手表、自行车、缝纫机、收音机，相比50年代末60年代初的锤子、锄子、小锅子，有了不小的提高，印证了当时国民经济在波折中继续发展，人们的经济水平比以往有所提高的事实。

有人列出了自己在1973年结婚时婚姻消费的账单。账单中详细列出了，在70年代初期，要举办一场稍显体面的婚礼需要具备的物件和花销：

结婚账单汇总：

家具：床38元，立柜30元

服装：毛料衣服一套90元，的卡中山装一套60元，皮鞋两双60元

嫁妆：两床线提被褥，一个台灯，一个小闹钟，两个脸盆

理发：2.5元

酒席：两桌，100元左右

收的礼金：100多元（全部变成了实物）

合计：400元左右[①]

① 匿名：《70年代我们“体面”的婚礼》网易（访闸路径）。

与此同时，婚姻消费也越来越趋向于政治化。父母给子女准备的聘礼或嫁妆中，总会有一本毛主席的著作；在婚礼进行时要向毛主席像鞠躬，祝毛主席万寿无疆，唱《东方红》，跳“忠字舞”；有的人在婚礼上还得深刻检讨自己的不足，并向参加婚礼的领导和亲朋好友们“表态”要改正不足。“文化大革命”时期的婚礼，成了“破四旧”① “四比”② 的场合。

1968 年 3 月 4 日，《大众日报》刊登的《把“闹新房”变成斗私批修的新战场》一文中记叙的一场婚礼，特别形象地体现出“文化大革命”时期婚礼的政治化特征：

> 这天，是贫农社员李大叔的儿子李庆益结婚的日子。刚吃过晚饭，大人小孩就跑到李大叔家看新媳妇。大家有一个共同的想法，就是想看看今晚的“新房”到底怎么个闹法。
>
> 人们来到新房里，首先看到的是正面墙上挂着的伟大领袖毛主席的画像，墙上贴着金光闪闪的《毛主席语录》，桌上放的是《毛泽东选集》一至四卷，桌子两边放着用彩绸扎着的铁锨和镐头。房红人更红。一对新人胸前都佩戴着金光闪闪的毛主席像章，手持红彤彤的《毛主席语录》。新媳妇许院芳不是别人，正是本大队的妇女主任。她见大家都来到了新房，就站在毛主席像前，带领大家一起祝福毛主席万寿无疆！带领大家放声歌唱《大海航行靠舵手》，学习《毛主席语录》。接着，她首先发言说：“毛主席指示我们‘要斗私，批修’，今晚就算个斗私批修会吧！”大家异口同声地说：“好啊！这又是个新式的！”许院芳接着说：“我今天结婚，开始脑子里有一个想法，认为结婚啦，以后得多忙家务，不能像以前那样没黑没白

---

① “破四旧”：1966 年 6 月 1 日，人民日报社论《横扫一切牛鬼蛇神》提出“破除旧思想、旧文化、旧风俗、旧习惯”，合称“破四旧”。

② “四比”：比看书学习，要认真学习毛泽东思想，积极地批林批孔，勇于同阶级敌人做斗争，同资本主义倾向作斗争；比爱国、爱集体、爱社会主义；比多出力、多流汗，为建设社会主义贡献力量；比团结协作、互助友爱。

地做工作啦。这种私心杂念在脑子里一闪，我就觉得不对头。特别是对比李文忠同志，更觉很惭愧。人家真正做到了，活着为捍卫毛主席革命路线而生，死为捍卫毛主席革命路线而献身。而我却想做个半截革命者，不想再革命，这是对毛主席的不忠。我要向李文忠同志学习，永远忠于毛主席，做一个完全的革命派。忠不忠，看行动。让大家以后看我的行动吧！”

李大婶见新媳妇斗了私，自己也接着说：“早先我也是，想媳妇过了门在家干活，我可以享几年福啦。院芳这一斗私，我也觉得这种思想不对。毛主席教导我们要关心国家大事、要把无产阶级文化大革命进行到底，我却忘了国家大事、集体的大事，光想为自己。中国的赫鲁晓夫打不倒，批不臭，别说享不成福，还要受二茬罪呢！光想个人不想革命．就会上敌人的当。”

……接着大家纷纷表示，向李大叔全家学习，开展家庭斗私批修，让毛泽东思想占领一切阵地。最后，大家一起学习最高指示，共唱毛主席语录歌，尽欢而散。①

2. 80 年代的婚姻消费

70 年代末 80 年代初，婚姻消费较“文化大革命”时期有了很大的变化。

有人列出了他 1979 年 5 月举行婚礼时的情况，里面也不乏关于婚姻消费的内容：

我的婚礼是在 1979 年 5 月举行的。这是改革开放的第二年，全国的物资还不丰富，人们的思想观念还是“文化大革命”时期那一套，生活水平也不高。那时，住房都是单位分配的，不用买房。家具要够“七十二条腿”，因为商场没有卖的，家具就要自己做了。由于单位住房紧张，暂时借住在我原来的

① 白兆德：《把“闹新房”变成斗私批修的新战场》，《大众日报》1968 年 3 月 4 日。

单身宿舍，做好的家具也先寄放在父母家。当时只做了一个大立柜、一个五斗橱柜、一个意大利式写字台、一套沙发、一个茶几，床没做，在单位借两张单人床一并，这些家具也只有“四十条腿”。虽然没达到“七十二条腿”，好在我媳妇开明，不在乎，按照一切从简的原则，移风易俗喜事新办。彩礼给了600元，嫁妆也只要了6床棉被、两套枕套、四床被面。还要准备“三转一响”，也就是自行车、手表、缝纫机、收音机。自行车是时髦的“凤凰”牌17型，180元；缝纫机也是名牌“蜜蜂”的，160元；手表是国产上海牌的，120元；收音机没买，因为我有一台当时比较高级的红灯牌半导体收音机。那时候，这些名牌东西很不好买，尤其在我们这小县城，全靠人托人“走后门”才能买到。结婚照那时也不兴，就是黑白的两人半身照。因为我工作的单位在另一个县城，所以婚礼要办两次。先是到我父母居住的县城。婚宴摆了10桌，每桌不到30元，喝的是“光头”（诗仙太白牌白酒的一种），当时也就5块多一瓶，就是不好买，也要“走后门”。三天后，回到我工作的单位。因单位的人大多是外地的，当时又提倡移风易俗喜事新办，所以在单位办婚礼像是开茶话会，摆上一桌子糖块、瓜子、花生、水果、香烟就行了。那时的生活物资真是太少了，在我们这小县城连奶糖都没有，好在单位出差的人多，就托他们到北京、上海捎了20多斤奶糖，每斤一块多吧。水果、花生、瓜子是本地出产的，也就几毛钱一斤。香烟也是“走后门”买的，上海“恒大”牌每条30元、天津“墨菊”烟每条28元。现在算算结婚的所有开销吧：做家具，连木料、油漆、制作费用约470元；“三转一响”460元；婚宴300元；“茶话会”200元；嫁妆200元；总计1500多元。要是放到现在，也只能买台全自动洗衣机了，改革开放带来的变化还是挺大的。①

---

① 杨冰：《访谈录》（未刊），受访人C先生，1953年出生，重庆市云阳县某企业退休职工，访谈时间：2015年1月28日。

进入20世纪80年代中后期，随着改革开放的不断深入，国民经济得到了长足发展，婚姻消费也从70年代的旧“四大件”逐渐转变为新“四大件”：冰箱、洗衣机、电视机、录音机。用于婚姻的消费也逐年升高，“全国二十个城市抽样调查，1980—1982年每对新人结婚所需平均费用为3619元；1982—1984年为4506元；1984—1986年为5069元”①。从统计数据上明显可以看出，人们的婚姻消费随着国民经济的增长而增长。与此同时，人们婚姻消费的内容也从政治化的束缚中走出来，变得越来越时尚。到了80年代末期，金戒指、“海燕”牌彩电成了富裕人家结婚时的必备品，有的人在结婚时还会去做个时髦的发型，拍几张漂亮的婚纱照。

> 我是1989年结婚的，印象最深的是当年爸爸到深圳出差，给我带回一枚金戒指，近400元，亲戚朋友都羡慕得不得了，许多人包括我自己都是第一次见到真正的金子。我最贵重的陪嫁是电视机，一台18吋“海燕”牌彩电花了2500元，据说还是托爸爸的朋友搞到彩电票的。还有八套床上用品，包括什锦缎被面、褥子、床单、棉絮等等，被面最贵的160元，叫十二彩缎面，便宜的才20元，普通绸子的吧，但都是我亲自千挑万选的，现如今家里面用的都是8件套、6件套，它们都变成文物了。②

但是，随着婚姻消费的不断增长，社会上也滋生出了一股攀比风。部分年轻人总想着“体面”，不顾自己家庭的经济实力，盲目攀比消费，甚至不惜向自己的亲朋好友筹钱、贷款，就为“风光”一把，给自己的家庭造成了巨大的经济负担。

除了这些婚姻消费，在80年代末90年代初，还出现了一些更

---

① 唐达、严建平等：《文化传统与婚姻演变——对中国婚姻文化轨迹的探寻》，文汇出版社1991年版，第157页。

② 杨冰：《访谈录》（未刊），受访人Y女士，1965年出生，重庆市万州区某单位职工，访谈时间：2015年1月11日。

“潮”的婚礼形式，比如“旅行结婚”等等，在这里就不过多赘述了。

80年代，政治化的婚姻消费逐渐被取代，人们的婚姻消费变得多种多样，这一方面说明改革开放后国民经济水平得到了快速增长，人们更“有钱”了；另一方面也体现出人们的精神文化生活发生了变革，表明人们已经逐渐走出传统婚姻消费观念的束缚，产生了具有现代文明特征的新式婚姻消费观。

（四）新型婚姻——涉外婚姻

婚姻类型，指的是通过区分男女双方选择配偶到嫁娶成婚等过程中所采取的方式与方法来为婚姻行为定性和分类，其中包括了很多制度、习俗、审美和伦理问题。《中国婚俗文化》将传统婚姻分为七大类，分别是血缘婚、氏族婚、掠夺型、财产型、补偿型、信仰型和其他类。[①] 随着社会生产力的发展，对外开放的进行，一种新的婚姻类型，即国际型婚姻渐渐得到发展。国际型婚姻就是通常所说的涉外婚姻，狭义的涉外婚姻是指具有中华人民共和国国籍的公民与外籍公民或无国籍公民的婚姻；广义的涉外婚姻除了包含狭义的涉外婚姻外，还包括大陆地区公民与港、澳、台同胞的婚姻。这样两种生活状态不同的人的结合，体现了国内政治的逐渐开明和对国际文化交流的渴望，正如费孝通先生在《生育制度》一书中所说：“婚姻，并不只是生物的交配，也是文化的交流。在个人讲，与一个生活习惯不太相同的人共同生活确有困难，但是从整个社会看，不同生活习惯的人谋共同生活，是促进文化传播和进步的方法。”[②] 从新中国成立到80年代末，中国的涉外婚姻得到了长足发展。

新中国成立至70年代末，国内的主流婚姻类型还是以政治型婚姻为主。政治型婚姻一般拒绝涉外婚姻，所以在那个时期，人们

---

① 何跃青：《中国婚俗文化》，外文出版社2013年版，第57页。
② 费孝通：《生育制度》，生活·读书·新知三联书店2014年版，第30页。

是不允许和以美、英为首的“敌对国家”联姻的。特别是“文化大革命”时期，涉外婚姻几乎绝迹，人民的婚姻生活和政治紧密结合，只要有人与外国人“谈婚论嫁”，国家就按“通敌卖国”“外国特务”的罪名来治罪。毛磊是这么形容当时的涉外婚姻的，“‘文化大革命’时期，莫说与外国人结婚，即便是和外国人说说话，都唯恐有里通外国的嫌疑，‘海外关系’更是影响上学、入伍、入党、提干等的重要因素”[①]。郭涛、梅婷等主演的年代剧《父母爱情》中，身为解放军团长的男主人公江德福为娶一个有海外关系的“资本家大小姐”安杰为妻，不惜将自己的大好前途作为恳请上级“批准”的交换条件，到最后，他也只能驻守小岛，不能升迁。[②]“文化大革命”时期乃至“文化大革命”刚结束的前两年，想娶个“洋媳妇儿”或者嫁个“老外”都要惊动当时的国家领导人，结婚这么一个“私事儿”却都要被“批准”才行。1977 年 11 月 7 日，年轻的大学生田力在北京迎娶了他的“洋媳妇儿”法国人奥迪尔・皮埃坎。看似美满的婚姻，其过程却不那么顺利。两位新人于 1974 年在上海念大学时相识、相爱，无奈因校方阻挠，迟迟未能结婚。倔强的皮埃坎先后找到联合国秘书长、法国国民议会会长甚至是法国总统帮忙说情，后经时任国务院副总理的邓小平亲自过问，他们的结婚申请才被批准，也才有了前文提到的那温馨的一幕。[③] 1978 年党员尹国庆为了与法国姑娘玛丽安结婚，不惜被发配到农村，受学校同学、老师的白眼，甚至被说成“要老婆不要党”。后来还是玛丽安奔走于各级部门，最后惊动中央领导，两人才得以完婚。[④]“文化大革命”结束初期，中国最著名的一对跨国恋人无疑是画家李爽和法国人白天祥，2009 年 9 月 19 日，《湛江

---

① 毛磊：《跨越国界的爱情——中国涉外婚姻透视》，《通俗小说报》1992 年第 5 期。

② 电视剧《父母爱情》，导演孔笙，主演郭涛、梅婷等，2014 年 2 月 2 日首播。

③ 毛磊：《跨越国界的爱情——中国涉外婚姻透视》，《通俗小说报》1992 年第 5 期。

④ 马役军：《婚姻大世界——中国涉外婚姻十年》，《当代》1990 年第 5 期。

日报》详细记述了这段恋情：

> 李爽，52岁，画家。1984年在巴黎结婚，定居至今。
>
> 李爽躲在法国人白天祥的公寓里。尽管公寓就在北京，她踩着的是自己国家的土地，但她心里依然有些没底。每当有陌生人的声音在门外响起，她都忍不住一阵紧张。
>
> 这是1980年的秋天，李爽刚刚23岁，身份是自由画家，最辉煌的职业经历是参加了中国美术馆的星星画展。“窝藏”她的白天祥是她的情人，时任法国驻北京使馆文化处的外交官。
>
> 1979年，两人在一次画展中结识，互相欣赏的两人不久后开始交往。这对中法恋人的爱情发生在了“错误的时间”——“文革”刚刚结束，“错误的地点”——政治气氛浓厚的北京。
>
> 一个中国姑娘怎么能与老外有密切接触并产生感情？国门刚刚打开，此时的社会风气依旧保守封闭。
>
> 性格豪爽的李爽在平日就是打眼的人，她本不打算遮掩这段感情，“相爱难道不是一切的理由吗？”
>
> 但周围人的反对声超出她的想象，走到哪儿都能看到人们对自己指指点点。随着议论的人越来越多，有关领导也找到李爽，提醒她“要注意影响”。
>
> 在白天祥的建议下，苦恼的李爽悄悄搬进其位于建国门外的外交公寓里，成了“爱情囚徒”。除了谈情说爱，她还能在公寓里专心创作。
>
> 然而纸包不住火。年底，李爽与外国人公然“未婚非法同居”的事被北京市公安局获悉，并迅速上升到“里通外国”的高度。公安局立即采取缉捕行动，逮捕的罪名为“向外国人出卖情报”和“有损国家尊严”。对于李爽“出卖国格”和“出卖人格”的行径，北京市公安局判决她两年的劳动教养，而白天祥被驱逐出境。
>
> 本以为这段跨国恋由此被扼杀在摇篮里，天各一方的李爽

和白天祥却都没有放弃对恋爱自由的追求。为了早日救出爱人，白天祥顶住各种压力在法国积极奔走，他不停给法国政府和各大媒体写信，希望以浪漫著称的法国人能理解并帮助自己达成夙愿。

法国人给出了自己的答案。1983年5月，法国前总统密特朗访华。访问期间，他郑重向中国领导人提出请求："请允许这位小姑娘赴巴黎与其相爱的人团聚并结婚。"

一个"犯人"的感情竟会让法国总统挂记在心并郑重拜托。李爽的私事变成了国家大事，邓小平亲自批示释放了李爽。

同年底，李爽抵达巴黎开始定居。1984年2月4日，白天祥与李爽于巴黎结婚，当时的巴黎市长亲自为其证婚。

李爽成为改革开放后的跨国婚恋第一人，她现在仍定居法国，从事绘画创作，和白天祥育有两子。[①]

1983年，国家先后颁布实施了《华侨同国内公民、港澳同胞同内地公民之间办理结婚登记的几项规定》以及《中国公民同外国人办理结婚登记的几项规定》两条法令。《中国公民同外国人办理结婚登记的几项规定》中规定"中国公民同外国公民在中国境内自愿结婚的，除现役军人、外交人员、公安人员、机要人员和其他掌握重大机密的人员，正在接受劳动教养和服刑的人，并且遵守中华人民共和国婚姻法，须在一个月内办理登记手续，发给结婚证"[②]。"中国政府的一位高级领导人还以一种轻松、豁达的口吻说：'中国决不会限制、不会反对中国女孩子与外国人结婚，也不会反对中国男孩子与外国女孩子结婚'。"[③] 这两条法令的出台，标志着国家开始逐步正视涉外婚姻，为涉外婚姻提供法律保障，也标志着，

① 蓝珊：《60年激荡的情感》，《湛江日报》2009年9月19日。

② 民政部基层政权和社区建设司编：《婚姻登记管理资料汇编（1950—2003.5）》，中国社会出版社2003年版，第391—392页。

③ 马役军：《婚姻大世界——中国涉外婚姻十年》，《当代》1990年第5期。

“和外国人结婚需要领导批准”的时代一去不复返了。

从80年代初到80年代末，中国涉外婚姻的数量总体上呈增长状态。1989年《人民日报》做过一个统计，1980年中国男人娶到洋媳妇儿的有117人，这个数据到了1987年则变为了813人[①]，短短7年的时间，嫁进中国的洋媳妇儿翻了接近7倍。而这一时期嫁给“老外”的中国女性则更多，1991年《中国妇女报》上刊登的《我国婚姻关系稳定》一文中给出了一组数据，“1988年，全国涉外婚姻当事人有19980人，其中女性为18095人”[②]。《民政统计历史资料汇编（1949—1992）》中也列举了从1979年到1989年这十年间全国各地公民涉外婚姻的登记情况：

表2.4　1979—1989年全国各地公民涉外婚姻登记情况[③]

年份	涉外婚姻登记数量（对）	年份	涉外婚姻登记数量（对）
1979	8460	1982	14193
1980	11317	1983	12540
1981	13866	1984	13921
1985	22249	1988	20021
1986	16851	1989	20389
1987	20084		

注：以上数据包括外国人、外籍华人、华侨以及港、澳、台同胞。

从20世纪六七十年代的政治型婚姻为主导到80年代涉外婚姻的长足发展，在一定程度上既说明了国家大政方针的革新，特别是改革开放的春风深入中国社会的每个角落，也说明了中国人的婚姻观念在改革开放的浪潮中渐渐与世界接轨，人民保守的思想在逐渐

① 钟青等：《爱情无国界——大陆频增涉外婚姻》，《人民日报》1989年3月12日。

② 《我国婚姻关系稳定》，《中国妇女报》1991年11月3日。

③ 数据来源，民政部主编：《民政统计历史资料汇编（1949—1992）》，冶金印刷厂印刷1993年版，第460页。

走向开放。

（五）离婚要素——“情感”

离婚一词源于《晋书·愍怀太子遹传》：“初，太子之废也。妃父王衍，表请离婚。”南朝刘宋时期，刘义庆《世说新语·贤媛》中也提道：“贾充前妇，是李丰女，丰被诛，离婚徙边。”南宋陆游《老学庵笔记》中亦提道：“郭知运，以离婚为逐客。”离婚原意是指夫妻双方解除婚姻关系的行为，现代意义是指夫妻双方解除婚姻关系，终止夫妻间权利和义务的法律行为，途径有协议离婚和诉讼离婚两种。在共和国成立至80年代末这短短的40年间，中国社会共出现了三次离婚高潮：共和国成立至20世纪50年代中期为第一次离婚高潮；20世纪60年代初至70年代初为第二次离婚高潮；20世纪80年代初至80年代末为第三次离婚高潮。下面就从对三次离婚高潮的分析，来看80年代时离婚观念是如何变革的。

1. 第一次离婚高潮

1950年5月1日，国家颁布了《中华人民共和国婚姻法》，这是共和国成立以来第一部完善的《婚姻法》。其中明确宣布：“废除包办强迫、男尊女卑、漠视子女利益的封建主义婚姻制度，实行婚姻自由、一夫一妻、男女权利平等、保护妇女和子女利益的新民主义婚姻制度。”① 共和国首部《婚姻法》的颁布，不仅是共和国法制建设的一个重要的里程碑，也是人民婚姻家庭生活的一次重大改革。张爱平在《离婚在今天》中说道，“共和国颁布的第一部重要法律，废除统治了几千年的封建主义婚姻家庭制度，建立社会主义的婚姻家庭制度，千千万万个‘小二嫂’‘小芹’‘李二嫂’‘刘巧儿’挣脱锁链站起来了”②。《婚姻法》的颁布破除了传统男权主

---

① 巫昌祯：《中国婚姻法》，中国政法大学出版社2001年版，第20页。

② 张爱平：《离婚在今天》，辽宁人民出版社1991年版，第2页。

义下“妻子无离婚权”[①] 的束缚，确立了夫妻双方离婚自由的权利，也标志着共和国成立至50年代中期第一次离婚高潮的到来。

《婚姻法》颁布后，中华全国民主妇女联合会于1953年做了关于华北地区离婚案件数量的调查，“据华北区5省2市的统计，北京市1951年上半年离婚案件达985件；天津市从1950—1952年共处理婚姻案17052件；河北省127个县1951年的离婚案有44641件；山西省85个县1951年的离婚案件共32300余件，解除婚约的625件；察哈尔省1952年上半年调查的19县3市的离婚案有3481件，解除婚约的有166件；绥远省和归绥、包头二市1951年1—11月份离婚案件共计998件”[②]。而就全国范围来看，进入50年代的前三年，全国各地受理的离婚案件的数量也在逐年增长。

表2.5　　1951—1953年全国受理离婚案件数量[③]

年　份	案件数量（万件）
1951	57
1952	106
1953	117

1953年，中央人民政府发布了《关于贯彻〈婚姻法〉的指示》，里面规定“全国各地，除少数民族地区及尚未完成土地改革的地区外，无论城市或乡村，均应以1953年3月作为宣传贯彻《婚姻法》的运动月”[④]。1953年，社会上掀起的这一股贯彻《婚

① 古代的离婚制度是以男权为前提，在男女不平等的原则上建立的。女子只能“从一而终、不离不弃”，没有婚姻自主权，而男子有权利将违背“七出”（“不顺父母、无子、淫、妒、有恶疾、口多言、盗窃”为“七出”）原则的妻子“休”掉。

② 中华全国民主妇女联合会华北工作委员会：《华北贯彻婚姻法执行情况和今后工作的意见》，《新华月报》1953年2月。

③ 数据来源，唐达、严建平等：《文化传统与婚姻演变——对中国婚姻文化轨迹的探寻》，文汇出版社1991年版，第111页。

④ 中央人民政府法制委员会主编：《中央人民政府法令汇编（1953年）》，法律出版社1982年版，第110页。

姻法》的运动，标志着第一次离婚高潮进入高峰期。在《婚姻法》“运动月”中，社会上出现了很多问题，许多地方出现了“斗婆婆”“斗丈夫”的做法，这些做法严重违背了“运动月”的初衷，所以中央又下达了《关于贯彻〈婚姻法〉运动月工作的补充指示》，明确指出：“凡在这次运动中搬用‘斗争会’‘坦白会’以及‘户户调查’‘家家评比’‘划分阵线’‘家庭站队’等办法来解决问题，或者把贯彻《婚姻法》运动扩大到一般的男女关系和家庭关系方面去，从而引起了社会的某些混乱，并有使运动脱离正确轨道和规定目标的危险，这也是错误的，必须加以防止和纠正。”①《补充指示》的出台，抑制了社会上掀起的那股“将矛盾扩大化”的风气，人民也开始正确对待离婚这件事。至此，国内离婚案件的数量开始逐年下降，到1956年，已下降到51万件（详见下表）。

表2.6　　1954—1956年全国受理离婚案件数量②

年　份	案件数量（万件）
1954	71
1955	61
1956	51

虽然在此次离婚高潮中出现了一些不和谐的因素，例如上述所说的“斗婆婆”“斗丈夫”的现象，还有部分解放军军官抛弃家乡糟糠之妻，另娶新欢的现象。但总的看来，新中国成立至50年代中期第一次离婚高潮的出现，在一定程度上表达了人民迫切希望婚姻家庭幸福的心理，也是人民争取人身自由、婚恋自由的体现。

① 张培田、董小龙等：《新中国法治研究资料通鉴》（第2卷），中国政法大学出版社2003年版，第790页。

② 数据来源，幽桐：《对于当前离婚问题的分析和意见》，《新华半月刊》1957年6月。

2. 第二次离婚高潮

1957年“反右”运动开始，国内的政治气氛陡然严峻起来，离婚也不再是争取自由的代名词。50年代末至“文化大革命”时期，“反右”和“文化大革命”运动相继展开，导致了民众生活中政治色彩的浓厚。于是60年代初至70年代初国内又掀起了以政治为中心的第二次离婚高潮。这一时期离婚的特征是“想离的不能离，不想离的必须离”。

70年代初，有一位叫钱继红的女人，她的离婚故事就是典型的“想离的不能离”。钱继红是一个传统的“贤妻良母”式的妇女，她的丈夫长期对她进行虐待、折磨，她实在不堪忍受，就去法院申请与丈夫离婚。但法院不仅驳回了她的离婚请求，还对她进行了批评教育，理由是她丈夫在单位工作认真负责，是一位优秀的党员干部，法院又安排了丈夫单位的领导对他们的婚姻进行调解，但收效甚微。绝望的钱继红选择了喝农药自杀，来结束她这段不幸的婚姻。[①] 钱继红无疑是“文化大革命”期间“极左”思潮的牺牲品，仅仅因为丈夫是单位的优秀党员干部而不得不继续跟他保持夫妻关系，最后忍无可忍只能用自杀来结束噩梦般的生活，毫无婚姻自由可言。

在“文化大革命”时期被打倒的彭德怀与他的妻子浦安修的离婚则属于“不想离的必须离”。彭德怀在“庐山会议”被打倒后，为了减轻给家庭带来的政治压力，不得不与妻子离婚了。[②]

也有人在回忆“文化大革命”时谈道：

> 1969年，我作为革命的左派，带了学生下乡参加劳动，回无锡以后就生病发高烧，在医院治疗时说了一些胡话。当工宣队连夜审问我对康生、江青等中央领导的看法时，神志不清的我回答：“都是反革命的两面派。”结果被当作现行反革命，批

---

① 陶明顺、陈惠琴：《离婚纵横谈》，甘肃人民出版社1991年版，第3—4页。

② 腾叙兖：《彭门风雨：彭德怀家风家事》，文化艺术出版社2006年版，第52页。

斗、游街，并判刑十年。妻子在70年代初提出离婚，与我划清界限，带着儿子另行改嫁。①

老知青刘英是这样回忆她下乡时期认识的一位被下放的女教师的：

1971年我下乡的地方，不像我大哥那么遥远——去了黑龙江建设兵团，我插队的地方在近郊农村。插队几年，有许多往事都淡忘了，但唯有一位被下放改造的女教师的悲惨往事给我留下了深刻的印象，现在想起来心里仍很酸楚。

我插队的村子有一条环村堤，堤内住的是老社员，堤外住着我们知青和下放改造、战备疏散的"新社员"，我们女知青宿舍与下放改造的徐老师的住处仅一墙之隔，也就成了事实上的邻居。虽然那时阶级斗争的弦绷得很紧，虽然徐老师总是低头不语，但日子一长，总是低头不见抬头见，我们几个女知青便和她有了些往来。

下工后吃完饭，在没有政治学习的晚上，我们偶尔会悄悄地溜到徐老师的院子里说会儿话。徐老师拉扯着一个6岁的小女儿过日子，很艰难。起初她下地劳动改造都要带上孩子，后来村里看她实在可怜，把她安排在村小学教算术，日子才好过些。

有一次我指着孩子问她："您怎么一个人带着这么小的孩子下乡？"

徐老师回答："家中无人照料。"

我问："她爸爸呢？"

徐老师回答："离婚了。"

"您不是说过您有个大女儿吗，她不能照顾妹妹吗？"我问。

---

① 曾益：《中国80年代离婚研究》，北京大学出版社1995年版，第123页。

“她和我划清界限了。”徐老师苦笑着摇了摇头，凄婉地说：“小女儿现在尚年幼，等十年后也许也会跟我划清界限的。”

徐老师说这话时的一脸愁容，就像一块阴云，一直笼罩在我的心头。①

“文化大革命”时期，阶级斗争、政治斗争严重影响着民众的婚姻生活。为了“文化大革命”、为了“划清界限”、为了分清“阶级立场”，感情不和的夫妻有时不能离婚，而相濡以沫的夫妻却不得不选择离婚。政治因素逐渐成为人民选择是否结束夫妻关系的第一要素，而所谓的“自由”，也只是在政治枷锁里变了质的“自由”。

3. 第三次离婚高潮

“你曾经对我说，你永远爱着我；爱情这东西我明白，但永远是什么；姑娘你别哭泣，我俩还在一起；今天的欢乐，将是明天永恒的回忆；什么都可以抛弃，什么也不能忘记；现在你说的话，只是你的勇气；春天刮着风，秋天下着雨；春风秋雨多少海誓山盟随风远去，亲爱的莫再说你我永远不分离。你不属于我，我也不拥有你，姑娘世上没有人有占有的权利；或许我们分手，就这么不回头，至少不用编织一些美丽的借口。”② 1982 年，台湾歌手罗大佑的一曲《恋曲 1980》红遍了神州大地，也道尽了感情的无常。一句“春风秋雨多少海誓山盟随风远去，亲爱的莫再说你我永远不分离”恰到好处地凸显了 80 年代人们以情感为中心的离婚观——“我”不再是“你”一生的伴侣，当爱情没了，婚姻也就跟着消失了。

80 年代，伴随着改革开放的春风，国内掀起了以“情感”为中心的第三次离婚高潮。1980 年 9 月 10 日，第五届全国人民代表大会第三次会议通过了第二部《中华人民共和国婚姻法》。1980 年《婚姻法》中明确规定：“夫妻感情确已破裂，调解无效，应准予

① 刘英：《离婚的女老师》，《中老年时报》2013 年 11 月 22 日。

② 歌词来自罗大佑演唱的歌曲《恋曲 1980》，收录于 1982 年发行的专辑《之乎者也》。

离婚。”[①] 这是第一次将“情感因素”作为婚姻是否存续的判断标准。1980 年《婚姻法》的颁布，不仅代表着国家法律体制的进一步完善，也促使了第三次离婚高潮的到来。

表 2.7　　1980—1987 年全国受理离婚案件数量[②]

年份	离婚案件数量（万件）	年份	离婚案件数量（万件）
1980	27	1984	41
1981	34	1985	41
1982	37	1986	45
1983	37	1987	50

表 2.8　　1980—1989 年我国的粗离婚率[③]

年份	粗离婚率（‰）	年份	粗离婚率（‰）
1980	0. 35	1985	0. 44
1981	0. 39	1986	0. 48
1982	0. 42	1987	0. 54
1983	0. 41	1988	0. 60
1984	0. 44	1989	0. 68

注：粗离婚率的计算方法：当期登记的离婚宗数除以当期的平均人口数。

从上面两个表格中的数据看来，80 年代初至 80 年代末，不管是记录在册的离婚案件数量还是粗离婚率，都呈现出持续增长的态势。而对于 80 年代离婚的类型，学者赵子祥将其分为十大类，即“草率型”“实用型”“厌旧型”“外遇型”“分居型”“干预型”“虐待型”

---

① 《中华人民共和国婚姻法》，1980 年，第 25 条。

② 数据来源，唐达、严建平等：《文化传统与婚姻演变——对中国婚姻文化轨迹的探寻》，文汇出版社 1991 年版，第 111 页。

③ 数据来源，张车伟：《中国人口年鉴》，中国人口年鉴杂志出版社 2006 年版，第 568—569 页。

“迁就型”“罪错型”和“病残型”[①]。这十大类有一个共同的特征：基本上都是因为双方感情不和或缺乏感情基础而决定离婚的。

20 世纪 80 年代初期，因为情感因素而离婚的情况，主要体现在知青中。“文化大革命”时期，政治对婚姻行为的摧残为知青不幸的婚姻埋下了伏笔，70 年代末到 80 年代初期的知青返城运动更让知青的婚姻成为了时代的牺牲品。在那个时期，已婚知青选择离婚的原因主要有两种：

第一种是因为缺乏感情基础而离婚。在“文化大革命”时期，婚姻几乎与政治捆绑在一起，许多没有感情基础的男女青年因为种种原因走到一起，当动乱结束时，他们通常选择离婚来忘却那段不幸的时光。下面的例子中，女知青燕娇就是因为婚姻缺乏感情基础而选择离婚返城的。

> 1980 年底，《朝阳沟》来到洛克放映，此时，连队的知青只剩下我与燕娇。那年代，几乎还没有拍摄反映知青生活的影片，把豫剧搬上银幕已经很进步，作为知青，我久慕看反映知青生活的电影。燕娇只看了一半，就匆匆离开现场，伏在卫生所的桌上大哭起来，森鸿不知发生啥事，立即过去问她，没想到燕娇越哭越伤心。我示意森鸿不用管她，她是触景生情。
>
> 燕娇的触景生情影响了我，那一夜我也无法入睡。
>
> 第二天早上，我见到燕娇两眼肿肿的，可见她昨晚哭得有多伤心。她觉得很不好意思就对我说，昨夜让你见笑了。都是天涯沦落人，沦落到这种地步，谁还敢笑谁呀。
>
> 燕娇的触景生情，反映了其内心深处久违的痛苦。我还以为她既然愿意嫁给森鸿，并生有一对儿女，又让她坐上卫生员的位置，肯定会安下心来，成为真正的扎根派。其实，我的想法太简单，很多已婚女知青与燕娇一样，表面上相夫教子过着

① 赵子祥等：《离婚的原因多种多样——对沈阳市一千份离婚案卷的综合分析》，《社会》1984 年第 2 期。

> 平淡的生活，内心却充满矛盾，她们不敢与爱人诉说，怕引起家庭动荡。她们无法与知青沟通，人各有志话不投机。碍于面子，她们不轻易发泄而已，一有风吹草动，感情的闸门瞬时自动打开，一泻千里，反映出与生俱来的本质。
>
> ……几个月后，燕娇选择放弃卫生员的职务，离婚回城。[①]

第二种是为了返城，为了前途而离婚。当时许多知青都是因为这个原因而离婚的。有一位已婚知青，见到同时期上山下乡的伙伴们纷纷返城，心里实在不快。后来实在忍不住了，就跟妻子吵架闹离婚。离婚后，推脱说自己有病，请求返城。[②] 大返城时期，国家并不能解决已婚知青的配偶及子女的户口问题，这就滋生了许多假离婚的现象。北京知青张玲就是一个假离婚的例子，她于 1969 年与下乡当地的男青年李某结婚，婚后育有一女。返城时期，为了解决女儿城市户口的问题，夫妻双方办理了离婚手续。当孩子的户口办理完成后，张玲与其丈夫并未复婚，但继续生活在一起，保持事实婚姻的关系。[③] 当然，在返城知青假离婚潮中也有弄假成真的现象，这种现象在朱晓军《留守在北大荒的知青：纪念知识青年上山下乡 40 周年》中多有记述。

> 有一位上海知青跟当地的妻子办了假离婚。他对妻子说，我回上海站稳脚跟就回来接你和孩子。妻子等了一年又一年，突然听说丈夫在上海早已找到工作，正在跟一个上海姑娘拍拖。妻子半信半疑地跑到上海，丈夫说，他下个月要跟那个姑娘结婚。妻子说，我们是假离婚！丈夫说，离婚证是真的。他请妻子原谅，他不可能再回北大荒了，也不能在上海打一辈子

---

① 陈立仁：《扎根农村知青对离婚回城的感触》2015 年 1 月 26 日，粤海农垦（兵团）知青网站。

② 刘小萌：《中国知青史：大潮（1966—1980）》，当代中国出版社 2009 年版，第 453 页。

③ 刘小萌：《中国知青口述史》，中国社会科学出版社 2004 年版，第 125—157 页。

光棍，只好委屈她了。他说，这不是他的错，是社会的错。妻子流着眼泪离开了他的住所。第二天，黄浦江漂起一具女尸，那位北大荒女人投江了……①

除了知青离婚的问题外，在80年代初期，因为感情因素而离婚的还有很多种。在动乱时期被打倒的“反革命”“阶级敌人”，他们在当时几乎没有婚姻自由，不能找一个自己中意的结婚对象，往往都是“有人要就嫁/娶”的情况。改革开放后，国家为错划“右派”者平反，这些被平反者往往通过离婚来结束那段不是自己选择的生活。80年代初期的“遇罗锦离婚案”就是这一情况的代表。

遇罗锦生于双亲都是“右派分子”的家庭，在其踏入社会时遇到了十年浩劫，目睹了无数次的抄家。父母反复被批斗，哥哥因反林彪被判死刑，弟弟被判刑劳改，她因“思想反动”被劳改三年……当时她无户口、无职业、无工作，处境艰难。精神的压力、经济的窘迫，使得她把婚姻变成了求生的手段。经人介绍，于1977年7月8日和工人蔡钟培结了婚。1979年初其兄遇罗克冤案被平反昭雪，她自己的问题也陆续得到了解决，户口迁到了北京，7月被正式安排到玩具厂上班。1980年5月遇罗锦以彼此没有感情，志趣、爱好不同，没有共同语言为由，向北京市西城区法院递交了离婚诉状，要求和蔡钟培离婚。②

1981年5月14日，西城区法院根据1980年《婚姻法》中“夫妻感情确已破裂，调解无效，应准予离婚”的原则，判决准予遇罗锦、蔡钟培夫妇因“感情破裂”而离婚。上述材料中遇罗锦所

① 朱晓军：《留守在北大荒的知青：纪念知识青年上山下乡40周年》，《北大荒文学》2008年第6期。

② 张爱平：《离婚在今天》，辽宁人民出版社1989年版，第57—58页。

说“没有感情，志趣、爱好不同，没有共同语言”的离婚理由，在80年代初期也着实令人耳目一新，有文章详细记录了遇罗锦在法庭上陈述的细节。

> 我们没有大吵大闹，也没有打过架，但是他（蔡钟培）离我理想的爱人差得很远。有一次，我们一起去香山，在一片宜人的景色中，他却忽然想起处理的黄花鱼卖两毛五一斤，我跟他说些什么，他都是一副心不在焉的神气。
>
> 去看《雷雨》，这出戏有什么可笑的地方吗？而剧场中有极少数年轻人，连悲喜都不知，时常在不该笑的地方笑起来，蔡钟培也跟着哄笑。
>
> 一个人没有理由不争取自己的幸福，没有理由为自己不爱的人浪费青春和光阴。我没有义务和一个与自己理想不一致、志趣爱好不投的人生活一辈子，所以我坚决要求离婚。[①]
>
> 遇罗锦在给单位的材料里也写道：
>
> 钟培是好人……但绝不是我心目中的爱人。他只知道为老婆孩子热炕头，而我希望自己能从爱人身上学点什么，能对我的精神有所启发……我对他没有爱人的感情。我应当结束这种没有爱情的夫妻生活。[②]

在80年代初期，像遇罗锦离婚案这种例子屡见不鲜，这也印证了“情感因素”逐渐成为夫妻离婚的主要原因。在“情感因素”变为夫妻离婚的主要理由时，社会上也出现了一些怪现象。在法院判决离婚时，经常会出现当事人不同意离婚甚至以死相逼的情况。1985年，山东的一起离婚案件就出现了“判离婚丈夫要杀人，不判离婚妻子要自杀的情况”[③]。在《阴阳大裂变》一书中也记叙了

① 张爱平：《离婚在今天》，辽宁人民出版社1989年版，第60页。

② 《遇罗锦离婚案始末》，《淮河晨刊》2009年6月12日。

③ 惠中：《妻子——不判离婚就自杀，丈夫——判了离婚就杀人，法院怎么办?》，《人民日报》1985年4月24日。

一起因离婚而引起的血案。

> 1984年7月18日，郑州市金水区法院开庭宣判了一起离婚案件，不同意离婚的女方王永贞在离婚宣判下达不久后，突然当场服毒自杀。此案发生后，死者的儿女亲友大闹法院，河南《妇女生活》杂志、北京《中国妇女报》等连续报道为死者鸣冤，谴责法院一味偏袒男方、指责女方，未澄清事实、分明是非就武断强判，还见死不救，呼吁追究办案人员的责任。王永贞死后，舆论界一窝蜂地谴责法院，群众也跟着骂法院。
>
> 而事实真相是：王永贞与丈夫王立本的确感情已经破裂，王永贞曾在“文化大革命”中揭发丈夫，在政治上陷害丈夫，伤了夫妻感情，平时不关心丈夫，拒绝与丈夫过夫妻生活。①

在80年代中后期，还出现了一些“不离婚”“不判离婚”的现象。

“不离婚”主要表现在，一些人因为种种原因，就算是夫妻“感情不和”也不会选择离婚。有的是因为道德上“过不去”；有的是因为不想当“当代陈世美”；有的是要面子，归根结底都是因为以“感情因素”作为离婚的理由不为当时的人们所理解。李勇极就是一个典型的例子，从他的思想状态中不难发现，传统的婚姻观念还未完全被现代离婚观念所取代，人们的思想观念还未得到真正的解放：

> 李勇极的老婆是父亲包办的，父亲瞅她家只要二百多块钱的礼，觉得挺便宜，便把亲定了。他自己后来成了研究生，与妻子文化层次的差距大，没有共同语言，但与妻子也不离婚，把农村的妻子调到北京，凑合着过。李勇极认为：“虽然有了新《婚姻法》，但中国还没有到能把法律和道德分开的程度，

① 苏晓康：《阴阳大裂变》，江苏文艺出版社1987年版，第19—22页。

我自己是研究生毕业，又在研究机关里工作了二十多年，想跟农村的老婆离婚，那还不是标准的‘陈世美’吗？也许有的人觉得为了离婚当陈世美也情愿，不少人也就是这么干的，可我却不能。我有我的事业要干，我替别人打离婚官司，‘主离派’名声在外，我要闹离婚，有人就会说你小子的‘感情说’原来是为自己服务的。我宁可忍受，也不愿玷污我的观点。不仅忍受，我还得牺牲更多一些东西，把老婆从农村调到京郊，我也从市中心迁到郊外，死心塌地的维持这个家庭。”①

而“不判离婚”的情况主要体现在，法院在判决因“感情不和”而离婚的时候十分慎重，多以调解和好的方式来处理离婚案件。“有一线希望都要调解和好”“哪怕只有1%的和好可能，也要调解成100%的和好”“离婚案件不怕多，好的办法就是拖”，这些语句都是在司法机构中流传的经典语句。“调解和好”，一是为了防止出现类似上述例子中“自杀式离婚”的现象；二是为了防止夫妻双方还存有部分感情，只因一时冲动或争强好面子，武断地选择离婚。可以说“调解和好”是80年代中后期，法院处理离婚案件时的一个准则。

1989年，某学校的一位教师提出离婚，理由是他的妻子经常谩骂他和他的父母，不愿意过夫妻性生活，他们之间的感情已经破裂，而妻子反对离婚。法官调查发现：双方关系还不错，主要的问题是性生活，妻子性冷淡是因为在剖腹产手术中遭受了痛苦。法官认为这个问题可以克服，于是对原告进行了道德说教：作为教师，应该为他人树立榜样。法官还试图通过党组织施加政治压力，因为原告已申请入党。法官又提出了物质刺激，即学校校长答应给女方在校内安排工作，这样夫妇俩就会有更多的时间在一起。但丈夫不为所动，法官于是告诉他：根据夫妻的实际情况，离婚理由不足，如果你坚持离婚，

① 苏晓康：《阴阳大裂变》，江苏文艺出版社1987年版，第34—36页。

本院将判决不准离婚。在这种情况下，这位老师考虑到可能无论怎样都不能改变法院的决定，所以，他在法院召开的第二次调解会上让步，撤回了离婚要求。①

以上讲到的“不离婚”和“不判离婚”现象的出现在一定程度上是因为情感因素在“作祟”，总有那么些“不舍”才造成了当事人不想离婚或法院调解和好成功的情况出现。

在20世纪80年代的第三次离婚高潮中，那些自愿离婚的、假戏真做的、不离婚的、不被判离婚的当事人都不由自主的将“情感因素”作为考虑离婚与否的重要标准。可以说，80年代的时代性体现在人们的离婚观上，即“情感因素”逐渐上升为人们离婚与否的重要依据。恩格斯说过，“没有爱的婚姻是不道德的”。离婚自由是婚姻自由的一个重要方面。当夫妻双方没有感情之后，通过协商或法律的手段解除双方的婚姻关系是理所当然的。1980年《婚姻法》，第一次将“情感因素”作为判决夫妻双方离婚与否的第一标准，不仅是我国法制建设的一大进步，也是中国人挣脱传统婚姻伦理、争取离婚自由的重要一步。

小结

20世纪80年代中国人的婚恋生活较之以往发生了许多变化，出现了很多新现象。在择偶标准方面，“文凭”和“金钱”开始受到人们的青睐；在择偶途径方面，报纸征婚、婚介所和电视征婚等“新式媒婆”渐次出现；在婚姻消费方面，时尚多样的婚姻消费内容可以为人们选择；在婚姻模式方面，“解禁”了涉外婚姻；在婚姻存续与否方面，人们越来越重视的是“情感因素”。

20世纪80年代在婚姻方面出现了新现象，体现着共和国时期婚姻伦理正由共和国初期的革命化婚姻伦理和六七十年代的政治化婚姻伦理向80年代的多元化婚姻伦理转变，而这一转变也是80年

① 黄宗智：《中国乡村研究》（第四辑），社会科学出版社2006年版，第17页。

代诸多婚姻新现象产生的重要原因。

三　婚姻伦理变革与婚姻生活质量

20 世纪 80 年代的婚姻伦理变革反映了当时国人的婚恋观念和婚姻价值取向。从 80 年代国人的择偶标准、择偶途径、婚姻消费、婚姻类型以及离婚等观念的变化中可以看出，改革开放后中国正在逐渐建立新式婚姻伦理观，人们开始拥有多元化的择偶标准、途径，更加开放的婚姻模式，更为丰富多彩的婚姻消费，人们在考虑婚姻存续问题时也越来越重视“情感因素”。80 年代婚姻伦理的变革使人们逐渐摆脱了传统婚恋观念的束缚，新的婚恋方式、标准渐次被人们接受。在婚姻伦理变革的过程中，存在着多元化的婚姻现象，这些现象反映了 80 年代某些方面的婚姻生活质量的优劣。下面就从 80 年代婚姻伦理变革中的三个婚姻现象入手，来探究当时人们的婚姻生活质量问题。

（一）物质化的择偶观

在 20 世纪 80 年代，人们选择配偶时表现得更加务实和“势利”。个人意志在人们的婚姻中逐渐占据重要位置，婚姻也随之变得更为私人化。考虑自身婚姻问题时，一部分人开始将自己婚后的家庭生活和家庭经济实力放在首要位置。在 80 年代文凭热、出国热、下海经商潮的影响下，女性在考量择偶对象时注重选择高文凭的知识分子、下海经商的个体商人和有钱有势有海外关系的华侨或外国人。

物质化的择偶观念到 80 年代中后期时到达了高峰，有钱有势有海外关系的个体商人和华侨以及外国人成为当时人们择偶时的首选。就算长相和做派并非英俊潇洒、风流倜傥，甚至是“二等残废”①，但是只要具有较高的物质生活条件，这样的男青年就不愁

① 20 世纪 80 年代女性的审美标准，身高不足 170cm 的男性就被视为“二等残废”。

找不到人生的另一半。有一位长相很好的女青年找了个比自己还矮的丈夫，她的理由是："我爱人虽然比我矮，但是能挣钱，现在是老板。在社会上混，没本事挣钱，高个子长得好看有什么用，还不是照样受一辈子穷。"[①] 70 年代末 80 年代初，知识分子和军人是择偶市场里的"香饽饽"。但到了 80 年代中后期，在商品经济迅猛发展的冲击下，知识分子被认为没有男子气概，"老师的待遇还没有在企业工作待遇好""文化人发不了大财，没什么前途"[②]。同时军人的婚恋也受到明显的冲击，虽然国家、社会、舆论都在宣传军人的奉献精神，呼吁人们给予军人美好的爱情，却也无法改变军人在婚恋中的尴尬境地。80 年代中后期，人们常常用"穷当兵的"来形容军人。[③] 更有女青年在拒绝军人求爱时直言不讳："你走你的理想路，我端我的发财碗，亲爱的大兵，永别了。"[④] 社会上也出现了许多有关军人的不幸婚姻的故事，例如有个军人在边防驻守，他家乡的妻子却嫌弃他经济能力差，守卫边疆安全得不到保障又不能长期陪伴在她身边，就和当地一个有钱的老板好上了。[⑤] 同军人一样，一些收入低、经济条件不太好的人在择偶时也逐渐失去了吸引力，人们往往都希望选择一个经济实力较强，在婚后能给予自己很好的生活条件的人作为配偶。

很多人认为有较高物质基础的婚姻才是幸福满意的婚姻，但在现实生活中，选择有钱有势的老板或者官宦人家的子女作为结婚对象，其生活的幸福感受却是不同的。

有的人的感受是幸福美满的。

我 1984 年开始在万县师专，也就是现在的三峡学院读书，

---

① 安凤兰：《姑娘喜欢什么样的小伙子：婚姻介绍所专辑》，春风文艺出版社 1985 年版，第 37 页。

② 公放彬：《女大学生所理解的军人爱情——对 52 所地方高校的调查笔录摘要》，《家庭》1987 年第 6 期。

③ 杨凤：《我愿意和军人结良缘》，《家庭》1989 年第 6 期。

④ 晓萍：《把爱献给最可爱的人——致女青年》，《家庭》1986 年第 2 期。

⑤ 刘祥：《一个士兵的感情反击战》，《中国青年》1997 年第 7 期。

在1986年底认识了现在的老公。他那时候是个盐老板，“万元户”，挺有钱的，每次来学校看我都是坐着小汽车。他比我大几岁，人看起来也不是很帅气，最开始我还打算拒绝他。但是他经济条件好啊，对于我这个小县城的姑娘是可遇而不可求的，我考虑了一段时间，就答应先跟他谈恋爱，也想了解了解他的为人处世。谈恋爱的时候，他对我还是挺好的，三天两头带我逛街，还很关心爸爸妈妈，我爸爸妈妈挺满意他的。时间久了，我也挺中意他的。我跟他就一直这么处着，也没闹过矛盾。毕业工作以后我就跟他结了婚。婚后这几十年，我在中学教书，他则在外面继续打拼，虽然生意上有起有落，但是总体都还好。我今年50岁，儿子很懂事，现在在主城区读大学，我平时就上上班教教书，业余也就和朋友们打打麻将，生活上也没什么可烦恼的，日子过得还是比较安逸的。我那老公这些年也没少出入那些灯红酒绿的场所，这些我都很理解，毕竟做生意嘛，但他还算是安分守己，你看我都人老珠黄了，他也没在外面去另找一个。每年我放暑假，他都会抽时间带着我和孩子出去旅游，国内那些风景名胜我和他基本上都去过。2013年我和他银婚的时候，他带着我出国旅游，去了趟爱琴海，有天晚上他看着我说：“人一辈子好短，真是什么都比不过亲情。”我听了他的话很感动，我和孩子就是他这辈子最重要的亲人。①

也有人婚后感觉不满意、不幸福。

采访人：C先生您好，请问您从事律师职业多久了？

受访人：我1988年入行，算算也快30年了，准确来说是27年。

采访人：那您这30年来，大都代理过什么案件？

---

① 杨冰：《访谈录》（未刊），受访人B女士，1965年出生，重庆市万州区某中学教师，访谈时间：2015年2月16日。

受访人：我代理民事案件居多，也代理过许多离婚案件，做女方的代理律师的时候居多。

采访人：那在您代理的离婚案件中，有没有因为单纯追求经济条件和社会地位而结婚，但婚姻生活却不顺心，最后只能选择离婚的案件呢？

受访人：有，我曾代理过一些富豪离婚案件，给我印象最深刻的是那个某姓老板，他今年五十多岁，已经是身家过亿的老板了。没记错的话，应该是在1986年，他爱上了他们当地铁路局局长的女儿，当年他就是个屌丝，那边却是个大小姐，女方家里肯定不同意呀，他就跑到人家家门口租了间小平房，活活守了小一年，两人终究还是好上了。

采访人：这么不容易才能在一起，怎么又闹离婚了？

受访人：小伙子，你也能想到吧，岳父是地方铁路局局长，地方铁路局局长的势力多大啊，管着38万职工呢，男方肯定飞黄腾达了啊，他妻子还为他生了个女儿。结果那老板就想要个儿子，妻子又不愿意再生，他就跟自己的秘书生了三个女儿一个儿子。

采访人：这么严重，他妻子难道没有一点察觉吗？

受访人：妻子当然知道，也就一直忍着，但某老板非常强势，一定要离。

采访人：听您这么一说，这老板不就是个现代陈世美吗，负心汉啊。

受访人：哪儿那么简单，他们结婚这20多年，男方又是上门女婿，你能想到某老板这几十年在家里卑躬屈膝、低声下气的样子吗？天天看着高高在上的妻子，稍有不如意（妻子）便指着鼻子说："没有我，你能有今天吗？"这是一个巴掌拍不响的事儿。①

---

① 杨冰：《访谈录》（未刊），受访人C先生，1962年出生，北京市某律师事务所律师，访谈时间：2015年5月18日。

简单地分析一下上面两个材料，它们的相同点是，两段婚姻都是夫妻中有一方因为考虑到经济因素而选择对方作为自己的择偶对象，并且走进了婚姻的殿堂。不同的是第一则材料的主人公工作顺利、爱情美满、子女孝顺、家庭和睦，有着较高的婚姻生活质量；第二则材料的主人却在婚后饱受家庭条件好的妻子的埋怨，受了不少窝囊气，后来自己又出轨，最终选择了结束这段婚姻，影响了他们的婚姻生活质量。究其原因，我们只能回到婚姻的本质上来，婚姻是因结婚而产生的夫妻关系，是男女双方结合在一起共同生活且夫妻双方都具有某些特定权利和义务的社会现象，而夫妻双方的在婚姻内最重要的权利和义务就是保持忠贞，相互扶持，相互帮助。材料一中的夫妻做到了这一点。反观材料二中的大老板和铁路局局长的千金小姐之间的婚姻，从千金小姐那句口头禅“没有我，你能有今天吗?”来看，她就没有尽到自己在婚姻关系中的责任，起码她没有尊重自己的丈夫，而那个老板想让妻子再生个男孩不成，反倒出轨与别的女子生儿育女，这是对妻子的不忠，他们都没能做到婚姻所要求的权利和义务，这段婚姻的结束也是情理之中的事了。

80 年代，物质化的择偶标准还体现在涉外婚姻上。改革开放后，中国与西方发达国家在经济上存在着较大的差距，这使得部分民众盲目向往国外富裕的生活而与外国人或华侨结婚。80 年代有民谣说：“飞美国，奔西德，澳大利亚也凑合；百招儿使，千招儿过，千方百计为出国。”“生命诚可贵，爱情价更高，若为出国故，两者皆可抛。”[①] 学者于君在对山东省烟台市涉外婚姻的调查中发现，烟台的涉外婚姻几乎都是清一色的外籍男烟台女，而烟台女大都是清一色的妙龄少女，与外籍男年龄差距较大，有的夫妻甚至是两代人，年龄相差 20 多岁，有的年龄差距竟达到 30 岁以上，这些现象反映了一些女青年想通过嫁个老外来改变自己的生存环境和物质生活条件，她们往

① 马役军：《婚姻大世界——中国涉外婚姻十年》，北方妇女儿童出版社 1991 年版，第 29、76 页。

往不在乎另一半是否是同龄人，她们的婚姻往往缺乏感情基础，这种追求物质生活的婚姻很容易出现危机。[1] 除了追求高质量的物质生活外，也有人为了自己的事业发展而寻求与外国人结婚。例如 80 年代末上海的一位女医生，她到涉外婚姻介绍机构填写登记表格，在国籍要求一栏中写“只要 A 国籍男性”，工作人问她：“干巴老头也要吗?”她说：“是的，只要能出国，我什么都看得很淡。”在工作人员的再三追问下，她道出了其中的缘由：“在医院里，我的业务水平屈指可数，但在复杂的人际关系挤压下，我无法施展自己的才华，在国外，医生是个受人尊敬的高尚的职业，我想换一块儿土地也许能找到用武之地。”[2] 这也是事业型女性令人酸楚的求婚动机。

那“嫁出去”的她们，是否能够像她们想象中那样，获得高质量的婚姻生活呢?

1984 年，上海市某区有位街道生产组的青年女工美芳，为了改变自己的物质生活条件，与相识只有五十二天的康先生结了婚。康先生比美芳大近二十岁，据康先生自己说，他在西德有二十万马克的私产，他香港的姨娘还许诺给未来新娘五两黄金作为见面礼，这些都吸引了美芳。但是和康先生结婚后到了西德才发现这是个骗局，康先生仅仅是个饭馆的贫困厨工，美芳痛苦不已，悔不该当初轻易与他结婚。[3]

无独有偶：

80 年代末，北京有一批姑娘嫁到日本北海道的一个渔村，她们的穿着是当地最时尚和最好的，从北京寄来的邮包，里面的东西让男方的父母自惭形秽，为了不让姑娘逃走，很多人家竟然剥掉姑娘的衣裤，出门在外都将门反锁。后来，这批姑娘

① 于君：《我市涉外婚姻“渐入佳境”》，《今晨 6 点》2007 年 10 月 29 日。
② 金尔民、张丙康：《跨国界的诱惑》，《青年一代》1991 年第 3 期。
③ 方鉴清：《谁骗谁》，《青年一代》1982 年第 1 期。

> 经过千辛万苦，集体逃到东京，要求中国大使馆送她们回到祖国，她们痛哭流涕："当初以为日本繁荣，总以为能够出国，到外面就会海阔天空，想不到会这样悲惨！"①

上面两则材料中的女性群体，在择偶的过程中不考虑感情和年龄差距等因素，只考虑物质生活条件，向往着嫁到国外以获得较高的物质生活水平，但事与愿违，她们后悔道："总以为能够出国，到外面就会海阔天空，想不到会这样悲惨。"② 相比上述悲惨的跨国婚姻，笔者在前文叙述的白天祥与李爽的婚姻就幸福得多。时任法国驻北京外交官的白天祥与中国画家李爽，他们冲破了重重阻碍，不离不弃，于1984年在法国巴黎结婚，至今都过着幸福美满的生活。同是跨国婚姻，为什么会有不同的婚姻生活质量，究其原因是他们选择跨国婚姻的初衷不同，前者是因为物质的诱惑，而后者则是将感情放在第一位。引用西方结婚誓言里的一句话："我接受你成为我的合法新娘（丈夫），从今以后我将永远拥有你，无论环境是好是坏、是富贵是贫贱、是健康是疾病，我都会爱你，尊重你并且珍惜你，直到死亡将我们分开。"③ 只有将感情作为"嫁出去"的首要因素，才能收获一段幸福的跨国婚姻。

无论是否幸福，与上述几则故事相同的情况经常发生在80年代中后期的婚姻人群中。每个人都有追求高质量婚姻生活的权利，在择偶过程中考虑择偶对象的物质生活水平是正常的。但是当经济因素过分压倒或者完全替代情感因素时，婚姻的本质就会随之变异，婚姻的幸福感受以及婚姻生活质量都会受到影响。

前文说到，80年代中后期一些类似农民、军人等的收入低、经济条件不太富裕的人们在择偶市场中逐渐失去了吸引力，人们往往希望选择一些物质条件好、经济实力强的人作为配偶。但是，不

---

① 南字：《无处离婚》，《青年一代》1997年第2期。

② 同上。

③ ［法］布洛涅：《西方婚姻史》，赵克非译，中国人民大学出版社2008年版，第233页。

是每个人都能找到一个物质条件好的配偶，也不是每个人都将经济因素放在择偶的首要位置。那么那些人的婚姻生活质量如何呢？一位叫韩卫花的山西女青年，长相甜美，许多“万元户”追求她，她却觉得那些人整天东游西窜，不安分、不爱学习、不求上进，最终选择了当地一个有手艺、肯上进的农民作为自己的伴侣，婚后生活格外美满。[①] 80年代中期，重庆郊区也有一位高中文化的姑娘，她拒绝了一个靠山开矿但无才识的老板，而和一位勤恳劳动的农民相爱，他俩靠着自己的双手劳动致富[②]，感到生活非常幸福。

笔者采访了一位“抱得美人归”的解放军战士，他说：

> 我是1984年7月底军校毕业后进部队的，那年的国庆节我回家探亲，经人介绍认识了她。我和她见面时，都没有过多的话语，时间也不长，只是相互问了一下对方的基本情况，互留了通信地址就各自回家了。我们恋爱有两年的时间，除了回家探亲相见外，就只有通过书信了。在几乎是三天一封情书的热恋中，我们谈到了结婚，谈到了用钱的问题。我的家在乡下，家里是很穷的，我兄弟三人，我排行老二，父母刚给哥哥盖了房子，娶了媳妇，我们结婚，家里是没有钱给我们的。我的对象虽然是城里人，但也是普通的工人家庭，她的哥哥正好跟我的情况一样，也是刚娶了媳妇。那时都没钱啊，我对象的工资每月不到40元，我在部队的工资每月也不到70元，还得缴15元的伙食费，可以说我们手头的钱，加在一起也不够买张床的。我对象也是一个要面子的人，一个大姑娘就要嫁人了，总不能一声不响吧，总不能什么都没有吧。于是，我对象就托人买低价的木材，请会木工的亲戚做了一个衣柜，一张写字台和一张床。没有房子呀，她在单位也没有一间宿舍，都是住娘家，怎么办呢，我们就借了她同学家的一间房子，把家具

① 马晓武：《昔日选择万元户，今日爱寻知识郎——金沙滩姑娘择偶观的新变化》，《人民日报》1989年5月6日。

② 虎世和：《由“重财型”到“重才型”》，《中国妇女》1986年第5期。

> 放在了里面。1986 年的国庆节，我们结婚了。那是什么场面呢，当时我在部队，没有回来接我的媳妇，而我媳妇这边呢，也没有人去送她。她自己买了火车票，来到了近千里之外的部队，这样，我们就算是结婚了。她的假期休满后，我和她一起回了家，回到了借来的新房里。我归队了，我的媳妇也回娘家住了。我们没有房子，没有家电，没有举行婚礼，没有置办酒席，只有互相理解，互相支持，互相爱着对方。这种情况一直持续到 1996 年我服役满 12 年转业回家，组织上给安排到事业单位工作，单位分了套福利房，到那个时候我和她才有了一个像样的家。一转眼又快 20 年过去了，我女儿都到了嫁人的年龄，我感谢她给了我一段幸福的婚姻，也感谢她给了我一个美满的家庭。①

上述三则材料里面的主人公都没有将物质生活条件放到首位。前两则材料中的女性都选择靠谱的、踏实的农民作为伴侣，通过夫妻双方努力劳作获得了美满的婚姻生活，她们拥有较高的婚姻生活质量。材料三的军人，首先，他是个“穷当兵的”，不能提供较好的物质生活条件；再者，夫妻二人并不是通过自由恋爱的方式结合的，恋爱时和婚后很长一段时间他俩都不能生活在一起，从评价婚姻生活质量的客观指标来看，这段婚姻从一开始就应该是不幸福的，但是他们却收获了一段美满幸福的婚姻。引用一句这位转业军人的话，只有“相互理解，相互支持，相互爱着对方”的婚姻才是幸福的，有感情的夫妻，才会拥有较高的婚姻生活质量。反之，那些一厢情愿、貌合神离的夫妻，是得不到高质量的婚姻生活的。

> 小柯没有考上大学，1983 年，他进工厂顶替父亲的班。他决心要在车床前练好技术，当个好工人。入厂不久，师傅们都

---

① 杨冰：《访谈录》（未刊），受访人 M 先生，1960 年出生，转业军人，访谈时间：2015 年 1 月 20 日。

夸奖他进步快。小柯还对文艺活动感兴趣。待业那一年，常抱着心爱的吉他应邀去参加各种文艺汇演。来厂后，他被吸收到厂文艺队。1984 年，局系统举办国庆文艺汇演，各厂的文艺队演出一个个精彩的节目。突然，外厂的小陈急匆匆地来找小柯，说是给她伴奏的手风琴手没来，请小柯应急为她伴奏。小陈是一个工厂的化验员，歌儿唱得好，长相也比较出众。她有个姨夫是市歌舞团的声乐教师，所以在穿戴、做派上，都很像专业演员。小柯看她急切的眼神，便毫不犹豫地答应了她的要求。说也凑巧，小陈登台演唱，竟得了个一等奖。在此后的一次次演出中，小陈继续邀请小柯伴奏。就这样，他们俩谈起恋爱来了。每次相会，小陈都少不了逛百货商店。她对新上柜台的连衣裙呀、女西装呀、进口衣服料呀、各种跟式的皮鞋呀，都特别有兴趣。一次，她请小柯到家里，拉开衣柜，只见五颜六色的衣服挤满一立柜。交谈中，她告诉小柯，她曾交过两个朋友，都黄了。小柯问起原因时，她轻蔑地说："小抠，我最讨厌男同志抠拉巴唆的。"小柯因为太爱小陈了，为了表现自己不抠，每次逛街，都主动给她买东西。到了第二年"五一"节，他们就到照相馆照了一张彩色照片，悄悄立了海誓山盟，待房子下来就结婚。小陈非常聪明好学，为了拿到大专文凭，她考上了局办的职工大学。小柯一心支持她学习，在她上学的这两年，三天两头给她送奶粉、麦乳精，她换下的衣服小柯就抱回家洗。小柯的父亲将分到的一间房子给了小柯，同时给了两千元钱买结婚用品。这一来，把小柯乐得不知如何是好。他和小陈早合计好，等小陈毕业就登记结婚。就在这年的"五一"节，小柯约小陈到公园玩。小陈淡然一笑，拒绝了。小柯问她怎么回事，她说："草率的婚姻少美满，我经过近一年的思考，咱俩原来的打算是草率的。"这突如其来的谈话，使小柯莫名其妙。小陈慢条斯理地接着说："我不愿意以相互欺骗来过日子。不必隐瞒，咱俩之间出现了差距，必然导致兴趣、追求的不同，净（都）是不同哪来爱情？"听到这儿，小柯完全明白了。他心如刀割，眼前阵阵发黑。小陈轻轻一笑，说："干吗把婚姻看得那么重。合得来，就到一块儿；合不来，就散。你看看外国的明星，有谁当婚姻的奴隶?"听到这儿，小柯肺都气炸了。他狠狠地往地上吐了口唾沫，转身跨上车就走。回到家里，他拿出他们的合照，想起自己真心实意地爱她，这几年供她上学和买东西就花了近千元，而她却这样无情，心里恨死了她。原来，半年前，她就和一个同班同学热恋上了。过了两天，小柯怀着报复心去找小陈，气愤地说："咱俩黄，可以。钱我不能白花，你还我一千元钱!"说着，把账单摔了过去，弄得小陈脸色红一阵白一阵，哑口无言。小柯好话说了许多，小陈只是一个劲儿看着账单。他后悔不该这么办，伸手往回收账单。她却把手一闪，说："别，账要算干净，免得留后患。我们今天分手吧，过几天我答复你。"一天，小陈给小柯打来电话，说："我同意和你结婚，明天就登记，可有一个条件，我花你一千元钱，做一个月的妻子，顶债。你若同意，就这么办，若不同意，我也没有办法。"小柯听罢，真想对着话筒骂她。但一想，若骂，非砸了不可，只要结了婚，就能以实际行动感化她。于是答应按她说的办。第二天登记之前，双方在自愿结婚一个月的合同上签了字。婚礼也按小陈的意见，不举行任何仪式，不招待任何亲友，两人搬到一起就算了事。为了讨好小陈，他把黑白电视机换了一台进口彩电，还为她添置了两套料子服，两双皮鞋。这些日子，小柯每天忙早晚两顿饭，中午为小陈装好饭盒。小陈病了，他花钱租汽车请大夫到家里医治，还一口一口喂她吃药、吃饭。小柯以为，自己一片痴情，满可以感动小陈。哪想到第二十九天，小陈就让他做好准备，到第三十天，必须按"合同"办事，办离婚手续，否则，不但人走，还要通过有关部门制裁小柯。小柯感到揪心的痛苦，只好一起到法院办了离婚手续。他孤零零地回到家，随手打开衣柜，只见衣物已经被一扫而空。他心中骤然升起一股火，大喊大叫，把墙上的吉他拿下来摔成几截。[①]

从上文中可以看出小陈的择偶观念，就是要有较好的物质生活水平和共同的追求。小陈上了职大后觉得她和小柯之间出现了差距，没有了共同追求，于是提出分手，小柯却用“还债”的方式强行“逼婚”，当小陈愿意用三十天的婚姻来归还那一千元债务的时候，小陈对小柯应该没有任何感情可言了。1980 年《婚姻法》第四条规定：“结婚必须男女双方完全自愿，不许任何一方对他方加以强迫或任何第三者加以干涉”，小柯的做法不仅不能挽回小陈，更违背了法律的规定，“强扭的瓜不甜”，这样一厢情愿的婚姻不会幸福，必然会有悲惨的结局。

在高质量的婚姻关系中，婚姻当事人应当以夫妻地位平等为基础，建立一个相互尊重、相互关爱的婚姻家庭环境，当其中的一方或是双方都失去对对方的感情，婚姻关系就会濒临崩溃，更谈不上婚姻生活质量的问题了。当然，也不是每一段感情破裂的婚姻都会面临绝境，生活在北京的 L 女士和她丈夫三十余年的婚姻生活给了我们另一种启示。

我和丈夫是 1983 年冬天结的婚。我们是自己恋爱结婚的。他是“老三届”，毕业以后当过职工中专教师，当过校长，当过车间主任，现在做销售工作。我们已携手走过了三十一个年头，当年那个勤学上进的小伙子已经变成了一个倔强自负的中年男人，我也带着满身的伤痛走完了生命的前一半。面对这个和我共度半生的人，一想到过去的往事，我心里真不是滋味。我丈夫的门牙参差不齐，那是小时候淘气摔的。他当老师的时候，我说你站在讲台上得对得起学生，劝他镶上假牙。牙是镶上了，可他天天忘戴，早晨你提醒他戴上，晚上准会落在单位，那副假牙都没戴多久就被他弄丢了，直到现在他还是“城

① 李宏林：《80 年代离婚案》，春风文艺出版社 1987 年版，第 174 页。

门大开”。他爱抽烟，又懒得掏烟盒，就一支一支从衣兜里往外摸，装烟的口袋被他弄得黑乎乎的。他抽烟不爱弹烟灰，掉下来的烟灰不是落在衣服上就是落在裤子上，无论多贵重的衣服，到了他身上，就没有不烧出洞来的。他爱喝酒，和领导喝、和车间里的工人喝、和关系单位的人喝，他说喝酒是沟通感情的桥梁。晚上，要是修理个机器什么的，干完活，准请工人到饭店喝一顿。平时，经常是你这边刚把米下锅，那边电话铃声响了，告诉你吃饭别等他。他爱打麻将，下班以后不回家，找个地方就支上一桌。时间长了，他也觉得不好意思，于是就编瞎话骗我。有个星期六他没回家，到了星期天晚上还没回来。我有些沉不住气了，就骑车到工厂去找他。值班的工人告诉我说主任早就走了。回到家里，我很生气，晚上快到十一点了，他在屋外敲门，我压住火气给打开门，问他这两天干什么去了？他装作若无其事的样子说：“车间的机器坏了，干完活喝点酒。”“我刚从你们车间回来！”他愣了一下，只好招出了打麻将的事实。我无法原谅他生活上的种种恶习，决定改变自己当初的选择。我和他约定，等儿子考上大学就离婚，我写好了离婚协议。儿子考上了一所本地的大学，每个星期天都回家，我实在不忍心让他看到一个破碎的家，就决定等孩子大学毕业后再离婚。2005 年，就在我俩关系最僵的时候，我不幸得了急性肝炎，进了医院。在我生命最紧要的关头，他就像换了个人似的，不顾工作疲劳，天天冒着严寒给我送饭，我躺在病床上，每当看见他风尘仆仆地走进病房，把热气腾腾的饭菜放到我面前，我心里就充满了感激，在他的照顾下，一个多月后我出院了。回家没多久，我的关节炎又犯了，几乎到了生活不能自理的地步。丈夫推掉了很多应酬，麻将也不打了，酒也不喝了，每天下班准时回家。买菜、做饭、煎药、给我拔罐子，每天都得忙到十点多钟。他刚睡着，我又喊他伺候我起夜。因为那时我下地自己站立不住，他抱着我才不至于跌倒。他没有一句怨言。在家休病假时我仔细想了想，如果儿子考上大学那年，我把离婚协议变成了现实，在这个时候，谁能像他那样尽心尽力地照顾我呢？后来我撕毁了那张威胁我们婚姻幸福的离婚协议。有句老话说得好，“江山易改，本性难改”，人的性格各有差异，爱一个人，不仅要爱他的优点，也要能接受他的缺点，任何人都不可能按照自己的意愿改变他人。婚姻的幸福就在我们自己手里，他手里攥着我的幸福，我手里握着他的快乐，三十多年的风风雨雨，使我对婚姻有了新的认识：婚姻就像一条飘浮的纽带，一头牵着他，一头连着你，这条纽带很细，稍不留意，就会被生活的风浪吹断，只有俩人齐心合力、相互理解、相互扶持，才能收获幸福美满的婚姻。①

在L女士与她丈夫的婚姻中，L女士因为丈夫的一些性格和生活问题打打闹闹，最后协商孩子大学毕业后就离婚，甚至到了签离婚协议的地步，可以说她对丈夫已经失去了夫妻间的感情。同样是病倒后受到已经没有感情的丈夫无微不至的照顾，但到最后，她也没有像上个故事中的小陈一样选择离婚。其原因在于，L女士理解到“人的性格各有差异，爱一个人，不仅要爱他的优点，也要能接受他的缺点”，而她的丈夫为了照顾她的起居饮食，也能够放弃以前爱喝酒、爱打麻将的“恶习”。所以说维系婚姻的稳定、和谐是夫妻双方共同的权利和义务，要创造高质量的婚姻生活质量离不开夫妻双方共同的努力，“只有俩人齐心合力、相互理解、相互扶持，才能收获幸福美满的婚姻”。

纵观80年代的择偶问题，是否选择一个有较强经济实力或较高社会地位的人作为配偶，并不是获得较高婚姻生活质量的决定因素。树立正确的婚恋观念，善于把握和运用婚姻中夫妻双方应该共同遵守的权利和义务，注重彼此的感情因素，才是通向幸福婚姻的重要途径。

① 杨冰：《访谈录》（未刊），受访人L女士，1958年出生，北京市某单位退休职工，访谈时间：2014年11月8日。

（二）高额的婚姻消费

婚姻消费体现了某个时代婚姻行为的经济意义。改革开放以来，经济体制改革的不断深入，国民经济水平的不断提高，使得婚姻消费的曲线也呈现出不断上升的趋势。80 年代，人们婚姻消费的内容从政治化婚姻礼仪的束缚中走了出来，变得越来越时尚，并且出现了许多新内容。在婚姻消费不断发展的同时，社会上也滋生了一股盲目攀比、盲目消费的高额婚姻消费观念。

有一位姑娘和心上人简单地布置了新房就结婚了，结果周围传出流言："没有办一桌酒席就同床，这是非婚同居。"还有一位男青年，仅仅因为婚礼上的喜糖质量差了一些，就被人冠以"三硬一软"的绰号。①

1981 年有位先生结婚时，考虑到家里条件不好，想节俭地办婚事，却受到多方面的阻碍，他说：

> 我母亲说："我就你这么一个独生子，一辈子不就办这一次吗？不办让人笑话！人家都办，我们不办，我们家也没有面子！"同事也劝我说："结婚这一辈子就一次，还不阔阔气气地办？干吗那么小气？单位里就没有这种先例。"我爱人的父母也认为："如果不风风光光地办婚礼，好像我家女儿不值钱，她就这么寒酸地嫁过去，会让别人说三道四。"②

在《顺英和她的 36 只羊》中，来自山西灵丘县的周顺英和李玉河回忆起他们的婚事：

> 我（顺英）本来决定不搞旧俗，从简办婚事，但村里的人议论纷纷，夸奖、讽刺都有，有的说："顺英姑娘太傻，一辈

① 孙剑云：《做新娘以后》，《中国妇女》1983 年第 1 期。

② 王晞：《广收随礼、大摆筵席的背后是什么?》，《中国青年》1981 年第 20 期。

子结一次婚，不多买点衣服穿穿，真是有福不享专受罪。”有的说：“结婚时要的东西越多，身价就越高，婚后人家才能看得起你！”①

上述几个故事描述了80年代的某些人，尽管家庭不富裕，甚至是找人借钱或采用其他办法，也一定要办一场“体面”的婚礼。究其原因，首先，如果不按社会习尚来操办一场婚礼，就会被人瞧不起，受到他人的讥讽嘲笑，甚至影响亲友关系；其次，是个人和家人的“面子”问题，婚姻当事人和抱有“聘则为妻”“无币不相见”等传统婚姻礼俗思想的双方父母，很怕因不办婚礼而丢了面子。来自北京的程志山先生的观点代表了当时大办婚礼者的想法，他在《一天的幸福和一生的幸福》一文中直白地表达了对婚姻高消费的看法：

我非常看重结婚这件终身大事，我们民族历来有这种传统，对自己的婚事十分认真。就是解放前穷人家办婚事，但凡有可能，也要吹吹打打坐轿子。要知道，人一辈子就这一次啊！我要向所有的人宣布，结婚这一天将是我一生中的转折点，为了这一天，即使再大的破费，为了给一生留下深刻而美好的纪念，也是值得的！不能让人看不起，这说起来好像有虚荣之嫌，然而我认为这是自尊。像我们这样父母没有文化的工人子弟，实际上还是被人看不起，有些干部子弟、知识分子子弟办婚事不如我们工人子弟铺张，这也好理解，他们平时生活就很优裕，结婚时比较节俭，人们绝不会认为他们寒酸，反倒别有一种风雅，而我们要节俭则会被人耻笑，认为娶媳妇这么大的事都如此寒酸，可见今后的日子了。有些命运的宠儿，一生中以他们为中心、别人围绕他们转的机会很多，而在我们这一辈子中，也许只有办喜事这一天是以我们自己为中心、为主

① 继明、栋祥、张田：《顺英和她的36只羊》，《中国妇女》1983年第1期。

角，按照自己的意志在众人面前像样地露脸，我们怎么能不格外重视这一天、珍惜这一次发表宣言的机会呢？①

可见选择高额的婚姻消费除了可以留下一生中最美好的回忆和解决“面子”问题之外，还能影响日后的婚姻生活质量。“娶媳妇这么大的事都如此寒酸，可见今后的日子了”，这句话将婚姻消费与日后的婚姻生活质量联系起来，认为寒酸的婚礼代表着夫妻今后的婚姻生活不会幸福，认为高额的婚姻消费就代表着日后高质量的婚姻生活，显然这种观念未必与事实相符。中国社会科学院《青年研究》编辑部和《中国青年报》、农村青年杂志社对全国婚恋问题的调查统计可以看出，高额的彩礼不但成为许多家庭的负担，而且也引发了许多社会问题，如表 3.1 所示：

表 3.1　　　　高额的彩礼引发的社会问题②

事件次数的多少的排名	因给不起彩礼，解除婚姻	因彩礼婚后夫妻不和	婚后长期还债，经济困难	为给彩礼去偷去抢	因为彩礼被迫换亲、转亲	自杀	杀人	逃婚	其他
第一位	1358	578	1001	51	106	16	11	26	54
第二位	286	1108	1022	101	419	38	14	92	62
第三位	343	288	769	234	495	95	47	275	538

注：本表格是根据受调查地区因要彩礼而发生事件的次数多少的排名而成。

虽然婚姻消费的变迁体现着一个社会的时代风尚，也反映着人们生活质量的变迁，但高额的婚姻消费也带来了严重的后果。从上述调查结果来看，各地高额的婚姻消费引发了“因给不起彩礼而解除婚姻”“夫妻不和”以及以借钱的方式来办理一场体面的婚事后

① 程志山：《一天的幸福和一生的幸福》，《中国青年》1981 年第 23、24 期合刊。

② 数据来源，黄瑞旭、杨新连、靳光谨：《“彩礼”问题调查》，《青年研究》1986 年第 8 期。

夫妻面临因长期还债而经济困难等一系列的社会问题。

当然也有例外，如重庆的 H 女士正因为帮丈夫一家还了办婚事所借的贷款，从而收获了一段和谐的婆媳关系。她回忆道：

> 我是 1986 年结的婚。丈夫老家在湖北农村，我和丈夫结婚时婆婆给了几床棉絮，盖了一间红砖房子——可我没有住过，还贷款 2000 元给我打了一套组合家具——这是结婚以后才知道的，并且结婚不到一个月被老公连哄带骗，用我的礼金和陪嫁“压口袋”的钱还了贷款。或许是因为感谢我没有因此闹矛盾吧，公公婆婆从婚后到现在一直对我特别好。我偷偷地去照的结婚照——因为爸爸妈妈不准我浪费，结婚照花了 28 元，是我半个月的工资。四张小 4 寸的、一张 6 寸的、一张 12 寸的，都是我最珍贵的回忆。结婚十年纪念日，我们又花了 280 元去照了一套 8 张的，并计划 20 周年纪念日再去照一套，最少是 2800 元的！①

中国长期以来以“孝”为中华民族的传统美德，并且在相当长的一段时间内“孝道”对家庭关系起到了积极作用。但是“父慈子孝，母慈妻贤”的传统道德标准并没有能很好地解决家庭关系中婆媳关系的矛盾。上述材料中的 H 女士丈夫一家为了办一场体面的婚事而不惜贷款欠债，却在结婚以后动用妻子的嫁妆和婚礼礼金去偿还贷款，妻子因为没有因此闹矛盾而得到了今后几十年与公公婆婆和睦相处的婚姻家庭生活。从 H 女士的故事当中可以看出，能很好的处理高额婚姻消费的问题对夫妻生活甚至家庭生活是有所帮助的。

在 80 年代不是所有人都会选择办场“体面”的婚礼，也不是所有人的婚事都能办得那么风光。为了提倡人们节俭地办婚事，国家在 80 年代曾极力组织集体婚礼，并得到了许多年轻人的支持，政府和工

---

① 杨冰：《访谈录》（未刊），受访人 H 女士，1953 年出生，重庆市万州区某单位职工，访谈时间：2015 年 1 月 11 日。

作单位也积极地组织集体婚礼。据统计，1982 年北京市有 5554 对男女青年参加了集体婚礼。[①] 同年，昆明市九个市政单位为 358 对青年办理了集体婚礼，其中推掉了近 1400 桌酒席。[②] 集体婚礼的出现为许多不想办、没能力办“体面”婚礼的人，提供了一条出路。

对于这样简朴的集体婚礼，来自成都的 Y 先生有着这样的体会：

> 我是 1984 年 2 月 10 日参加由单位举办的集体婚礼结婚的，现在想起来觉得很遗憾，没能给她办一场体面的婚礼。我清楚地记得那一天是在铁路局的体育馆内，和我们一同结婚的有五对青年男女，参加婚礼的有 500 多人。婚礼是由单位的领导主持的，我作为新婚代表讲述了我和妻子的恋爱经过，并表示要勤奋学习，努力工作，孝敬父母，夫妻恩爱，搞好计划生育等。婚礼过后，我的父母还在家里设宴招待了些亲朋好友。那时结婚没有什么家用电器，我家也不是太富裕，当时准备的彩礼就是一些木质的家具，一对箱子和一个立柜，她的嫁妆也就两套被褥。那时的住房都很紧张，新房多数都是“地震棚”。我们家住在 18 户人家在一起的院子里，家里有正房两间，西偏房一间，我的新房就在西偏房。十多平方米的房子，烧水做饭洗脸都在屋内，冬天屋子里又冷又湿，只好支起一架煤炭炉子取暖，这样的生活一直持续到 1989 年单位分房，那几年虽然条件艰苦，但她也没嫌弃。经过我和她多年的努力，家庭条件也算逐渐好了起来，去年春节过后，为了庆祝我们结婚三十年，我带她去补拍了一套婚纱照，这也算弥补当年结婚时的遗憾吧。结婚这么久，虽然偶尔也会小打小闹，但婚姻生活还算美满。[③]

---

① 《婚事新办简办，既文明又热闹，北京市 5554 对青年参加集体婚礼》，《人民日报》1982 年 1 月 21 日。

② 《昆明不少青年退酒席参加集体婚礼》，《人民日报》1982 年 1 月 22 日。

③ 杨冰：《访谈录》（未刊），受访人 Y 先生，1957 年出生，四川省成都市某单位职工，访谈时间：2015 年 9 月 27 日。

总结一下 Y 先生的故事：他因为家庭条件不太好，与妻子的婚礼是采用了节俭的集体婚礼形式，所谓的“彩礼”也只有一对箱子、一个立柜，婚后的生活也比较“寒酸”，但是经过夫妻二人的共同努力，到现在也过上了不错的生活，也就是“虽然偶尔会有小打小闹，但是婚姻生活还算美满”的婚姻生活。从 Y 先生的婚事可以看出，举办类似集体婚礼等被一些人认为是“寒酸”的婚事，但并不能阻碍婚姻当事人对幸福婚姻生活的追求。

80 年代社会上还存在着更“简朴”的婚礼，用来自北京的 W 先生的一句话来讲就是“我用一把菜花换来与她近三十年的幸福生活”。

> 我是 1987 年初认识她的，那时我 26 岁，刚进单位不久。我在单位还算勤劳，在工作上也有点绝活本领，单位里有一对表姐妹，表姐跟我关系还不错，我又挺中意表妹的，千辛万苦、好说歹说才让表姐将我俩撮合到一起。1987 年 10 月，我和她正式确立了恋爱关系，我记得在恋爱的时候有次她问我：“结婚的时候用什么样的‘花轿’接我过门?”“改革开放都这么久了，还坐什么花轿，当然开小汽车去接你啊!”我笑道。随着我俩感情越来越稳定，1988 年底，我和她决定结婚。我是单亲家庭，家里条件不好，拿不出什么像样的彩礼，结婚时也没能力办一场喜酒，领个结婚证这婚也就算结了。我记得很清楚，领完结婚证的那天下午，我踩着自行车去农贸市场买点菜，打算晚上跟她庆祝一下。那天我买了一把菜花，嫩绿的叶子和黄颜色的花，我回家一见到她，扑通一声跪在地上，双手把菜花递给她，“虽然没有玫瑰，没有收音机，没有彩电，没有小汽车，但是我有一颗爱你的心，我保证这些东西以后都会有的。”她看着我没说话，只是开心地笑着。结婚快三十年了，我用一把菜花换来与她近三十年的幸福生活，那些年梦寐以求的收音机变成了高档音响，彩电变成了在当时想象不到的液晶电视，电话机、手机、电脑那些

> 在当年想都不敢想的东西都一应俱全，而当年那把菜花，却一直存在于我们的幸福生活中。①

80年代婚姻消费变得多样化，这既是受到改革开放后经济水平发展的影响，也是婚姻伦理观念适应80年代社会变革而产生的结果。多样化的婚姻消费在一定程度上说明了婚姻伦理变革深入人们的婚姻生活，也是人们寻求高质量的婚姻生活的体现。但是高额的、过度的婚姻消费在某些情况下对人们的婚姻生活质量也会造成负面的影响。只有按照自身条件，有计划地进行婚姻消费，才能有益于自己的婚姻生活。

（三）多样态的离婚问题

离婚是指夫妻双方解除婚姻关系，终止夫妻间权利和义务的法律行为。20世纪80年代的中国社会出现了共和国成立以来的第三次离婚高潮，形成了以“情感因素”为中心的离婚观念。由六七十年代政治化的离婚观念转变为80年代以“情感因素”为中心的离婚观，不仅体现出80年代婚姻伦理的时代性，也意味着离婚自由已经成为能够被当时民众接受的社会道德。

1. 追求精神幸福的婚姻生活

精神幸福的婚姻生活体现在夫妻双方要求夫妻间要有共同的思想观念以及追求彼此之间的深厚感情生活。有位女性是这么表达她对自己婚姻的不满的：“我需要一个和我有共享思想、感情，可以与我一起做事情的人，而他却不是这样，他只有生理需要——吃、性和照顾他，我的婚姻变得机械，我从心底里感到孤独。”② 还有一对夫妻，二人本来感情很深，妻子不辞辛劳努力工作供丈夫读书，可后来丈夫嗜酒成性，妻子越来越觉得两人难以沟通，她向法院提出离婚时，对法官说：“他精神上贫乏，让我感到婚姻一片黑

---

① 杨冰：《访谈录》（未刊），受访人W先生，1961年出生，北京市某单位职工，访谈时间：2015年4月26日。

② 朱新秤：《婚姻不满的社会心理分析》，《社会杂志》1998年第8期。

暗，我不在乎财产，不在乎房子，只要离开他。”①

著名笑星赵本山与他第一任妻子葛淑珍于 1979 年底结婚，1991 年离婚。面对这段跨过了整个 80 年代的婚姻时，他是这么说的：

> 我认为那是一场无爱的婚姻，和妻子葛淑珍生活的那些年，虽从没吵过一次架，但同她说话很吃力，总是说不到一块儿，和她在一起心里很苦，结婚那么多年，从来没有一块儿去逛过街，一块儿去看过电影。②

事实上，早在 1987 年初两人就已经分居。离婚后，一双儿女由葛淑珍抚养，赵本山一次性付清了葛淑珍及两个孩子的生活费、抚养费、医疗费，同时，他还把夏利轿车、三室一厅的商品房及屋内设施全部交给了葛淑珍，可算是“净身出户”，于 1992 年与第二任妻子马丽娟结婚。

精神幸福婚姻生活的缺失也体现在夫妻双方对平淡的婚后生活产生厌倦。正如《情爱论》里说的那样：“爱情是人的心理生活的最精细、最脆弱的产品。对爱情来说，声色俱厉、威严专断的目光，庸俗的日常生活是最致命的打击。作为一种心理现象，爱情仿佛是用极其精密的意识‘工具’创造的。在爱情的本性中可以感觉到钻石在闪烁光芒，瓷器的清澈晶莹。有时候，细微的不慎对它都会产生致命的影响。”③ 平常琐碎的家务生活对婚姻生活具有很大的影响。1985 年，《民主与法制》编辑部在对 100 个破裂家庭的调查中发现，因“家庭琐事、承担义务不均”造成的离婚有 28 例，位居造成家庭破裂一系列原因的首位。④ 1988 年，学者吴红征对广

---

① 张自强：《剑在行动》，中国财政经济出版社 2002 年版，第 386 页。

② 华德川：《赵本山的“爱恋眼神”》，《青年一代》2000 年第 8 期。

③ ［保加利亚］瓦西列夫：《情爱论》，赵永穆等译，生活·读书·新知三联书店 1984 年版，第 206 页。

④ 王燕生等：《100 个破裂的家庭》，《民主与法制》1985 年第 1 期。

东省湛江市42对自愿离婚的夫妻进行调查，发现因“婚后家庭琐事处理不善”造成夫妻感情破裂，甚至反目成仇的比例占到一半以上。① 也有调查表明，51.7%的夫妻常常因为家务劳动发生摩擦，38.1%的夫妻因为在教育子女时看法不一而发生家庭矛盾。② 上海学者徐安琪对80年代中期以来，人们在婚姻生活中的浪漫体验进行的调查表明，有90%以上的人感到婚姻生活浪漫不足，在30岁以下的已婚男女中有近60%的人认为没有体验过浪漫。③ 1987年，有位年近60岁的妇女向丈夫提出离婚，理由是没有了爱情。④ 1980年结婚的章女士最终也输给了平淡的婚姻生活，她一直不能理解当年跟她一起插队、一起返城、一起求学的丈夫过上了太平生活后，怎么会觉得这维持了十几年的婚姻越来越没劲，缺乏爱情、缺乏理解呢？⑤ 无独有偶，学者顾邦文在《媳妇决定要离婚》一文中也讲到了这么一个事例，一位丈夫对妻子仅因为对平静的婚姻生活感到不可忍受而提出离婚感到不理解，他说：“我想不明白她为什么要和我离婚，我很顾家，家里的家务我都安排得妥妥帖帖，又不用她操心。”而妻子给予的回答则是：“和他十几年的婚姻生活，我没感到被他爱过，我只不过从他对父母的感情中分得一勺残羹，他只是个父母的好孩子，是家庭的附庸，而我则成了附庸的附庸，一直以来我的婚姻生活都处于无比沉闷的压抑之中，可是他根本不会理会，以为这样的生活是理所当然的，他不懂得除了这种生活，还有别样的生活。”⑥ 改革开放以来，随着经济水平的提高和生活方式的转变，人们的婚姻理念发生了变化，逐渐开始追求更有内涵的婚

① 吴红征：《他们为何走向离婚？——对湛江市区42对自愿离婚者的调查》，《家庭》1988年第5期。

② 《家务、子女、闲暇、性事——四大“杀手”威胁婚姻》，《宁波日报》1998年6月29日。

③ 徐安琪：《一项调查显示：国人婚姻缺浪漫，涉外婚姻质量低》，《宁波日报》1996年9月29日。

④ 宁东：《一个两次离婚的女人》，《社会杂志》1988年第1期。

⑤ 《过得蛮太平，说离就离了——婚姻失调让人好困惑》，《宁波日报》1998年6月8日。

⑥ 顾邦文：《媳妇决定要离婚》，《家庭》1988年第9期。

姻生活，这自然对一些爱情和激情被日常琐事冲刷殆尽的婚姻造成了巨大的冲击。

2. **追求生理幸福的婚姻生活**

在传统社会，人们一直秉承以“男女授受不亲”为中心的性道德、性观念。“我认识的中国女人，大多把性爱看成一种义务，一遇到丈夫要求过多，她们就会埋怨、发牢骚。一般来说，年满40之后，她们就觉得义务已经尽完了，双方都该歇气了。”[①] 正如美国学者巴特菲尔德所说，改革开放以前传统的性思维模式深刻地影响着人们对性的看法，那时的国人几乎是“谈性色变”，人们不敢表达个人对性的欲望，更多的女性在性生活中处于被动地位，而不和谐的性生活也影响着人们的婚姻生活。1986年某杂志社收到很多有关丈夫对夫妻生活不满的信件，他们抱怨妻子对夫妻生活的冷淡，说她们“有被压迫感”“缺乏热情”“发展到厌恶的程度”“从来没主动要求过性生活”等。[②] 无独有偶，1989年有人给《民主与法制》编辑部写信，反映了他对夫妻性生活的不满：

> 我和我妻子结婚已经有十年了，我们是自由恋爱结婚的，感情尚好，但就是性生活不够和谐。在过夫妻性生活的时候，她一点反应都没有，我感觉她像个木头人，就索然寡味了。[③]

甚至有因为夫妻性生活不协调而导致离婚的情况出现。1984年，有人在上海统计，因为性生活不协调而导致婚姻破裂的占当年离婚人数的23%，这个数据并不算准确，因为还有不少夫妻怕丢人而不说真实离婚原因的情况。[④] 浙江某地法院也记录了在改革

---

① ［美］巴特菲尔德：《苦海浮沉——挣脱10年浩劫的中国》，张久安等译，四川文艺出版社1989年版，第185页。

② 佳宁：《妻子性冷淡，要耐心找出原因》，《家庭》1986年第2期。

③ 文弓：《我的妻子像个木头人》，《民主与法制》1989年第5期。

④ 刘达临：《不要把性问题神秘化——性社会学漫谈之一》，《家庭》1986年第1期。

开放以后的某年，一共受理的29件离婚案件中有5件是由于性生活不协调引起的，全由女方提出，其中2件是因为女方“吃不消”丈夫频繁的性要求，“就连月经来了都不放过我”；另外3件是因为男方失去了性能力，女方不想“守活寡”。[①] 徐某在结婚后失去性能力，他的妻子因为长期没有性生活遂向他提出离婚。而后徐某从邻居的口中得知，在他出去打工时，有个男人经常来找他妻子。徐某明白了其中的缘由，也意识到性与感情的关系，性在婚姻生活中的地位。为了日后的生活，他积极地配合医生解决他的性功能障碍问题。而在此之前，他总以为感情能够取代一切，根本没有想过性的重要性。[②] 为了过好夫妻生活，有的人开始向科学杂志或医院的医生请求帮助，例如山西有位男青年，他和妻子的性生活一直不太和谐，导致夫妻关系比较紧张，婚姻生活也不是很幸福，当他和爱人看了一些有关性科学的文章后，性生活日渐和谐起来，两人都感觉离对方更近了，而他们的婚姻生活也变得富有朝气。

改革开放后，因为物质生活的明显改善和西方性解放思想的传入，国人的性意识逐渐从传统性观念的禁锢中觉醒。人们不仅要物质上和精神上的幸福婚姻生活，也开始追寻生理上的幸福生活。性不再只有传宗接代的功能，它还具有调剂夫妻感情生活，影响婚姻生活质量的作用。

3. 负能量的出现

首先，在追求精神幸福的婚姻生活时，出现了轻率的离婚行为。有人甚至因为过分追求精神的“幸福”而多次离婚，这是80年代离婚现象中表现出来的一种负能量。刘媛媛就是个典型的例子，她是一个服装设计师，年仅27岁便离了三次婚。她的第一任丈夫是同学，婚后发现他有在客人面前抠鼻子、挖脚、爆粗口的毛病，多次劝说也不改，所以离婚了；第二任丈夫是个公司经理，婚

---

① 曹锦清：《当代浙北乡村的社会文化变迁》，上海远东出版社2001年版，第347页。

② 刘沙：《寻觅“隐秘世界”的美满》，《青年一代》1995年第8期。

后发现他不仅凶狠，而且拈花惹草；第三任丈夫也是婚后发现不如意之处而离婚的。在第三次离婚后她终于反思了。

她在反思她的婚姻时说道：

> 我并不以为离婚是件丢脸的事，而是我为自己懊悔，我为什么那么匆匆忙忙见到一个男人未看清楚就嫁呢？我想劝女人们，看不清楚，理解不深的结婚是错的，与其结了又离，不如不结呢。①

离婚并不是一件丢脸的事情，频繁的结婚、离婚虽然也是个人追求幸福婚姻的表现，却违背了婚姻本质的要求，反复结婚和离婚的婚姻当事人最后也可能就像刘媛媛说的那样，“看不清楚，理解不深的结婚是错的，与其结了又离，不如不结呢”。

其次，在追求精神幸福婚姻的时候，出现了婚外情的行为。80年代出现的婚外情主要有两个原因。第一，从婚外情的主要发生地来看，婚外情主要发生在较发达地区，例如大部分城市和少数富裕的农村，这说明了改革开放以后，人们物质水平的提高为婚外情的出现提供了物质基础。1988年，江浙一带有数十万人去上海当基建民工，有部分人一干就是很多年，有发了财的，就娶了小老婆。②当年的影视作品也反映了富起来的人发生婚外情的情况，电影《女皇陵下的风流娘儿们》中，发了财的孙长庚对农村老家的妻子月儿不理不睬，反倒跟情人秀云住到了一起。③ 第二，正如罗素在《婚姻革命》一书中讲到的一样，“如果人们的情趣、追求和事业千差万别，那么，他们就会要求他们的伴侣情投意合，当他们发现所得到的比他们所能得到的要少时，他们就会感到不满足”④，正是这

① 蓝白：《职业女性的离婚宣言》，《青年一代》1996年第11期。

② 方恒：《重婚现象在暗暗滋生》，《人民日报》1988年3月20日。

③ 电影《女皇陵下的风流娘儿们》，导演：董克娜，主演：李岚、吕晓禾、夏永华，1992年11月上映。

④ ［英］罗素：《婚姻革命》，靳建国译，东方出版社1988年版，第134页。

种在感情上过度的“不满足”为出轨者提供了心理基础。80 年代，有位妻子尝试制造浪漫的气氛，但是丈夫却说：“结婚十几年了，再卿卿我我，也不怕人笑话，再说，我哪有时间？”妻子感到寂寞，后来遇到了一个同病相怜的工程师，两人的感情逐渐发展，最后互相成为对方的情人。那位妻子曾说道：

> 我并不是一个水性杨花的女人，可是，我毕竟是一个女人，我需要温情，需要丈夫的爱抚，说句老实话，有时还想在丈夫面前撒娇，这就是我们女人的心理。①

1981 年，《青年一代》杂志编辑部曾收到一位第三者韩芳芳的来信，在信里道出了她义无反顾地要和那位已婚男性郑飞在一起的原因：

> 每个人都有爱和被爱的权利，郑飞与我理想中的爱人极为相似，我主动向他表示了爱情，只要我爱上一个人，就应该不顾一切地去追求，我俩在短短一个月里就如此情投意合，不正说明我们之间的共同之处多吗？就算现在我和他的事被他妻子知道了，我还是非常爱他，我不恨他的妻子，但爱情是排他的，我和她之间必须是一场“你死我活”的竞争。从爱情的至高和神圣来说，爱是不应该受到任何压抑的，难道一个人有了妻子或丈夫，就不能再被另一个人爱了吗？不能再将爱情给一个更值得爱的人了吗？

而那位已经出轨的丈夫郑飞却想同时拥有妻子和韩芳芳，他对妻子说：“我要与韩芳芳相爱，但是我还是永远爱着你，失去你，我会痛苦一辈子。”②

---

① 于培明：《悄悄兴起的情人风》，《青年一代》1989 年第 3 期。

② 万也：《可不可以这样追求爱情?》，《青年一代》1981 年第 4 期。

这篇来信刊登后，引起了广泛的讨论。1982 年，丁翔华等人发文对这件事进行评析，大部分的人都赞同他的看法，“虽然每个人都有爱人和被人爱的权利，但是应该看到韩芳芳追求的是一个已经结婚的人，在这种情况下，韩芳芳要冲破的正是人们必须遵守的共产主义道德和社会主义法制观念，而‘更新’主要是思想、文化、情趣、爱好的日益丰富和提高，却绝不能表现在婚姻关系上的‘乱离乱爱’，不断追求‘更理想的人’。理想的爱人是客观存在的，但并不一定要成为自己的爱人，并且理想的人也是相对的，山外有山，如果一直这山望着那山高，就永远不会感到满足”①。

婚外情不仅仅是个人的私事，它体现的是一个社会的道德水平，虽然 80 年代的婚外情主要是出于对“感情”的追求，最终目的也是为了追求精神上的幸福生活，但是它却违背了社会主义道德观念和社会主义法治观念。真正的爱情应该建立在共同的生活理想和责任感的基础上，新式婚姻伦理下的离婚自由也绝不是随意转嫁爱情的“自由”。

最后，在追求生理幸福的婚姻生活时，出现了盲目的婚姻性行为和非婚同居的现象。有人就“是否可以在婚前发生性行为”这一问题，向 300 名青年男女做过调查，见下表：

表 3.2　　是否可以在婚前发生性行为②　　单位：人

	男性	女性
可以在婚前发生性行为	78	54
不能在婚前发生性行为	28	52
双方可自愿进行	74	24

在这次调查中，就是否赞同他人发生婚前性行为的问题，29%

① 丁翔华等：《〈可不可以这样追求爱情?〉来信评析》，《青年一代》1982 年第 3 期。

② 数据来源，薛敦方：《外来文化对青年性观念的冲击以及我们的对策》，《当代青年研究》1985 年第 9 期。

的人持否定态度；32% 的人持赞成态度；39% 的人表示无所谓。

唐达、严建平等人在对沈阳市 1980 年到 1987 年间非婚同居行为的调查中发现，同居违法婚姻达 11108 对，占同期成婚总数的 2. 1% ，而其中一方或者双方都未达到法定结婚年龄的有 5371 对，占同居违法婚姻总数的 48% 。1978 年，上海市非婚同居的数量占当年成婚总数的 7% 。①

盲目的婚前性行为和非婚同居带来了严重的未婚先孕现象，而当事人通常选择人工流产的方式来解决非婚怀孕的问题。1985 年北京未婚青年做人工流产的数量占当年全市人流总数的 27. 9% ，上海市 15 岁到 34 岁未婚人流率由 1982 年的 26. 7‰上升到 1988 年的 93. 8‰，平均每年递增 25% 。② 同时上海市人工流产的数量也在逐年升高，详见下表：

在大学里，婚前性行为和非婚同居的现象更为严重，有人在《人民日报》上对这种现象提出批评，“现在不少学生把性关系看成感情发展的自然结果。然而，未婚同居却引起了一些混乱：校园的僻静处常常成为恋人们发生两性关系的场所；有的学生甚至将女朋友带到集体宿舍同居；有的学生发生性关系导致怀孕流产，影响了身体健康和正常的学习”③。

表 3. 3　　1982—1984 年上海市未婚少女人工流产数量④

年份	数量（万人）
1982	3. 9
1983	5
1984	6. 5

① 唐达、严建平等：《文化传统与婚姻演变——对中国婚姻文化轨迹的探寻》，文汇出版社 1991 年版，第 99 页。

② 同上书，第 95 页。

③ 宋斌：《大学生恋爱变奏曲》，《人民日报》1989 年 1 月 19 日。

④ 数据来源，杨雄：《走向伊甸园的冲动：当代青年性观念嬗变沉思录》，《当代青年研究》1989 年第 3 期。

20 世纪 80 年代，男女青年盲目的婚前性行为和非婚同居以及由此带来的未婚先孕、人工流产数量上升等问题，在一定程度上摧残了女性的身体健康，这些现象有悖于追求幸福婚姻生活的初衷。

小结

20 世纪 80 年代中国婚姻伦理变革的过程中出现了多元化的婚姻现象，这些现象反映了人们对幸福婚姻生活质量的追求。但从众多的婚姻现象中可以看出，选择新式婚姻的生活方式的人，其婚姻生活质量不一定就高，而选择传统婚姻的生活方式的人，其婚姻生活质量也不一定就低。婚姻生活质量的高低并不完全取决于是否按照传统婚姻伦理或新式婚姻伦理的要求去生活，而是与个体的内心素质、内心感受和行为方式有关。

四　婚姻伦理变革的深层原因

婚姻伦理作为一种社会文化，并非孤立地存在着，它的形成和发展受到了社会政治、经济和思想文化等因素的深刻影响。20 世纪 80 年代的经济体制改革、国家政策以及思想解放等无一不深刻地影响着 80 年代婚姻伦理的变革。

（一）经济体制改革

马克思曾说过，“一切社会变迁和政治变革的终极原因，不应当到人们的头脑中，到人们对永恒的真理和正义的日益增进的认识中去寻找，而应当到生产方式和交换方式的变更中去寻找”①。正如马克思所言，生产方式和交换方式是社会变迁与政治变革的终极原因。1978 年底，党的十一届三中全会否定了“以阶级斗争为纲”的理论，又在总结过往经济建设经验教训的基础上决定对经济管理体制

① 《马克思恩格斯全集（第三卷）》，中共中央马克思恩格斯列宁斯大林著作编译局编译，人民出版社 2003 年版，第 574 页。

进行改革，会议指出："现在我国经济管理体制的一个严重缺点是权力过于集中，应该有领导地大胆下放，让地方和工农业企业在国家统一计划的指导下有更多的经营管理自主权"，"应该坚决实行按经济规律办事，重视价值规律的作用，注意把思想政治工作和经济手段结合起来，充分调动干部和劳动者的生产积极性。"① 从此确立了把国家的工作重心转移到经济建设上来的大政方针。从1979年的第五届全国人大第二次会议到1982年召开的党的十二大，国家逐步确立了以计划经济为主、市场调节为辅的经济原则。1984年，在十二届三中全会上通过的《中共中央关于经济体制改革决定》，首次提出要突破将计划经济同商品经济相对立的传统观念，社会主义经济是在公有制基础上的、有计划的商品经济。从共和国建立到80年代末，国家的经济体制从单纯的计划经济体制转变为有计划的商品经济体制，这种生产方式和交换方式的变革深刻地影响着80年代的社会变迁和政治变革。同时经济制度的转变也对80年代中国婚姻伦理的变革产生了重要影响，它为变革中的婚姻伦理提供了强有力的经济基础。下面就分别从80年代农村和城市的经济体制改革着眼，来探讨经济体制改革是如何影响婚姻伦理的。

1. **农村经济体制改革**

共和国成立至70年代末，农村经济状况虽然有所发展，但总体上还是处于落后状态。从50年代末期开始至"文化大革命"结束，农村出现了夸大粮食亩产量的"放卫星"现象，农副产品产量低，农业经济效益低下，又加上50年代末期开始的人民公社化运动极大地削弱了农民的生产积极性，致使农村经济受到了前所未有的打击。在这个时期，农村青年的婚姻主要还是以传统的"父母包办"为主，鲜有自由恋爱式婚姻，婚姻双方大都是本村或邻村的居民或是下乡到村里的知青。特别是到"文化大革命"末期，大批知青返城，城市知青为了回城而抛弃原来的丈夫或妻子的事例时有发

① 中共中央文献研究室：《三中全会以来重要文献选编》（上册），中央文献出版社2011年版，第6—7页。

生。而此时，农村青年的婚礼也很“寒酸”，这一切都是受到当时农村经济条件差，农民物质生活水平低的制约而形成的。改革开放以后，这种情况逐渐有了改观。

农村经济体制改革，首先是在农村实行“包干到户、包产到户”的家庭联产承包责任制。统分结合、双层经营，突破了“一大二公”“大锅饭”的旧体制，纠正了长期存在的管理高度集中和经营方式过分单调的弊端，使农民在集体经济中由单纯的劳动者转变成既是生产者又是经营者，调动了农民的生产积极性，较好地发挥了劳动力和土地的潜力。其次是社队企业向乡镇企业的转型。社队企业最初是合作社兴办的农村集体副业，80 年代初期，社队企业逐渐向乡镇企业转型。1984 年，国务院发布的《关于开创社队企业新局面的报告》中首次将社队企业更名为乡、村、户、联户的乡镇企业，1985—1987 年，国家先后三次放宽对乡镇企业的产业限制，全国上下掀起了一股大办乡镇企业的浪潮。不论是农村土地改革还是乡镇企业的发展，农村经济体制的改革都极大地调动了农民的生产积极性，增加了农业的经济效益，提高了农民的物质生活水平，逐渐缩小了城乡经济的差距，使得农民富了起来。生活条件的改善，让农村青年男女的婚姻变得多元化：从婚姻模式来看，虽然此时还是以村际结合为主，但也出现了很多农村姑娘嫁到城市，农村男青年娶到城市姑娘的事例，并且到了 80 年代末期，这种现象越发凸显；从婚姻消费来看，不论是彩礼还是婚宴，都比以往阔气了许多，出现了一些农村家庭进城置办彩礼和办酒席的现象。

2. 城市经济体制改革

从 20 世纪 50 年代末期“大炼钢铁”运动开始，城市经济就受到了摧残，“文化大革命”时期城市经济虽然在波折中发展，但还是处于比较落后的境况，所以此时的婚姻消费呈现出一种低迷的状态。

改革开放后，城市经济体制改革促使这种状况发生了一定的转变。首先，城市经济体制改革发生在国有企业，国有企业改革的中心是扩大国有企业的自主权。1984 年，党的十二届三中全会决定全面推进国有企业改革以增强企业活力，使国有企业成为自主经营、自负盈亏的独立经济体；到了1986年底，国家正式推行多种形式的经营承包制，给予企业经营者充分的自主经营权。国有企业的改革，不仅促进了企业的活力，更调动了职工的工作积极性，提高了企业和职工的收入，做到了双赢。其次，启动了以对外开放为中心的重点城市经济体制改革的试点工作。随着国有企业扩大自主权改革的进行，1980年，国务院发布了《关于经济体制改革的初步意见》："选择一两个大城市发挥经济中心作用的试点，选择几个大中城市进行综合改革试点。"① 从最开始的常州、沙市、重庆、厦门，短短几年，国家创建了许多沿海经济特区、沿海沿江港口城市、沿江经济开发区，将十一届三中全会以来的对外开放政策由点辐射到面，从而提高了当地人民的物质生活水平。人们的婚姻消费也更为多样，具体表现为彩礼、聘礼的多样性，并催生了人们婚姻行为的自由意识，使人们更迫切地寻求自由、自主的婚姻模式。对外开放改变了人们脑海里固有的传统封闭式的婚姻模式，为尘封已久的涉外婚姻打开了一扇天窗。

总之，不论是城市还是农村，80年代的国家经济体制改革，为婚姻伦理的变革提供了有力的经济基础。随着经济体制改革和商品经济的发展，人们头脑中传统的、政治化的婚恋观念逐渐被自由自主的、开放的婚恋观取替。

（二）国家新政策

国家政策是国家为实现经济和社会目标而制定的各种原则、目标、任务和方式的总和，国家政策是国家政治导向的窗口，不论什么时代，婚姻伦理总是反映着国家的政策导向。

1. 1980年《婚姻法》

1980年《婚姻法》的颁布，标志着国家对婚姻的新政策的出

① 中国公家经济体制改革委员会：《中国经济体制改革规划集（1970—1987）》，中共中央党校出版社1988年版，第36页。

台，反映了新式的婚姻伦理观。下面从 1980 年《婚姻法》来看国家政策以及法律法规是如何影响婚姻伦理的发展的。

（1）计划生育

1980 年《婚姻法》将男女结婚年龄由以往的男 20 周岁、女 18 周岁改为男 22 周岁、女 20 周岁，这是通过法律规定，强制性地实行晚婚晚育政策。1980 年《婚姻法》在结婚条件上也作出了两项修改：一是三代以内的旁系血亲禁止结婚；二是规定了患有麻风病未经治愈和患有其他医学上认定为不应当结婚的疾病者禁止结婚，这两项新的禁止结婚的法律条例正是实行优生优育政策的体现。

（2）夫妻地位平等

1980 年《婚姻法》第 9 条规定“夫妻在家庭中的地位平等”，它体现了三方面的意义：一是平等的夫妻关系是新式婚姻伦理的直接要求，是文明社会“人人平等”原则的体现；二是平等承担计划生育的义务，1980 年《婚姻法》第 12 条规定“夫妻双方都有实行计划生育的义务”，计划生育在每个家庭的实施，离不开夫妻双方的共同努力协作，不能将计划生育的责任单方面地推给夫妻中任何一个人；三是夫妻平等的享有婚姻财产，1980 年《婚姻法》第 13 条规定“夫妻在婚姻关系存续期间所得的财产，归夫妻共同所有，双方另有约定的除外，夫妻对共同所有的财产，有平等的处理权”，这一法令规定了夫妻双方财产的性质，要求夫妻双方平等地处理共有财产，这也为新式婚姻伦理要求夫妻平等享有婚姻财产的观念提供了法律依据。

（3）离婚自由

1980 年《婚姻法》第 24 条规定“男女双方自愿离婚的，准予离婚，双方须到婚姻登记机关申请离婚，婚姻登记机关查明双方确实是自愿并对子女和财产问题已有适当处理时，应即发给离婚证”，第 25 条规定“男女一方要求离婚的，可由有关部门进行调解或直接向人民法院提出离婚诉讼。人民法院审理离婚案件，应当进行调解；如感情确已破裂，调解无效，应准予离婚”，这两条规定既将离婚权利交由婚姻当事人，又将“感情破裂、调解无效”作为判决离婚的法定理由，体现了国家对婚姻当事人享有的婚姻权利的尊重，也维护了离婚自由这一原则。当然，对于特殊群体，1980 年《婚姻法》也给予了很大保护，这体现在第 27 条：“现役军人的配偶要求离婚，须得军人同意”和第 28 条：“女方在怀孕期间和分娩后一年内，男方不得提出离婚，女方提出离婚的，或人民法院认为确有必要受理男方离婚请求的，不在此限。”这样的法律规定，无疑催生了新式婚姻伦理观的产生。

2. 对外开放政策

改革开放前，别说与外国人结婚，就是正常接触一些外国人都会有通敌卖国的嫌疑，有海外关系的普通群众恋爱结婚都会有很多障碍。人民的婚姻生活被极“左”思潮所禁锢，涉外婚姻基本成为了中国婚姻伦理的禁区。

20 世纪 80 年代初，中国社会上出现了一次出国“留学潮”，这主要源于 1978 年以后国家实行的对外开放政策。从 1978 年 3 月，国家选拔了 23 名“学习尖子”，将他们分别派往加拿大、英国、法国等国家学习，到 1979 年初，50 名赴美留学生到达美国，中国人被不断开展的政治运动和“文化大革命”抑制了二十多年的留学渴望集中迸发，形成了中国历史上的一次“留学潮”。据统计，从 1978 年到 1989 年，中国派往世界各地的留学生多达 96100 人，其中共计 3 万余人为公费派遣。[①] 在派遣留学生的同时，国家也打破禁忌，允许普通民众出国工作，也允许外国人到中国企业工作、到中国留学。对外开放政策的出台，国门的逐渐打开，使尘封近三十年的涉外婚姻逐渐出现在中国民众的婚姻生活当中。到了 80 年代中后期，沿海城市的姑娘最重要的一个择偶标准就是“海陆空”，其中的“海”就是指男方是否有海外关系，反映了对外开放政策在择偶标准上对未婚青年男女的婚恋观产生的巨大影响。国家的对外开放政策为适婚青年创造了一个更开放、更自由的择偶空

① 宋健：《十代留学生百年接力留学潮》，《光明日报》2003 年 4 月 15 日。

间，对 80 年代婚姻伦理的转型起到了推动作用。

3. **恢复高考制度**

1977 年，中国教育部在北京召开全国高等学校招生工作会议，决定恢复停止了十余年的全国高等院校招生考试，择优录取优秀人才进入大学校园学习深造。1977 年冬天，近 570 万人参加了高考，虽然此次高考只录取了不足 30 万人，但它却激励青年重新拾起书本，学习知识，尊重知识。高考制度的恢复作为改革开放的前奏，是国家实行尊重知识、尊重人才的政策的开端，它挽救了成千上万因为上山下乡而中断学习的青年男女，一扫“文化大革命”以来“读书无用论”的阴霾，在全社会树立了新式人才和知识观。国家政策对于人才和知识的尊重，直接导致知识分子地位的提升，这在某种程度上影响了青年男女们的婚姻伦理观。

（三）思想大解放

1978 年 5 月 11 日，《光明日报》发表了一篇题为《实践是检验真理的唯一标准》的文章。这篇文章阐述了实践是检验真理的唯一标准，一经发表，引起了社会的广泛关注，在全国各界掀起了一场关于真理标准问题的大讨论。这次讨论实质上是一场思想解放运动，因为“进行的关于实践是检验真理的唯一标准问题的讨论，实际上也是要不要解放思想的争论”①。70 年代末 80 年代初在全国范围内开展的关于真理标准的讨论，既是十年动乱以后国家在思想上进行的一场拨乱反正运动，也是 80 年代中国思想大解放的开端。

“文化大革命”时期，人们心中的“爱”受到“政治”的压迫，被人们逐渐遗忘在内心最深处的角落里，“组织干预”成为“文化大革命”时期青年男女结婚的重要方式。80 年代的思想大解放让国人开始挣脱束缚已久的精神枷锁，打破了国人心中根深蒂固的政治教条，为以自由为中心的新式婚姻伦理的建立树立了新的价

---

① 张国祺：《真理标准问题讨论是邓小平理论的逻辑起点》，《毛泽东思想研究》2005 年第 3 期。

值导向。

文学艺术作品不但是社会生活的缩影，也是社会生活的升华，它反映着社会思想的转变。80 年代，许许多多的文艺作品都体现着思想大解放之后，人们对爱情的追求。

“你问我爱你有多深，我爱你有几分，我的情也真，我的爱也真，月亮代表我的心，轻轻的一个吻，已经打动我的心，深深的一段情，叫我思念到如今。”[①] 80 年代，邓丽君的一首《月亮代表我的心》借着思想大解放的风潮飘荡在中国大地众多青年男女的耳际，勾起了人们内心中对爱情和自由恋爱的向往。

“我如果爱你——绝不像攀援的凌霄花，借你的高枝炫耀自己；我如果爱你——绝不学痴情的鸟儿，为绿荫重复单调的歌曲；也不止像泉源，常年送来清凉的慰藉；也不止像险峰，增加你的高度，衬托你的威仪。甚至日光，甚至春雨。不，这些都还不够！我必须是你近旁的一株木棉，作为树的形象和你站在一起。根，紧握在地下；叶，相触在云里。每一阵风过，我们都互相致意，但没有人，听懂我们的言语。你有你的铜枝铁干，像刀，像剑，也像戟；我有我红硕的花朵，像沉重的叹息，又像英勇的火炬。我们分担寒潮、风雷、霹雳；我们共享雾霭、流岚、虹霓。仿佛永远分离，却又终身相依。这才是伟大的爱情，坚贞就在这里：爱——不仅爱你伟岸的身躯，也爱你坚持的位置，足下的土地。”[②] 70 年代末，作家舒婷创作的爱情诗《致橡树》通过木棉树对橡树的“告白”，来否定世俗的、不平等的爱情观，呼唤自由的、平等独立的、风雨同舟的爱情观，喊出了爱情中男女平等，心心相印的口号，发出了新时代女性的独立宣言，表达了对爱情的憧憬与向往。

80 年代的思想大解放为婚姻伦理的变革树立了新的价值导向，唤起了国人对爱情的向往，自主的、半自主的婚姻逐渐取代“父母包办”“组织干预”式婚姻成为社会的主流，个人意识在婚姻生活

---

① 歌词来自邓丽君演唱的歌曲《月亮代表我的心》。

② 舒婷：《致橡树》，江苏文艺出版社 2003 年版。

中起到的作用越来越大，促使人们的婚恋观念从以往的“男尊女卑”“从一而终”的传统婚恋观向男女平等，自由选择婚姻存续与否的现代婚姻伦理观的转型。

小结

20 世纪 80 年代的婚姻伦理逐渐向多元化发展，婚姻伦理的变革受到了多种因素的制约：80 年代国家经济体制改革、国家新政策的出台、人们思想的解放共同构成了婚姻伦理变革的深层原因。80 年代农村和城市的经济体制改革为婚姻伦理的变革奠定了经济基础；以 1980 年《婚姻法》、对外开放政策、恢复高考、重视人才为代表的国家新政策的出台对 80 年代婚姻伦理的变革起到了良性的指导作用；而关于真理标准的大讨论既是一场思想领域的拨乱反正运动，也是中国思想大解放的启蒙运动，思想大解放为婚姻伦理的变革指引了新的方向。

五　结语

20 世纪 80 年代的中国正处于转折时期，这一时期的婚姻伦理也正处于由传统婚姻伦理向现代婚姻伦理变革的过程之中，并相应的表现出适应于 80 年代社会生活、社会文化的时代特性。婚姻伦理具有历史性，主宰传统社会的是以“三从四德、从一而终、男尊女卑”为中心的婚姻伦理体系；共和国成立初期的婚姻伦理处于一种革命氛围中；“文化大革命”时期中国的婚姻伦理反映出浓厚的政治色彩；进入 80 年代，随着“以阶级斗争为纲”的意识形态的终结，中国社会逐渐建立起一套适应新时代的、多元化的婚姻伦理体系。

20 世纪 80 年代中国社会上出现了一系列的新式婚姻现象。在择偶标准方面不再受“门当户对”“家庭背景”和“政治成分”的影响，“文凭”和“金钱”开始走入人们的视野；在择偶途径方面，报纸征婚、婚介所和电视征婚等“新式媒婆”的出现，将正处于恋爱困境的青年男女从“父母包办”“政治干预”等“不自由”的择偶途径中解放出来，为他们提供了一个轻松的、相对自由的择偶环境；在婚姻消费方面，80年代的社会经济大发展促进了人们婚姻消费的转变，使得婚姻消费的内容变得越来越时髦，越来越时尚；在婚姻类型方面，随着对外开放的深入，人们的思想逐渐从保守走向开放，涉外婚姻慢慢走出婚姻禁区，国家也开始正视涉外婚姻，并为其提供法律保障；在婚姻存续方面，人们在考虑婚姻存续问题时变得更加重视“情感因素”，国家也首次将“情感因素”作为判决夫妻双方婚姻关系存续与否的重要标准写入1980年《婚姻法》。80年代多元化的婚姻文化还表现在其他诸多领域。首先是越来越物质化的择偶观念，主要体现在80年代中后期越来越多的人盲目地认为有着较高物质基础的婚姻才是令人幸福的、满意的婚姻；其次是高额的婚姻消费现象，20世纪80年代，在婚姻消费不断趋高的情况下，社会上滋生出一股盲目攀比、跟风的高额婚姻消费现象，引发了一系列的社会问题；最后是夹杂着负能量的离婚原因，虽然80年代形成了以“情感因素”为中心的离婚观念，但也出现了轻率的结婚、离婚以及婚外情等问题。

婚姻现象反映着婚姻伦理的内涵与特征。20世纪80年代，不论是主流还是非主流的新式婚姻现象都反映着80年代婚姻伦理的多元化特性，这些新式婚姻现象也在一定程度上影响着人们平凡的婚姻生活，并反映了人们对幸福婚姻生活的追求。

婚姻伦理具有延续性，每一个时代，每一个社会阶段，都会形成与当时社会形态相符合的婚姻伦理。当社会形态发生转变，旧的社会形态被新的社会形态所取代时，旧社会形态下的婚姻伦理却并不会马上随之消失，它总会或长或短的影响着新社会形态下人们的婚姻行为和观念。在80年代的中国，传统的婚姻伦理与多元化的新式婚姻伦理并存，从前面众多实例来看，选择传统婚姻的生活方式的人，其婚姻生活质量不一定就低，而选择按新式多元化婚姻伦理生活的人，其婚姻生活质量也不一定就高。而生活质量的高低并不取决于是否按新式或传统的婚姻伦理去生活，而是与个体的内心的素质，内心感受和行为方式有关。

纵观80年代婚姻伦理的变革，它反映着人们婚恋价值观的转变，从总体上看它是朝着积极的方向去发展，但也凸显出一些价值上的缺失。功利化的择偶标准、金钱化的婚姻消费、轻率化的离婚观念、畸形化的性观念，80年代婚姻伦理中的这些价值缺失提醒着人们，应当树立纯洁的择偶观念、遵循文明的婚恋习俗，建立以感情和责任为中心的新式婚姻伦理观。

中卷（1990—2000）

张浩墨

一　婚姻生活新事象

长久以来，人类一直孜孜不倦地追寻着幸福的生活，“对幸福生活之向往和追求，可以说是不同时代、不同经济和文化背景下人们的共同欲求。从这一意义上说，幸福似乎可以成为一种普遍主义的价值理想”①，但正如托尔斯泰曾在其作品《安娜·卡列尼娜》的开篇中所说：“幸福的家庭无不相似，不幸的家庭却各有不幸。”② 其中，占据着家庭生活很大比重的婚姻对幸福生活起着很大的作用。

虽然追求幸福的目的并非一致，但人们对婚姻幸福的渴望，却因时代的不同，而呈现出自己独有的特色，也为适婚男女的婚姻生活打下了不可磨灭的时代烙印。

改革开放以来，经济的快速发展逐步带动了整个中国社会的转型，人们接触到四面八方传来的各种新观念，思想进一步解放。尤其是20世纪90年代以来，改革开放的范围和影响继续扩大，社会生活节奏加快，人口流动的范围和幅度扩大，人们的受教育程度也随之提升。在传统观念与现代观念交相碰撞之际，人们在追寻婚姻

① 王露璐：《幸福是什么——从亚里士多德与密尔的幸福观谈起》，《光明日报》2007年11月13日。

② ［俄］列夫·托尔斯泰：《安娜·卡列尼娜》，高惠群等译，上海译文出版社2010年版，第3页。

幸福的道路上也展现出更多的新风景。

（一）婚前生活众生百态

婚前择偶，即青年男女在人群中寻找一个可以步入婚姻阶段的伴侣。这是确定婚姻关系之前非常重要的一个环节，“它不仅是缔结婚姻、建立家庭的前提，而且直接关系到当事人日后婚姻质量的好坏。择偶不慎往往会为婚后生活埋下隐患，并造成当事人婚姻的不幸福和不稳定”①。同时，它也极易受到外部社会环境的影响，因为“婚姻是用社会力量造成的……世界上从来没有一个地方把婚姻视作当事人间个人的私事”②。可以说，寻找合适的伴侣是婚姻幸福的第一步，从中我们也能看到，到底是怎样的时代因素影响了择偶的方式和标准。

1.“千里姻缘传媒牵”——大众媒体参与公开择偶

20 世纪 90 年代，随着改革开放的不断深入，媒体得到进一步发展，尤其是电视媒体越来越多地进入大众的视野，由此出现了一种寻找人生伴侣的新途径——电视征婚。中国最早的相亲节目是“1988 年山西电视台的《电视桥》节目中的《电视红娘》板块”③。但由于缺乏经验，节目内容比较简单，所以只能算是电视征婚的最初尝试。而真正将其做成品牌的应该是 1990 年北京电视台开播的《今晚我们相识》节目，奠定了中国电视征婚节目的基本形式。节目中，“主持人会与前来征婚的嘉宾交流互动，征婚嘉宾在台上介绍自己的情况（1999 年改版后变成五男五女嘉宾进行速配），如果有人对其青睐，便在节目结束后私下联系，制作形式比较多元，演播室和户外拍摄相结合，让观众看到嘉宾在家中、办公室、户外采

---

① 龙艳梅：《择偶标准对婚姻质量的影响研究》，硕士学位论文，湖南师范大学，2008 年。

② 费孝通：《乡土中国·生育制度》，北京大学出版社 1998 年版，第 129 页。

③ 温丽芳：《电视相亲节目的前世今生》，《山西晚报》2010 年 2 月 13 日第 5 版。

访的样子，从而更加全面地了解征婚嘉宾”[①]。不仅如此，由于节目的影响力扩大，参与者的数量远远不能满足征婚群体的需求，于是栏目组还“先后在北京的工人体育馆、天桥宾馆、月坛体育馆等场所举办‘今晚我们相识’联谊会，为喜结良缘的男女举办集体婚礼庆典”[②]。这种新的征婚形式大大拓宽了适婚男女的择偶途径，嘉宾怀着寻找有缘人的纯粹心态参加节目。节目形式内容简单，更多的是自身情况的介绍，互动性和娱乐性并不高，但其受众面主要集中在适婚男女群体中间，一时间大受欢迎。

到了90年代末，在全国范围内掀起了一场电视荧屏的“相亲热”。湖南电视台在1998年率先开播的《玫瑰之约》，以迅雷不及掩耳之势火爆全国，随后各地电视台竞相模仿，类似的相亲节目在短时间内“遍地开花”，“自1999年开始，除了北京电视台的《今晚我们相识》（新版）外，还有上海东方电视台的《相约星期六》、河北电视台的《心心广场》、海南电视台的《男女当婚》、北京有线电视二台的《浪漫久久》、山东齐鲁电视台的《今日有约》、河南电视台的《谁让你心动》、陕西电视台的《好男好女》、重庆电视台的《缘分天空》、湖北电视台的《今夜情缘》、福建有线电视台的《真情相约》、武汉有线电视台的《相思树下》，等等。据不完全统计，复制和模仿《玫瑰之约》的节目多达三十多家”[③]，可谓风光无限。

这一时期的电视相亲节目与原来的《今晚我们相识》相比，更加注重对嘉宾的筛选，其内容、环节设计的丰富多样，嘉宾在节目现场直接进行对话与交流，选出与自己情投意合的对象，成就一段段佳缘，意图“倡导健康向上的交友观、爱情观、婚恋观，融趣味

---

① 蒋肖斌：《从“电视红娘”到“非诚勿扰”——电视相亲节目的历史考察》，《现代试听》2011年第9期。

② 同上。

③ 陈小玲：《我国电视婚恋交友节目的兴衰及影响研究》，硕士学位论文，中南大学，2012年。

性、娱乐性、哲理性于节目之中，展示嘉宾的个人风采和时代风貌”①。90 年代末的电视相亲节目一改传统相亲的严肃风格，使其在更加轻松的氛围中进行。来自不同地方、不同职业的青年男女聚在一起，大方地展示自己的个性和特长，表达自己的婚恋观念，增加相互了解的机会。同时由于电视传媒覆盖面广的特点，节目之外的观众也能借此寻找到心仪的对象，为广大单身青年男女提供了择偶的场地和机遇。随着电视节目的发展，节目的样式越加老化、雷同化，观众的新鲜感减弱，电视相亲节目这场荧屏“婚配热潮”才逐渐降温，最终在 21 世纪初告一段落，但电视传媒确实是 90 年代青年男女婚恋中参与度较高的大众“媒婆”。

与此同时，随着电脑的普及和互联网的发展，婚媒大家庭又“添丁进口”，“电脑红娘”进入了人们的视野。“1992 年 5 月 20 日，北京西城区展览路社区服务中心开办电脑查询婚恋对象的业务”②，该项业务把用户的年龄、职业、受教育程度、婚姻状况、择偶条件等基本信息存入电脑并建档，在服务中心建过档的成员可以查询其他人的信息，借此寻找适合自己的交往对象。这使得适婚男女的择偶面进一步扩大，并节约了时间，可谓一举多得。短短几年这种新颖的择偶方式就在红娘市场上占据了一席之地，“以‘红丝带’‘金缘谷’‘霞光’‘阳光’等命名，以电脑红娘为主要业务而办的相识中心在京城不下几十家，采取这种方式求偶的有 50000 人左右，占京城适婚年龄人群的二十分之一”③。并且，随着网络社交媒体的发展，青年男女开始利用网络来谈情说爱，“据中国互联网中心提供的资料表明，2003 年底，中国的网民已达到了 7800 万，网民的数量以每年 25% 的速度在递增。通过网络谈情说爱的人占网民总数的 26%，其中年轻网恋者占整个网恋人数的 82% 左

① 贺大明、彭国元：《玫瑰之约：荧屏内外的故事》，中国广播电视出版社 1999 年版，第 38 页。

② 李霞：《电脑红娘》，《现代中国》1993 年第 4 期。

③ 徐平：《京城“红娘业”》，《北京纪事》1996 年第 6 期。

右”①。可见互联网在青年男女婚恋中发挥的作用，大有赶超“前辈”之势。但在90年代，中国互联网的发展仍处于起步阶段，与数量庞大的中国人口相比，其普及率还是比较有限的，相比之下，电视传媒婚介的影响更大。但不管是“电视红娘”还是“电脑红娘”，都可以看出，90年代的青年男女开始利用新兴的媒介方式寻找自己的终身伴侣。他们愿意分享自己的婚恋观念，展示自己的个性特点，打破以往对婚恋的羞怯、含蓄的态度。可以说，择偶的“公开化”确实为大家拓宽了择偶领域。

因为通信手段的增加和人口频繁流动等因素，大众公开择偶的数量和规模有稳步增加的可能性，但在短期内仍不会成为择偶的主要方式。而经他人介绍的择偶方式将随着现代传媒、管理方式的普及，和电视、电脑、婚姻介绍所等征婚途径的不断完善，在择偶方式中继续占有重要地位。

2. “女看财男看貌，老夫少妻也热闹”——择偶走向务实

随着择偶途径变得多样化，90年代的适婚男女在寻找人生伴侣时有了更多的选择机会，但这并不意味着择偶变得更容易，因为每个人心中总有着符合自己期待的择偶标准，而符合标准的人选却并非俯拾即是，青年男女仍需要在茫茫人海中耐心地寻找属于自己的另一半。

择偶标准也叫择偶价值，即一个人选择婚姻伴侣时所持有的主观认同。择偶标准的选择和要求的提出，不是孤立产生的，更不是主观臆造的，除了受本人的知识程度、家庭环境及世俗习惯、社会偏见的制约外，还往往受到当时的政治环境、经济形势和社会思潮、舆论导向的影响。因此，择偶标准的变化是同社会的精神生活和物质生活密切相关的。②

90年代，青年男女在择偶标准上有了新的变化。此时“官本位”市场看涨，许多个体户、私营老板在商海中不断“翻船”，于

① 张军：《中国婚姻媒介的演变与流弊》，《武汉大学学报》2004年第1期。

② 杨新科：《改革开放条件下中国择偶观念的变化及发展趋势》，《西北人口》1997年第3期。

是大家在择偶过程中又把政府官员、行政干部放在了重要位置。民谚提到的“50 年代追军官，60 年代找工人，70 年代又拥军，80 年代挽老板，90 年代嫁公仆”[①] 反映了新中国成立以来女性择偶的风向变化。在对很多 90 年代结婚的当事人的采访中也能发现，在政府部门工作，确实是一个分量很大的加分项。其中一名受访者提道：“当时他跟我都在工厂里上班，但他爸有门路，能把他转到税务局，外面的亲戚邻里都说我找了个好亲事，要当官太太了。”[②]

虽然政府官员是择偶的热门人选，但毕竟人数有限，大多数 90 年代的青年男女在择偶时不能将全部视线集中于此，于是择偶标准也因为性别的不同，而显现出不同的特点：

女性在择偶过程中仍旧十分注重男性的经济条件，却不仅仅局限于单纯的物质条件，也非常看重对方的能力、人品、所处地域等蕴含着潜在实力的综合性因素。钱铭怡等研究者统计了 1985 年至 2000 年间在《中国妇女》杂志上刊登的 131 例女性征婚启事，她们发现，女性在征婚时往往把自身的生理条件作为最重要的婚恋资源，同时比较关注男方的经济条件，在具体内容上有所变化。其征婚内容大多有“觅有事业、经济优，从商更好之珠江三角洲男士为友”[③]，“重庆未婚美女……觅特区、港、新加坡具有雄厚高科技实力之男士”[④]，“74 年，女，觅成熟稳重、热情进取、富有个性并热心于‘希望工程’等公益事业的高洁男士”[⑤] 等。从中可以看出，女性对男方的学历和职业的关注稍有下降，而对财产、事业、地域的要求有所上升。此外，对男方的外貌也没有提出明确的要求，而对男方的修养、人品的要求则呈上升趋势。[⑥] 这样由外在的经济条件逐渐转向对内在潜力的要求，可见当时人们认为男性“成功”的标准并非是单纯地拥

① 郎淑珍：《如今女人愿嫁谁》，《大众科技》2000 年第 10 期。

② 张浩墨：2015 年 8 月 25 日 15 时口述访谈，未刊稿。

③ 中华全国妇女联合会主管主办：《中国妇女》，1992 年 3 月下半月刊，第 57 页。

④ 中华全国妇女联合会主管主办：《中国妇女》，1994 年 6 月下半月刊，第 54 页。

⑤ 中华全国妇女联合会主管主办：《中国妇女》，1993 年 4 月下半月刊，第 56 页。

⑥ 钱铭怡、王易平、章晓云、朱松：《十五年来中国女性择偶标准的变化》，《北京大学学报》2003 年第 9 期。

有物质财富，而是有着多方面的综合评价指标。

此时年轻漂亮的姑娘有了天生的优势，在获得更多改变命运的机会上，显现出乐观的前景。大部分90年代的青年男子在征婚时的首要要求甚至唯一要求，就是女性的外貌。“31岁男……觅1.65米以上鹅蛋脸、丹凤眼、体态丰满，富于情感的川陕湘黔及东北籍姑娘，其他不限”①，“35岁博士……觅容貌超群，颀长肤白，丰满匀称，重情纯洁的淑女”②，“窈窕淑女，君子好逑”，这始终是多数男性的信条。如果能够天生丽质和温良贤淑兼备，自然是好上加好，但天生丽质仍然要比温良贤淑更重要。其次也有对女性宽厚温顺的品质、理家能力的要求：“我友，事业有成……觅贤惠善良、大度孝顺、长于烹饪、持家理财的未婚女士。”③ 整体上仍然对女性温柔、顾家等传统特质的要求较多。

在这种择偶标准务实化和社会宽容度提升的情况下，90年代“老夫少妻”的现象也逐渐凸显，《江苏经济报》中提道：根据中国社会科学院的调查，婚龄差拉大是近10年来全国性的趋势。在1987年，夫大妻2岁的比例最高，达46.17%。进入90年代后，男大女5岁左右的比例最高，达48.44%；男大女8岁至10岁的比例也逐年大幅度上升；1999年男大女8岁至10岁的比例比1987年增加了14个百分点。④ 这与90年代经济和社会的发展使人们收入的差距拉大，对物质生活的追求让人们的想法更为实际有关。很多男士在年轻时忙于打拼，将婚姻大事搁置一边，待到事业有成时虽然已过了最佳择偶年龄，但与“一穷二白”的小伙子相比仍然更有资本娶到年轻貌美的妻子，还有城市内一些年龄偏大、择偶条件欠佳的男士也将目光投向了农村打工妹。很多女性也抱着“不计较年龄”的想法，希望在衣食无忧和百般呵护的生活中得到些许满足。这种想法在很多征婚启事中也有所显现：“鲁女……有相当经济基

① 中华全国妇女联合会主管主办：《中国妇女》，1994年5月下半月刊，第55页。
② 中华全国妇女联合会主管主办：《中国妇女》，1995年9月下半月刊，第56页。
③ 中华全国妇女联合会主管主办：《中国妇女》，1993年7月下半月刊，第56页。
④ 青羽：《“男大女小”特征明显》，《江苏经济报》2000年7月26日第4版。

础的男士为友，年龄不限。”① 当然，“老夫少妻”婚姻中也不乏情感至上的伴侣，女方被男方的事业心、责任心打动，或被男方的悉心照顾感动而走到一起。但男女年龄相差 10 岁，甚至 20 岁以上，不同的人生经历和生活背景，自然铸就了不同的世界观和价值观，这给相处在同一屋檐下的男女双方提前埋下了感情碰撞的矛盾因子。等到婚后，最初的新奇和甜蜜消耗殆尽，如果两人不能做好相应的沟通和理解，婚姻生活必然不能如预想那般幸福。

在此时的农村，受改革开放和大众传媒的影响，农村青年的经济意识增强，社会交往范围扩大，在择偶方面开始由讲求婚姻的外在条件如“门当户对”“身强体壮”等标准转向注重婚姻的内在价值如“情投意合”和“有头脑、有文化、会持家”等因素。比如尚会鹏通过对中原地区西村的考察，就发现 90 年代的农村中择偶标准开始由注重家庭条件转为更注重个人条件，家长对孩子婚姻的态度也是“现在也不讲成分啦，家庭条件啦，只要小孩儿好就中”②；从以家庭意志为主转变为以个人意志为主，同时开始重视学历和技术，有些女性在征婚条件中就提道：“俺什么都不图，只图一个人。不一定是吃商品粮的，但一定要有本事，搞事业，我可以当他的助手。”③ 可见，虽然农村择偶观念的变化与城市相比有些缓慢，但已经显现出向城市靠拢的趋势。

不管是城市还是农村，90 年代的适龄男女青年都根据自己所处的环境提出了适应自身要求的择偶标准，从中也能看出，在整个社会变革大潮的影响下，人们对于择偶的标准，既追求物质生活条件，也重视个人内在的品质。

3. 费用“飙升”的世纪婚礼

一直以来，国人都非常重视婚礼的举办。这是在亲友面前昭示夫妻两人关系的重要仪式，无论是哪个时代，新人都希望自己能有

---

① 中华全国妇女联合会主管主办：《中国妇女》，1998 年 4 月上半月刊，第 55 页。

② 尚会鹏：《中原地区村落社会中青年择偶观及其变化——以西村为例》，《青年研究》1997 年第 9 期。

③ 同上。

一个值得纪念的婚礼。随着中国政治环境、经济条件和社会观念的发展，婚礼也随之在形式、内容上展现出不同的时代色彩。

90年代婚礼和婚宴的筹备比以往更为隆重，花费也更为高额。“50年代饭堂菜，60年代糖一袋，70年代家中摆，80年代街上晒”① 成为了当时社会上流传的顺口溜，很多婚宴放到高档酒店中举行，自然也要配备高档的消费。在农村等偏远地区，婚宴消费也有所增加。1987年以前贫困地区的青年结婚，一桌家庭酒席的费用一般在80元左右，摆15桌至20桌席。而1988年以后一桌酒席的费用涨到120元左右，每桌涨价40元，宴席也增至25桌至30桌。一吃就是两天，另外还要增加一笔电影招待费。仅用在这些方面的费用就接近4000元。② 可见，“结婚＝花钱”这话在80年代绝不是一句虚言。步入90年代，婚礼仪式的举办又比80年代上了一个台阶，在内容和形式上追求满足个人的需求，呈现出多样化的特点。

在拥有了“一彩三双”的前提下，青年男女又开始朝着购置高档组合音响、影碟机、电话机、空调机、摄像机、电脑等的方向迈进。新娘要求男方提供“三金一卡”：金戒指、金项链、金耳环和信用卡，住房要有三室一厅，婚房贴墙纸、铺地板已经成了“大众化”水平，条件不错的在装潢时还要装护壁板，木地板上再铺地毯，室内摆设也强调艺术风格。这些都成为婚嫁的“应有之义”③。有位新娘就此说道：“一辈子就这么一次美好时光，我当然是要光彩耀人的。”④

青年男女对婚姻的向往带动了90年代“红色消费”⑤ 产业的不断发展，使得婚礼费用的支出不断上升。据上海团市委研究室对

① 江建雄：《喜与忧——广州人婚礼变奏曲》，《南风窗》1990年第7期。

② 严传高：《高价婚姻危害大》，《老区建设》1990年第11期。

③ 聂中庆：《谈婚论嫁》，《求是》1998年第4期。

④ 罗康雄：《上海青年结婚费用剖析》，《瞭望周刊》1992年第3期。

⑤ 中国传统中称结婚为“红事”，在90年代的报纸中称因办婚礼而支出的费用为“红色消费”。

200户新婚户的追踪调查，90年代初每对新婚夫妇的结婚费用保守估计也要超过1.2万元，而到了90年代中后期，费用已经直线攀升到7万元。[①] 许多人结婚时热衷于大操大办，浙江某个体户在萧山宾馆办婚礼时，近万朵鲜艳的玫瑰花层层环绕在新娘身边，宴席三四十桌，每桌消费近万元，进口小轿车、鼓乐队、摄像、照相排成行，浩浩荡荡，轰轰烈烈，其风光胜似钱塘。[②]

与此同时，90年代的婚礼也要比之前任何一个年代都更加多样化。为了在人生最重要的时刻留下美好回忆，新人们开始拍摄装订成册的婚纱照，但仍纷纷表示："看彩照不过瘾，放录像有动感和立体效果，才能将人生中最珍贵的时刻保留下来。"[③] 于是婚礼仪式拍录像的风气渐渐流传开来。到了1992年，上海从事摄录业务的个体工商户已经有上百家，摄影部的主人每到春节、国庆等婚期，都忙着赶拍婚礼录像，收入相当可观。[④] 婚礼的举办也交给了专门负责的婚庆公司。1990年，首个婚庆公司——"紫房子"[⑤] 在北京正式营业，自此，婚庆公司如雨后春笋般在全国范围内诞生，原本亲朋好友中能言善辩、风趣幽默的婚礼总管，也被更高水平的专职司仪所取代。

此时的青年男女希望拥有一个与众不同的婚礼，在婚庆公司的参与下，90年代的婚礼仪式也变得丰富多样，富有浪漫情调。在杭州、南京、北京、天津、广州等大城市，流行起来的新潮婚礼就不下10种，且不断推陈出新。如新郎、新娘身着宋、明、清时期的礼服，敲锣打鼓拜天地的古典式婚礼；仿照西欧仪式，在公园、教堂举行的西洋式婚礼；为了避免大吃大喝的宴席式婚礼而举办的"晚会+婚庆"的晚会式婚礼，既文雅又热闹；将婚礼移至郊外风

---

① 罗康雄：《上海青年结婚费用剖析》，《瞭望周刊》1992年第3期。

② 曹品连：《金钱在婚姻中的升位现象》，《中国社会工作》1996年第6期。

③ 罗康雄：《上海青年结婚费用剖析》，《瞭望周刊》1992年第3期。

④ 于波、袁新忠：《青年婚姻——从传统走向现代》，《齐齐哈尔社会科学》1991年第6期。

⑤ 朗月：《甜蜜的"紫房子"》，《人民日报》1991年1月27日第2版。

景点举行的郊游式婚礼；在旅游途中的飞机上举行的婚礼等，纷纷展现了自己的创意和个性，使婚礼在轻松愉悦的氛围中展开，让新人和亲朋好友都留下了美好的回忆。

在农村，传统婚姻观念的影响仍然较大，彩礼嫁妆的花费随着经济的发展不可避免地有所增加，婚宴排场也更大，嫁妆的内容也与时俱进，一些农村青年表示："城市青年结婚有彩电、冰箱、收录机等现代化，我们结婚也要'农村式'的现代化。"[①] 他们为了体面，乘结婚之机把自己的小家庭装饰好，标准是：看的（电视机），唱的（收录机），转的（自行车、手表、缝纫机），用的（电饭煲），戴的（金戒指、金耳环），睡的（席梦思），住的（房子）俱全。除此之外，还出现了电话、图书、技术、农机、股份、保险等形式的嫁妆[②]。可见农村青年男女的观念正逐步走向现代化，不仅物质嫁妆是必需的，知识和技术等精神嫁妆也成为必不可少的一部分。

90 年代的婚礼花费数额较大，与中国的传统观念和历史积习密不可分。在中国，婚姻是件大事，农村人结婚盖几间新房是约定俗成的事情；城市人结婚花费多年积蓄也是正常现象。随着 90 年代经济的快速发展，婚礼花费自然有所增加，高额的结婚费用确实给青年男女及其家长带来了巨大的经济压力，相互攀比的习气也造成了浪费，于是社会上开始倡导办节俭婚礼，所以很多"集体婚礼"的举办受到了社会的赞扬。婚礼形式的丰富多样，表达了 90 年代的年轻人对婚礼的全新理解与认识，凸显了自己的个性与创意。

4. 进入"围城"前"试试婚"

钱锺书先生曾将婚姻比作"围城"，"城外的人想冲进去，城里的人想逃出来"[③]。90 年代中国经历了社会的"双重转型"——由封闭的传统农业社会向开放的工业社会转型，由计划经济向市场

---

① 种道平：《近十余年我国青年择偶标准研究述评》，《青年研究》2003 年第 2 期。

② 李盛仙：《农家女嫁妆新风采》，《农业·农村·农民》1997 年第 6 期。

③ 钱锺书：《围城》，生活·读书·新知三联书店 2002 年版，第 82 页。

经济转型。人们在考虑婚姻问题时，往往会加入经济、地域、社会背景、发展潜力、性格等非情感性因素，婚姻大事的决定也就变得更加困难。

再者，即使两人在短暂了解后感情迅速升温，进入了婚姻的殿堂，但“相爱容易相处难”，当生活中的柴米油盐、磕磕绊绊将恋爱时的花前月下消磨殆尽时，才忽然发现伴侣并不适合自己。虽然美满的婚姻确实需要两人的磨合，相互理解，但个人性情难以改变，很多差异难以克服，而离婚给双方在物质、精神上带来的双重压力又确实难以承受。在这种情况下，既不想承担婚姻的责任，但又想确认恋人是否是能够携手一生的伴侣，于是试婚这种正常又特殊的现象在我国尤其是大城市中悄然兴起，成为了 90 年代的一种时尚。

“试婚”，指的是男女双方不受法律约束，带有一定试验性质的婚前同居行为，但男女双方是恋人而不是夫妻，经济上互相独立，不生育子女，最终有可能会走向婚姻。试婚在《婚姻法》中是不被允许的，但这种新型婚恋形式在 90 年代的我国呈现出一种上升的趋势，出现在各大中城市中，参与群体以校园中的大学生和企业里的白领为主。

据统计，上海市民政局婚姻管理处曾在五区两县进行抽样调查，共查出 1310 对违法婚姻，其中最多的就是已达婚龄而未依法登记结婚的试婚者。在广州、深圳、青岛这样的开放城市，平均每年至少有 3500 对青年男女组成“试婚”家庭。武汉市近几年清理出的 8851 对违法婚姻中，不登记先“试婚”的占 7126 对。[①] 可见“试婚”风潮风头正劲，越来越多的青年男女出于不同的考虑，加入这支队伍中，并呈现出不同的“试婚”类型。

（1）以“试婚”求稳妥

90 年代，是一个开放的时代，处于这个时代的人们注重对自己的幸福和自由的追求。以“试婚”求稳妥的试婚者，其突出特征

① 博村、公长：《当代青年的试婚现象扫描》，《青年探索》1993 年第 6 期。

是对婚姻没有足够的信心，他们亲身经历或耳濡目染了很多不幸的婚姻，大都认为婚姻是爱情的坟墓。他们的理论是，浪漫的爱情只要有感情就够了，而现实婚姻生活中的柴米油盐、锅碗瓢盆，却少一样都不行。琐事增多了，关怀减少了；矛盾增多了，交流减少了。久而久之，感情逐渐降温，再升级到“内战”，最后只能分道扬镳。为了避免重蹈覆辙，成为“墓中人”，“试婚”就成了保证未来婚姻稳定、长久的“试金石”。一位曾经试婚的女士提道：“婚姻非试不可，因为结婚证来得不易，一旦领了结婚证，离婚就很难，所以必须试。不仅要短试，还要长试，全方位试，工作娱乐、性格脾气……少试一项都有可能出问题。”[①] 这类试婚者在整个试婚族中比例最大，生活的风雨让他们看到了人情冷暖、悲欢聚散，也逐渐形成了自己独特的生活观和道德观，对他们来说，试婚能保证有足够理智的理由使自己走进婚姻大门。

（2）以“试婚”求享受

与第一种试婚者不同，以“试婚”求享受的试婚者对待婚姻抱有随缘的态度，他们更注重生活、情感上的享受。90 年代都市中的青年男女都希望能活得潇洒自在些，不愿被婚姻关系所束缚。但单身生活毕竟还是单调、乏味的，家庭的温暖、亲人的陪伴让这些人以“试婚”作为过渡的方式。两人同在一个屋檐下生活，享受着彼此的陪伴和情感上的交流，如果感情水到渠成，婚姻便是下一步的打算。但婚姻却并非终极目标，如果愿意，两人完全可以一直如此生活下去。省去了结婚、离婚的手续，避免了双方亲戚往来的烦琐，省时省力又省钱。如果感情变淡，便可和平分手，互不相欠。试婚者曾说过：“人一生不但要有事业，同时需要爱情，不但要奋斗，同时也要享乐。如果没能享受人生快乐就突然离开人间，岂不白来世上一回?!”[②] 他们在生活中更加注重自身的人格和独立，婚姻只是情感的升华，而不是必须完成的任务，“试婚”使这些人活

① 吴珊珊、孙凤志：《婚姻可以试吗？——关于试婚现象的透视》，《道德与文明》1993 年第 5 期。

② 李化伦：《中国当代试婚潮》，《心理世界》1995 年第 1 期。

得更加轻松和潇洒。

（3）以“试婚”求利益

在各种“试婚”现象中，既能看到情感的交流，人性的真诚，但同时又存在着一种灵魂的势利和人格的颓败：以“试婚”求利益的试婚者就是把“试婚”作为骗取感情和利益的工具。由于“试婚”是男女双方婚前同居的一种生活形式，必然会有婚前性行为，某些男性便以“试婚”为由骗取与女性同居，一旦感到厌倦，便以“两人不合适”的理由分手，再寻找下一个猎艳目标，这给女性的精神和生活都留下了难以磨灭的伤害。在都市中一些女孩也以“傍大款”作为保证自己享乐生活的重要手段。曾试过婚的余小姐，天生丽质，偶遇一位私营业主，其财产颇丰，可谓巨富。两人相识没多久，便开始“试婚”，余小姐也借此珠光宝气，还拥有了一座小洋楼。[①] 这种非情感因素的利益性试婚，在 90 年代的大都市里并非个别现象，一般都是其中一方受控于另一方，时间长短取决于控制方，一旦对方失去利用价值，那控制方便会随时抛弃对方。这种类型的“试婚”给社会带来了诸多消极、负面的影响。

在农村也出现了一些“试婚”现象，但 90 年代的农村仍保留着传统的婚姻观念，这种“名不正、言不顺”的同居方式自然不会受到村民的认可。只有在社会化程度高的城市，人口数量大，对新兴事物接受快，人与人之间的关系相对松散，试婚现象更容易被接受。

虽然“试婚”现象在城市中形成了一股风潮，引得众人模仿，但它仍然受到社会的质疑并引发了讨论，很多人在报刊中发表文章提出警示，认为：“试婚”并非是《婚姻法》所规定的合法行为，破坏了传统的婚姻观念；“试婚”结束后，对女性一方必将造成极大的身心伤害；许多人“拉大旗作虎皮”，借“试婚”之名玩弄异性，使人们的情感受到“亵渎”等等。[②] 应当谨慎，以免误食苦

---

① 博村、公长：《当代青年的试婚现象扫描》，《青年探索》1993 年第 6 期。

② 解智祥：《试婚：利也？弊也?》，《大家健康》1994 年第 4 期。

果。“试婚”现象还是反映了人们在进入90年代后，改变了对婚姻的一些看法，不再将婚姻看作人生的任务，更加注重自身发展的独立性，在作出人生的重大承诺时，希望能够更加谨慎。这应当是追求自身幸福生活的一种表现。

（二）婚内生活频起波澜

在中国人看来，找到伴侣并举行完婚礼就算完成了人生的一件大事。然而，婚后生活中的柴米油盐和家长里短却是对婚姻生活的一个考验。尤其是90年代，整个社会处于转型期，经济的快速发展、女性社会地位的提升、人们独立性的发展都不可避免地影响着人们的婚姻生活，进而出现了具有时代特色的新现象。

1. “半边天”的崛起——夫妻关系调整

在中国传统的婚姻关系中，男女在家庭中的分工长期以来保持着“男主外，女主内”的状态，这不仅是传统家庭和社会经济活动中的性别分工，也反映了婚姻关系中男女所处地位的差别。

1992年，第七届全国人民代表大会第五次会议通过了《中华人民共和国妇女权益保障法》，又在2005年进行修订，其中明确规定：“妇女在政治的、经济的、文化的、社会的和家庭的生活等各方面享有同男子平等的权利。”① 但在法律难以顾及的私人领域范围内，女性在短时间内仍难以从“女主内”的观念中摆脱。

（1）“家庭妇男”受追捧

随着改革开放和妇女工作的开展，越来越多的女性走向社会，参与工作和学习，各种女经理、女厂长、女博士、女干部、女性企业家层出不穷，在社会中发挥着越来越大的作用，收入不断提高，甚至成为家中的主要经济来源。李银河在《群言》编辑部召开的“婚姻·家庭和法”的专题座谈会中提道：“中国妇女的收入占家庭总收入的比例已经由50年代的20%提高到40%，有的农村专业

---

① 全国人民代表大会常务委员会：《中华人民共和国妇女权益保障法》，中国民主法制出版社2005年版，第1页。

户家庭，妇女收入的比例高达60%到70%。”[①] 这使妇女在婚姻关系中的地位不断提升，夫妻关系也因此作出了相应的调整，原本的“男主外、女主内”的劳动分工开始变化，男性在家庭中单一领导者的角色形象逐渐改变，开始更加注重与妻子的和睦相处，做到与妻子“举案齐眉”，甚至是“被领导”。

90年代，“模范丈夫”“妻管严”“家庭妇男”等流行词汇也相应出现。[②] 其中“家庭妇男”则是典型的新兴词汇，在《新民晚报》中有篇文章题目为《待工妇男》，文中提到下岗在家的丈夫积极参与家庭劳动，主动将做饭、洗衣、买菜、打扫卫生等原本妻子要做的家务活承担过来，妻子因此抱怨的话越来越少，两人的感情也越来越好。[③] 类似的文章也在90年代的各类报纸、期刊中陆续发表，作者大都是参与家务劳动的丈夫。其妻子或是工作繁忙难以分身家庭，或是收入高于自己，丈夫愿意分担妻子的家务劳动成为“家庭妇男”。因能体谅另一半的辛苦，夫妻两人也因此感情更为深厚。[④]

这类尊重妻子，照顾家庭，放下不必要的“大男子”自尊的“家庭妇男”，成为了90年代时尚女性所欣赏、追捧的“新好男人”，[⑤] 其中的代表人群就是上海男人。上海男人一直被称作“小”男人，是个毁誉参半的人群，他们缺乏传统社会所认可的“阳刚之气”，竟然不以系围裙、倒马桶为耻，被北方男人视作窝囊和惧内。这种观点直到龙应台发表了《啊，上海男人》一书后，才开始被打破。她认为上海男人简直是世界上最稀有的品种，是所有女性梦寐以求的理想丈夫。他们能够买菜烧饭而不觉得低下，轻声细语地和女人说话而不觉得少了男子气概，是男女平权的先锋人物。[⑥] 虽然

---

① 王娅妹：《婚姻·家庭·法》，《群言》1999年第4期。

② 眉眉：《经典婚恋词汇》，《江苏经济报》2000年6月14日第4版。

③ 王璞之：《待工妇男》，《新民晚报》1996年9月19日第17版。

④ 王金山：《乐做“家庭妇男”》，《健康生活》1999年第11期。

⑤ 眉眉：《经典婚恋词汇》，《江苏经济报》2000年6月14日第4版。

⑥ 龙应台：《啊，上海男人》，学林出版社1999年版，第16页。

上海男人并不认可这种评价，甚至向作者提出了书面抗议。但从中却能看出，90 年代女性心目中理想的丈夫不仅要在事业上有所成就，还要对自己温柔体贴，以平等的方式相处。

从简单的家庭劳动分工的问题中，我们能看到 90 年代夫妻双方所处位置的调整，如果丈夫能够适应这种变化，欣然放下身段，开玩笑似的称呼妻子为“我的领导”，这对一直以“事业”作为成功标志的男性来说，也不失为是一种解放。

（2）妻“贵”夫不“容”[①]

随着女性社会地位的提升，一些丈夫愿意接受变化，怀着开放的心态面对家中的“女强人”，积极调整两人的关系。但也同时存在着这样一类男性，他们不愿意妻子抛弃原有“相夫教子”的职责而“抛头露面”，更高的收入和社会地位也伤害了他们敏感的自尊心。如果夫妻二人不能接受这种状况，不能进行很好的沟通，就有可能诱发婚外恋、离婚等问题。

在杂志上曾刊登过这么一篇自述：作者是一位 26 岁的公司文秘，她的丈夫则是一位中学语文老师，两人结婚有两年的时间，感情一直很好。为了让这个小家生活得更充裕，作者努力工作，随着业务能力的增强，开始随着老板外出应酬。虽然她洁身自好，但仍免不了受到丈夫的猜忌和怀疑，认为是给他戴了“绿帽子”，连带回家的奖金也变成了对丈夫的变相“打脸”，最后两人终于走向了婚姻的终结。[②] 作者的丈夫没有理解妻子为了家庭作出的努力，而是一再地要求妻子辞掉工作，更好地为自己服务。在他心中，妻子在外打拼原本就不是一件值得骄傲的事情，由于妻子工作繁忙，自己要“替”她做家务——烦；妻子工资比自己高——伤自尊；成为风云人物背后的男人——不舒服。妻子的荣耀在他眼中如此“刺眼”，两人也没能找到沟通处理的办法，只能看着一桩婚姻走向终结。

① 指丈夫无法忍受妻子的个人收入或社会地位提高，感到男性尊严受到威胁，并因此作出影响家庭稳定的行为的现象。

② 汪玉刚：《情钱两滴泪》，《企业销售》1999 年第 2 期。

这种情况在90年代并不少见。传统婚姻中讲求“门当户对”下的“男才女貌”，男性不管是文才还是武才，一定要有真才实学，而女子则需要姣好的容貌和美好的品德，男方担负着整个家庭的生计问题，而女方在夫妻关系中处于从属位置。“男强女弱”的关系一直延续了两千多年，在如今的青年群体中持这种观点的也大有人在。据社会调查：“目前认为‘男主外，女主内’、‘妻子应为丈夫的事业无条件牺牲自己’的人中，青年人要比中年、老年人多，知识青年所占比例高于务工青年。”① 妻子的能力一旦强于丈夫，打破“男高女低”的平衡状态，而丈夫视这种变化如“大敌”，就会对妻子的发展进行压制，还有可能导致家庭暴力甚至婚姻关系的破裂。可见，“男高女低”、“男外女内”的传统观念对夫妻婚姻关系仍然具有很大的影响力，对女性家庭地位的提升起到了阻碍的作用。

2. “情人”旋风来袭

自古以来就有“四十不惑”的说法，共和国经历了四十年，也迎来了“不惑”之年。随着社会的转型，婚姻生活也处在了传统与现代的交界路口。面对情感、物质的诱惑，在缺乏相关法律的制约时，人们也容易在婚姻中迷失自我，引发与传统婚姻不同的婚姻现象，其中“情人”大军引起的婚外恋大潮是90年代的一个突出问题。

“情人”这个词在西方一直存在，是指与有配偶的一方建立情爱关系或性爱关系的配偶以外的人。而它在中国却有一个演变的过程，最早称为“通奸”；80年代起称为“婚外恋”；而“情人”的称谓始于90年代。从称谓的变化中，我们能看到人们对婚外恋情的接受程度越来越高。婚外恋是指已婚者与未婚者或者已婚者与已婚者之间的情人关系。两者之间出于感情或物质的需要，或已经破坏夫妻家庭关系，或者尚未破坏家庭关系，或是长期的，或是短期的，或注重情感，或偏重性欲满足等等。②

虽然以往也存在婚外恋现象，但到了90年代，这种现象却愈

① 李燕君：《一种令人深思的现象——有感于妻“贵”夫不“容”》，《中国妇女管理干部学院学报》1992年第3期。

② 闻明：《“情人现象透析”座谈会综述》，《道德与文明》1995年第1期。

演愈烈，涉及社会各层人群：既有政府官员，也有普通民众；有腰缠万贯的私人企业主，受过高等教育的知识分子，也有农民小贩。[①]它对人们的婚姻产生了极大的影响和破坏，据有关统计资料表明，“在 1993 年，全国因婚外恋而离异的人数，要占离婚总人数的 25%，沿海发达地区高达 70%。1993 年以来，广州市妇女联合会权益部接受的来访投诉者中因婚外恋的人数高达 60%”[②]，部分家庭面临解体的危机。

通过对 90 年代相关资料的整理，笔者发现，婚外恋可以分为传统型和现代型两种类型：

（1）传统型婚外恋

传统型婚外恋俗称“纳妾”，中国封建社会一直实行一夫一妻多妾制，“妻妾成群”也一直是某些男人心目中身份、地位和财富的象征。自从《中华人民共和国婚姻法》颁布，规定我国实行“婚姻自由，一夫一妻、男女平等”制度后，[③]在政治环境占据主导的年代，人们在婚姻生活上保持着克制严肃的态度。改革开放之前，人们的私生活中出现“第三者”身影的情况还是少见的。

随着经济建设的发展，人们的腰包逐渐鼓了起来，“饱暖思淫欲”[④]，有些经济条件充裕或手中掌握权力的男性开始在家外设了一个“小家”，将年轻貌美又贪慕钱财的女性包养起来作为“情人”。在 80 年代初期，这种包养情人的现象只出现在一些沿海开放地区。到了 90 年代，无论是经济发达、开放的广州、深圳、福建等诸省市，还是以传统著称的北方城市及乡村，都有它的身影。

大城市中的包养者主要是一些来自香港、台湾的投资者，暴富的生意人，当然也不乏政府官员。他们举止得体、气度不凡，又有

---

① 徐永平：《婚外恋不是一道美的风景线》，《社会工作》1997 年第 4 期。

② 孟兰芬：《“情人现象”研究述评》，《道德与文明》1995 年第 3 期。

③ 中华人民共和国中央人民政府：《中华人民共和国婚姻法》，人民出版社 1953 年版，第 1 页。

④ （元）贾仲明：《荆楚臣重对玉梳记》，民国影印明万历臧氏雕虫馆曲本，第三折。

足够的资金作保障，让情人以“秘书”“保姆”甚至是“中文老师”为名，在自己购置的房产中生活，里面现代化的生活用品应有尽有，消费水平也远远超过普通民众。在金钱的诱惑下，那些来自农村的打工妹，高校毕业的大学生，写字楼里的高级白领，甚至是受人崇拜的歌星、影星，都自愿成为了小洋楼里的“金丝雀”，跟随着“金主”出入各种交际场所。

1998 年，广东省妇联对 15 个城市进行调查，发现“包二奶”现象在贫困地区也十分突出，其中有个十分贫困的小镇，竟然有多达 100 人包养情人。[①] 农村中“包二奶”主要是为了传宗接代，一些村干部和外出经商挣了钱的村民，为了传承香火，留下一儿半女后，便会在家外找个女性一起生活。据报道：“四川青年牟某在老家已经娶妻，在东北种人参期间，带领本村女青年燕某非法同居四年之久，直到燕某为其生下两个孩子，两人的关系才结束。”[②] 可见这种现象在农村也不少见。

不同地区对包养“情人”有着不同的称呼：南方人称为“包二奶”；北方人叫作“养小蜜”；四川人更温柔，叫“养金丝鸟”；也有人叫“养小鸟”。其中“包二奶”一词最为典型，在中国大部分地区流行。甚至在 20 世纪末重新编纂《新华词典》时，社会上还就要不要将“包二奶”一词收入词典引发了一场激烈的争论。反对者认为，“包二奶”是现代社会中的不道德行为，将其收录进词典会使其传播得更广；而赞成者则认为不管这种行为道德与否，它已经成为社会上存在并越来越显现的现象，应该编录进词典。最终，赞成者占得上风。[③] 从中可以看出，到 20 世纪末，“包二奶”已经成为一种被广泛关注的社会现象。

“包二奶”这种现象属于我国封建思想糟粕的残余衍生出来的

---

① 程超泽：《在“外遇”表相的背后》，《北京青年报》1998 年 7 月 26 日第 9 版。

② 李宏：《拷问你的灵魂——中国“包二奶”现象透视》，《时代风采》1998 年第 12 期。

③ 潘允康：《社会变迁中的家庭和谐问题思考》，《北京工业大学学报》2009 年第 4 期。

产物，虽然并不像毒品那样泛滥开来，但这种婚姻之外的性行为并不被我国《婚姻法》允许，也被社会道德所不齿，它破坏了很多幸福美满的家庭，并导致了90年代离婚率的上升。

（2）现代型婚外恋

90年代的婚外恋现象，除了传统的家外“纳妾”之外，还出现了一种传统社会中比较少见的类型。这种婚外恋的当事人之间除了婚外性行为之外，还有情感上的交流，更注重“恋”这个词。“现代的性爱不同于古代的性欲，也不同于古代的爱，不同的原因之一，就是爱情意识的自觉。”① 根据笔者搜集、整理到的资料，发现这种婚外恋产生的原因及分类有以下几种：

表1.1　　现代型婚外恋产生的原因及分类

婚外恋原因	类　型
基于同情、怜爱、协助对方而逐渐产生感情	保护型
工作或社交应酬中所产生的外遇	情境型
旧情复燃，外遇对象为旧相识或旧情人	旧情复燃型
外遇对象为知己，或心中仰慕已久的完美对象	感性型
婚姻中得不到性满足，因而另寻性伴侣，因此产生感情	性因素型

通过表格可以看出，以上几种类型的婚外恋大部分都是丈夫在婚姻生活中与妻子的感情变淡，或是找不到情感寄托，在遇到与自己兴趣、性格、理想、气场相投的情人后，出现婚外恋的行为。而这也是影响婚姻稳定性的重要因素。根据北京红枫中心开通的妇女热线的数据统计，1995—1996年，夫妻矛盾发生的原因与离婚的原因所占比例最多的就是丈夫有外遇；其次是性格不合；最后是妻子有外遇。②

① 万琼：《婚外恋心理初探》，《社会》1990年第3期。

② 王行娟：《从妇女热线分析当代婚姻震荡的原因》，《妇女研究论丛》1998年第2期。

表 1.2　妇女热线统计夫妻矛盾发生原因与离婚原因　单位：人；%

年　月	夫妻矛盾发生原因				离婚原因			
	1995 年 1 月—12 月		1996 年 1 月—12 月		1995 年 1 月—12 月		1996 年 1 月—12 月	
	人数	百分比	人数	百分比	人数	百分比	人数	百分比
经济纠纷	15	1.7	9	0.8	7	2.4	2	1.0
性格不合	177	19.8	225	21.0	74	24.9	86	42.8
性生活不和谐	15	1.7	23	2.1	9	3.0	14	7.0
丈夫外遇	311	34.9	524	48.8	149	50.2	82	40.8
妻子外遇	124	13.9	167	15.6	23	7.7	7	3.5

从表中我们可以看到丈夫外遇和性格不合两项因素在 1996 年年末时已经占据 80% 左右的比例，情感因素成为 90 年代维系夫妻关系的主要因素。虽然很多婚外恋者在出轨后心怀愧疚，觉得对不起丈夫或妻子，但与情人相处时得到的快乐和刺激却是难以割舍的。[①] 当时介入别人婚姻家庭的人被称作“第三者”，在道德上是被谴责的，甚至在 20 世纪末修订《婚姻法》时，就有人提议要用立法的手段来惩罚“第三者”。但也有人提出反对，认为“第三者”并不存在，因为现代社会讲求婚姻质量，跟谁有“真爱”就应该跟谁在一起。还有人提出“第三者”的概念很难界定，如果要立法就要掌握准确的事实证据，但如何在保护个人隐私的前提下搜集证据……各种说法莫衷一是，并没有得出统一的结论，也反映出当时社会的价值观的多样性。最后在 2001 年，新的《婚姻法》正式出台，虽然没提及“第三者”，但在第一章“总则”中强调，“夫妻应当互相忠实，互相尊重”，[②] 显现出“第三者”对整个社会的影响。直到现在，“第三者”在社会中仍能引发各种话题。

---

① 王明新：《发人深省的家庭悲剧》，《大家健康》1994 年第 10 期。

② 潘允康：《社会变迁中的家庭和谐问题思考》，《北京工业大学学报》2009 年第 4 期。

3. 婚姻变得如此“脆弱”

在90年代，婚姻中的感情因素成为维系夫妻关系的重要纽带，但在社会大变革的影响下，夫妻间的感情容易受到外界各种因素的影响，变得敏感、易变，婚姻的稳定性也随之降低，离婚率也呈现出逐年增高的趋势。

离婚是婚姻关系走向破裂的标志。关于离婚的规定要上溯到几千年前，[①] 在古代封建社会，离婚主要采取休妻、义绝和离异三种方式。但为了保证封建父权、夫权社会的稳定，女性是没有离婚的权利的，而且对丈夫的离异权也作出了诸多限制。夫妻之间没有感情，丈夫即使纳小妾，也不能随意破坏家庭的稳定关系。[②]

中华人民共和国成立后，先后在1950年和1980年颁布了《婚姻法》，以法律的形式保护了公民离婚自由的权利。

从中华人民共和国成立到90年代，中国社会经历了三次离婚高潮。第一次是在1950年《婚姻法》的颁布到50年代中期，这一时期解决的大多数是“先天不足”的封建婚姻，一批进城干部选择与老家的妻子离婚，也有一些女性要求解除童养媳婚姻、盲婚[③]等，粗离婚率首次突破1‰。60年代初期至70年代初期，出现了第二次离婚高潮，这次更多的是出于政治因素。[④] 1980年《婚姻法》提出“夫妻感情破裂，调解无效，准予离婚”[⑤]，中国又再次出现离婚高潮，离婚总数从1979年的31.9万对上升到1989年的75.2万对。[⑥] 而这次离婚高潮并没有偃旗息鼓的势头，到了90年代，离婚率仍然在不断攀升。据统计，1992年中国离婚人数突破纪录达到90万对，1993年突破100万对。基本上每10对结婚的夫妻中就有

---

① 杨大义：《婚姻法学》，中国人民大学出版社1989年版，第236页。

② 张贤钰：《怎样处理离婚纠纷》，知识出版社1993年版，第14—16页。

③ 指男女双方互不了解，仅凭父母之命、媒妁之言的一种包办婚姻。

④ 袁亚愚：《中美城市现代的婚姻和家庭》，四川大学出版社1991年版，第186页。

⑤ 法律出版社法规中心编：《中华人民共和国婚姻法文书范本注解版》，法律出版社2011年版，第7页。

⑥ 张德强：《嬗变中的婚姻家庭》，兰州大学出版社1993年版，第218—219页。

一对离婚。[①] 1993 年，《家庭》杂志第 9 期推出热门话题：当今的婚姻为什么这般脆弱？可见离婚问题已经成为了大众普遍关注的社会问题。

（1）因“情感不和”而离婚

20 世纪 90 年代，离婚不仅是数量上有所增加，同时在原因和表现上也有所变化。在 90 年代的离婚案件中，自愿离婚占据了大多数。[②] 离婚的原因是夫妻二人“情感破裂”，主要包括婚姻基础不好、婚后一方或双方发生过失（婚外恋、家庭暴力）、性格不合、性生活不和谐等。[③]

虽然没有爱情的婚姻是不道德的，但在 90 年代的中国，很多青年男女的婚姻缔结并非是爱情的结果，还有可能是来自外界环境的影响和社会规范的压力。在笔者搜集的资料中，有很多没有感情基础的婚姻案例：有些女性在情感上比较懵懂，从来没有对异性有过兴趣，但看到周围的同龄人都成了家，觉得再不结婚会被人看作异类，于是匆忙找对象，谈恋爱结婚。而婚后却并不感到幸福，最终只好离婚。[④] 还有些离婚者在恋爱时与对方并没有感情，但迫于“恋人关系”不好说出口，或者因为结婚后单位可以解决住房问题，于是仓促结婚，婚后平淡的生活更是没有丝毫乐趣可言[⑤]……

还有些离婚案件是由于夫妻其中一方有了婚外恋，虽然另一方为了维持家庭或孩子选择原谅对方，但这种行为导致夫妻之间出现了猜忌和不信任，长此以往，两人的感情逐渐淡漠甚至走向破裂，婚姻只能终结。在这种离婚案件中，大多数妻子在丈夫出轨后提出离婚，称作“休夫”现象。[⑥] 这种现象的出现与女性的社会、政治

① 古丽夏蒂·吐尔逊：《议离婚》，《新疆公安司法管理干部学院学报》1999 年第 3 期。

② 王行娟：《怎样看离婚》，《中国妇运》1999 年第 8 期。

③ 李银河：《对北京市部分离婚者的调查》，《社会学研究》1991 年第 5 期。

④ 鲍宁：《离婚倾斜的社会现象》，《社会》1990 年第 12 期。

⑤ 李云青：《试论我国离婚率上升的原因》，《阜阳师范学院学报》1992 年第 2 期。

⑥ 张厚琛：《离婚事件中的“休夫”现象》，《社会》1991 年第 1 期。

地位和经济独立能力的提升有着密不可分的关系，同时也能看出这个时期的女性并不再以离婚为耻，她们宁愿独自生活，也不愿在没有感情的婚姻中备受煎熬。

还有一类离婚是由于夫妻性格不合。双方虽然在学历、社会地位、家庭背景等各方面都十分相称，品格也都很好，没有出轨行为，但偏偏性格南辕北辙，总为家中的小事吵得不可开交，感情越吵越淡，最后只好和平分手。①

此外还有因夫妻间性生活不和谐而离婚的。在中国人的观念中，性生活不和谐似乎不是能说得出口的离婚原因，但据调查发现，夫妻性生活是否和谐严重影响着婚姻生活的质量。② 有位女性离婚者在怀孕前与丈夫十分相爱，但生产之后因辛苦劳累便对夫妻生活提不起兴趣，后来竟然十分厌恶。最后与丈夫签下合同，只在每月初一过夫妻生活，其余时间都不接受。但即使这样女方也难以接受，两人因此矛盾、争吵不断，最后离婚。③

以上几种离婚类型都是由于各种原因，致使夫妻之间交流不畅，情感没有得到寄托而导致婚姻破裂。在传统的婚姻观念中，这些原因似乎难以成为离婚的理由，但到了90年代，“情感”因素成为维系夫妻关系的重要纽带，这也是90年代在生活的物质资料得到满足后，夫妻在婚姻中更加注重精神生活的一种体现。

（2）“家暴”引起“家爆”

“家暴是对家人实施的一种精神上或肉体上的有形或无形的伤害、折磨和压迫。家暴的形式很多，比如空手攻击、器物攻击、语言攻击、表情攻击、性攻击、性断绝，等等。家暴的类别也可以分为很多种，比如长辈对晚辈、晚辈对长辈、平辈对平辈。具体来说有夫对妻、妻对夫、父对子、子对父、母对子、子对母、婆对媳、

---

① 储兆瑞：《当今离婚新动向》，《道德与文明》1994年第6期。

② 徐安琪、叶文振：《性生活满意度——中国人的自我评价及其影响因素》，《社会学研究》1999年第3期。

③ 同上。

媳对婆、兄对弟、弟对兄等等。”①

家庭暴力在中国的婚姻生活中并不是一个新现象，在传统的父权、夫权家庭中，以丈夫为代表的家长是有权用暴力来惩罚家中女眷的。一般施暴的丈夫都认为妻子应该听命于他，一旦出现不服从的情况，施暴也是理所当然的。在东北、山东、河南等地，都有打老婆的风俗，有“三天不打，上房揭瓦”、“马要骑，牛要牵，老婆不打上了天”的说法。妻子则认为“家丑不可外扬”，忍受家暴，形成了逆来顺受的性格。②

随着改革开放的不断深入，家庭暴力这种社会沉渣不仅没有消失，反而变本加厉，施暴手段也更加凶狠，严重的甚至能够致使家属丧命。1992 年，上海各级妇保机构受理投诉的 3899 例家庭暴力事件中，有 61.5% 是夫妻间的家庭暴力，轻伤的占 20.9%，重伤的占 1.4%。③ 北京市婚姻家庭研究会 1994 年主办的婚姻质量调查中，有过丈夫打妻子现象的占 21.3%，其中经常打妻子的占 1%，有时打的占 4.4%，很少打的占 15.9%。④ 可见在中国的家庭中，妻子被丈夫打骂是很普遍的现象。随着妇女社会地位的提高，女性的自我保护意识逐渐增强，对家庭暴力的容忍度也逐渐降低，她们不愿意再生活在这种家庭中，因此提出离婚要求，导致离婚率进一步上升，引起了人们的普遍关注。

在一些离婚申请书中，当事人提道：“两年半的夫妻生活，我忍受了一名普通女子几十年未曾经历的痛苦与虐待。这种非人的折磨，这种打、骂、砸、抽的冷酷现实，早已扑灭我两年半前萌发的爱情火花……我认识到：离婚，只有离婚，我才能生存!”⑤ 尽管在中国社会中，离婚及离婚后的道路十分艰难，但还是有众多女性

---

① 梁景和：《幽乔书屋杂记》，光明日报出版社 2015 年版，第 25 页。

② 石海：《面对家庭暴力你选择离婚吗》，《百姓》2002 年第 11 期。

③ 张贤钰：《中美对妇女的暴力侵犯国际妇女研讨会述评》，《法学》1995 年第 5 期。

④ 李银河：《北京家庭暴力调查》，《婚姻与家庭》1994 年第 8 期。

⑤ 张厚琛：《离婚事件中的“休夫”现象》，《社会》1991 年第 1 期。

因难以忍受家庭暴力的恶劣行径，勇敢提出离婚的要求。有些女性通过这种方法摆脱了受迫害的现状，重新获得生活的希望。但提出离婚，有时也会进一步激化家庭暴力，甚至导致悲剧的发生。据统计，在1989年至1991年5月间，天津市公安局就破获了100起家庭暴力犯罪案件，占全部杀人案件的38.5%。[①] 1996年1月4日，在湖南长沙还发生了一起“高楼抛妻案”，“37岁的姚亿召因不堪忍受丈夫谭自忠的虐待提出离婚，被丈夫从6楼抛下摔死。同年，湖南省长沙市政府出台了我国第一个反对家庭暴力的地方性政策《关于预防和制止家庭暴力的若干规定》”[②]。

家庭暴力对女性的生理和精神都造成了严重的伤害，女性在这样的家庭环境中生活，连自己最基本的生命安全都得不到保障，婚姻生活质量也可想而知了。“家暴”的直接后果就是引起了一部分家庭的“家爆”，家庭的毁灭。为了争取幸福，很多女性提出了离婚的要求，社会上也越来越关注这些受伤的女性，探讨关于制止家庭暴力的方法。

可以看出，90年代的离婚原因越来越多样化。传统的中国人一直讲求“宁拆十座庙，不毁一门婚”，但婚姻稳定并不一定代表着婚姻幸福，在低质量的婚姻中生活反而更加痛苦。人们已经慢慢意识到这一点，并努力改善自己的生活状态，这也是生活在那个年代的人们自我意识觉醒的表现。

小结

90年代，人们的婚姻生活不管是按照以往传统的固定程序，还是在社会变迁的刺激下展开新的生活方式，都显现出那个时代独有的特色。人们在更加开放的社会交往环境中，打破了原本的血缘、地缘社交关系，编织了更宽广的社交网络，为找寻理想伴侣提供了更多的选择性，同时也使婚姻有了更多的可能性。市场经济的

---

① 郭德明：《对100起家庭暴力犯罪案件的剖析》，《公安大学学报》1992年第2期。

② 张安英：《家庭暴力的现状、原因及对策》，《学习导报》1996年第6期。

发展提高了人们的物质生活水平，在此状态下，人们开始追求金钱、财富，以选择有身价的伴侣为荣，甚至不惜做“编外人员”[①]。市场经济的发展也改变了传统的性别分工，女人既可以独立到独当一面，又能柔弱得成为笼中“金丝雀”；男人在外忙于事业，回到家中也能洗手做羹汤，这种变化对于两性关系来说，不能不算是一种进步。同时西方文化的传入和多种思潮的碰撞，使青年男女的自我意识觉醒，他们不再被传统的婚姻模式所束缚，而是选择自己想要的生活方式，在婚姻中更注重精神生活的价值，可以在“围城”内享受生活，也勇于踏出城外，不再受世俗的束缚。这些婚姻生活的新事象是时代的反映，显现出90年代婚姻生活在新旧交替中的多元与发展。

二　婚姻伦理的演变

在婚姻生活中，人们的婚姻行为都要受到所处时代的婚姻伦理的约束和规范，而婚姻伦理的内涵并不是一成不变的，它总是随着时代的变迁作出相应的调整和改变，并体现出不同的时代特色。在90年代之所以能够涌现出如此多样的婚姻新事象，就是因为婚姻伦理发生了变化。90年代，社会正处于传统社会向现代社会的转型阶段，各种新旧元素相互交织、碰撞，中国的婚姻伦理显现出时代的特点，总体上呈现出开放、变动的特征。

（一）择偶观的多元化与自主化

在中国传统社会中，青年男女并没有择偶的权利和自由，一切听凭家长做主，正所谓“父母之命，媒妁之言”。婚姻关系的缔结追求的是两个家庭的联合，所以大家庭在择偶中更注重夫妻双方的身份背景是否相配。媒婆是沟通协调的媒介，一般按照“男才女貌”的原则进行搭配，选择范围不管是从阶层还是地域上都很狭

① 指婚姻关系之外的情人。

窄，择偶观念总体上显现出单一和被动的特点。

中华人民共和国成立以来，法律上首先给予了青年男女婚姻自由的权利。进入 90 年代以来，人们的择偶观念逐渐趋向多元化与自由化。一方面，人们的择偶标准更加注重个人需求、要求更加具体，而并非遵循传统统一的择偶标准；另一方面，人们的择偶意愿也更加自由，青年男女有自己选择配偶的权利，择偶途径和方式多种多样，给青年男女追求婚姻自由提供了更多的机会和可能。

1. 择偶模式的多样化日益明显

（1）择偶标准趋向务实

从中华人民共和国成立到改革开放之前，我国的青年男女虽然随着时代的变迁有着不同的择偶标准，但总体归纳起来，追求的仍是“郎才女貌”，男性喜欢面容姣好、忠贞可靠、贤惠顾家的女性；而女性则更偏爱忠实可靠、吃苦耐劳、品行端正的男性。

改革开放以来，特别是随着改革开放的深入和市场经济的发展，中国人在择偶上更加务实，从讲求“男才女貌”变成了“男财女貌”。吴雪莹、陈如在 1996 年初到 4 月份的全国相关报刊上的征婚启事中，抽取了 1000 份来调查青年男女的征婚标准。发现人们在征婚过程中越来越注重实惠的物质需求，住房、户口等条件受到了人们的普遍重视，而且有逐步上升的趋势。[①]

据统计，在征婚者介绍自身情况时，百分之百的男性都提到了自己的经济状况和工作，只有 40% 的男性在自我介绍中提到自己“人品高尚，忠诚厚道”[②]。但对对方的要求中，尤其是身体健康和经济条件这两条，在 1985 年只有 57. 37% 和 2. 1% 的人在意，而到了 1995 年，这两项的关注度已经上升到了 73% 和 40. 1% ,[③] 其中关于经济条件的要求上升幅度最大。对人品、道德的要求反而明显

---

① 吴雪莹、陈如：《众里寻他千百度——从征婚启事看当代人的择偶标准》，《青年研究》1996 年第 9 期。

② 陈耘：《你看你看征婚启事》，《百姓》2001 年第 12 期。

③ 杨新科：《改革开放条件下中国择偶观念的变化及发展趋势》，《西北人口》1997 年第 3 期。

下降，从1985年的38.2%下降到22.2%。尤其是对于女性来说，这一点最为明显。这是受传统的“男强女弱”，女性要依附男性生存的婚姻观念的影响所致。

务实的择偶观念绝不仅仅是在意对方的经济实力那么简单。其实，90年代的择偶标准具有多重性，随着社会主义市场经济的发展，人们开始关注自我发展和自我实现。“婚姻生活是自我实现的其中一方面，但人们的价值取向、身份条件有所不同，所以在择偶中考虑的各类条件也就各有侧重”①，但总体来说，各项标准的务实性更加明显。除了经济因素之外，青年男女还要综合考察对方的其他条件，来考虑与对方结婚后，有没有更切实际的好处。所以在征婚、择偶过程中，才会有女方提出“觅外籍单身男士，不论何国，不限年龄”②，只为能够趁着自己青春年少时，将自己从“华籍美人”变为“美籍华人”，改变自己的人生轨迹。如果不能更改国籍，那么对方有特区户口、是小资白领或机关干部、年轻有为的青年才俊、学历高的硕士、博士……都是有利的择偶条件。可以看出女性在90年代更加看重男性的综合条件，在意他们潜在的发展能力。传统观念中受欢迎的“老实巴交”“不善言辞”等性格特点反而被认为是没能力的体现而受到排斥。在90年代的访谈中，就有女性表示“不求太老实，人太老实就没本事。过去生产队时，吃的是大锅饭，没有本事也不要紧，生活不中可以吃照顾。现在这一套不时兴了，没本事过不下去”③。

对于男性来说，也不再在意女方是否“政治清白”，而是希望对方能够面容姣好、纯情专一，满足自己的审美和情感需求；或学历高、英文能力好，能跟自己创业奋斗；抑或吃苦能干，能当家里的贤内助，替自己照顾父母；还有人希望能够找到经济宽裕的女性作为伴侣，这样自己就可以减少奋斗的时间和精力，圆了自己的富

---

① 徐安琪：《上海女性择偶行为的现状和变迁》，《妇女研究论丛》1997年第4期。

② 舒秋劲：《从征婚广告看青年婚恋观的变化》，《青少年研究》1999年第3期。

③ 尚会鹏：《中原地区村落社会中青年择偶观及其变化——以西村为例》，《青年研究》1997年第9期。

贵梦。[①] 总之，择偶标准变得多样化。正是根据自身要求的择偶标准更加明确，也显现了择偶务实性趋势的增强。

（2）择偶模式打破传统

由于90年代市场经济的发展，人们的择偶标准随着自身要求的变化而变得多样化，原本在同一地域、信仰、生活背景等条件下的择偶模式被打破。人口的大规模流动也让青年男女有机会结识更多的择偶对象，在择偶上产生了与传统观念不同的新想法。

首先，传统的“男高女低”或“男强女弱”不再是择偶的标准配置。有些青年男女在择偶中不介意“男女相当”，甚至能够认同“女高男低”。这说明，随着女性在社会地位上的不断提升，她们不再需要依附男性来生存，也就并不看重对方的经济条件，只希望找到心目中理想的伴侣。在90年代的期刊、报纸中，也经常登载着这样的故事。《社会工作》杂志中记载，有一位还未到30岁，便已成为拥有500多名员工，资产总额达到9000多万元的合资大酒店的女总经理，她虽然在事业上顺风顺水，但婚姻上却亮起了“红灯”，别人介绍的相亲对象都被她一一婉拒。最后才发现，原来她在偶然的聚会中相识了一位刚毕业的研究生。虽然女方年龄上比男方大，事业上比男方好，但两人对事业的共同追求让他们最终走到了一起。这位女强人还有这样一番感慨：“婚姻是两个人的世界，结合并不以年龄的差异有所变动，也不以双方的地位差距有所影响，我就是以此来寻找我的婚姻的。”[②]

这样的观点逐渐在90年代的青年男女中传播开来。1994年10月在上海市职业青年的婚恋及家庭生活状况调查中，30.78%的调查对象认为自己的配偶与自己是最为“般配”的，[③] 两人的各种条件更加趋于相当，而并非“高攀”的关系。在90年代的择偶模式中，青年男女开始根据自己的需求选择配偶，女性的崛起也并非让男人望而却步的理由，个人素质的“门当户对”反而成为越来越多

---

① 张亮：《婚姻，是一块跳板?》，《社会》2000年第7期。

② 闻武：《都市兴起女大男小式婚姻》，《社会工作》1995年第2期。

③ 黎洪伟：《上海职业青年婚恋状况调查报告》，《当代青年研究》1995年第2期。

的人追求的理想状态。

其次，随着90年代人口的大规模流动，交通、通信事业的发展，择偶时的城乡限制、国界限制和女性流向男性的模式逐渐被突破。城乡之间，内地与港、澳、台之间都有了婚姻来往，而且还出现了男方流向女方的流动模式。

据调查，在1985年的征婚广告中，有10.3%的择偶者要求对方拥有城市户口，到了1995年，这项数据已经下降到5.5%。[①] 农民工领着外地媳妇回到家乡，更多的女性嫁到了沿海开放城市甚至是港、澳、台地区，来自不同地域的人们组成了新的家庭，越来越多的涉外婚姻也突破了原有的择偶国界限制。最体现突破传统思想束缚的便是男方向女方流动现象的出现。

虽然女方向男方流动的模式仍然是择偶的主流，但在90年代也确实出现了男方流向女方的流动趋势。据华东地区8个县妇联的联合调查，在1990年到1993年间，男嫁女的婚姻形式占同期结婚对数的三成以上，并有上升之势。[②] 1992年，成都市社会科学研究所社会学室在庵街居民段的已婚妇女群体中，进行了“五城市婚姻家庭调查”的追加调查，发现与10年前相比，夫妻婚后住娘家的比例增加了2.04%。庵街调查点的妇女，1958年婚后住娘家的只占6.25%；到了1962年变为11.29%；1983年变化不大，只缓增到11.49%；1988年增加到15%；1993年已达到20.37%。[③] 1994年，仅甘肃省陇南地区男方住到女方家的就有15万人之多。[④] 传统观念中，男娶女嫁，女性应当“从夫居”。男方在女方家生活，一般会被讥为“倒插门”，是有辱祖宗的事情。但在90年代的农村中，却出现了“男嫁女”的现象。有些家庭是由于家中只有一个女儿，而父母又年迈无人照顾，随着观念的开放，男方也就不介意搬

---

① 陈慧：《从建国以来女性婚姻家庭观念的变迁看女性意识的嬗变》，《内江师范学院学报》2009年第11期。

② 沈小平：《农村婚姻新景观女娶男嫁》，《农村天地》1995年第4期。

③ 吴本雪：《成都市婚姻家庭追踪调查综述》，《社会学研究》1995年第2期。

④ 《世纪回顾的中国人的婚恋》，《中国人口报》1994年12月16日第1版。

到女方家住。但大多数发生“男嫁女”的情况是因为女方家的经济条件更占优势，男性到女性一方生活有利于整个家庭的更好发展。[①]总体上看，男女择偶的流动一方面打破了原有的限制；另一方面也显现出了男女流动的方向都是从相对贫困区流向相对富裕区，从相对封闭的地域流向相对开放的地域，再次验证了择偶的务实性特点。

2. 择偶自由成为基本趋势

为摆脱包办婚姻对青年男女的束缚，中华人民共和国在1950年颁布了《婚姻法》，强调婚姻自由，禁止包办婚姻。但思想观念总有它的滞后性，在择偶问题上，父母、亲戚仍然有很大的影响甚至是决定作用，父母干涉子女婚姻而造成悲剧的案例也不少见。中华人民共和国的政治舆论对青年男女的择偶产生了导向作用，“一边倒”的社会舆论、政策导致不同时代出现了“干部热”“工人热”“军人热”“知识分子热”等择偶热潮。[②]这种从众的择偶热潮在某种程度上控制了人们的思想观念，影响着青年男女寻找配偶的趋向。

随着改革开放，被束缚的择偶观念才逐渐有了明显的变化，随着政治舆论对日常生活影响的减弱，市场经济的不断发展使得人们的自主、平等意识逐渐觉醒，尤其是女性自我意识的觉醒，人们希望摆脱这种传统观念的束缚。同时，在90年代经济体制改革的深化下，众多国营企业工人纷纷下岗，原本的“铁饭碗”变成了“泥饭碗”，各类职业的差距缩小。这些让90年代的青年男女在择偶上的选项更加多样化，大多数青年男女也拥有了自由和自主的择偶意识。

根据1990年全国妇女联合会和国家统计局联合组织的首次中国妇女社会地位调查发现，当时中国排除家庭和亲朋等外界干扰的自主婚姻已经占据了主导地位。在已婚的被调查者中，“自己决

---

① 杨云彦：《我国人口婚姻迁移的宏观流向初析》，《南方人口》1992年第4期。

② 杨新科：《改革开放条件下中国择偶观念的变化及发展趋势》，《西北人口》1997年第3期。

定”或“共同商定”的婚姻占到了73.89%，女性的自主婚姻率为69.72%。[①]《青年研究》在1995年对广西多个县的农村青年的婚恋状况进行了调查，发现农村青年在选择婚恋对象上非常重视自主性和自由性。在回答“希望通过什么方式选择意中人”时，有75%的人选择“通过自己认识”；12%的人选择“通过征婚”；没有人表示接受“父母包办”。[②] 这表明90年代的农村青年不希望自己像父辈那样在择偶活动中受到束缚，也不希望“先结婚再恋爱”或“没有爱情的撮合物”等现象发生在自己的身上。不仅青年男女有这样的观念，父母们强行插手孩子择偶的现象也越来越少，更多的是以建议和提醒的方式与子女沟通。[③]

在宽松的择偶环境下，青年男女拥有了自己选择伴侣的自由，也就有了寻找伴侣的动力。在社会交际圈不断扩大的90年代，他们通过朋友、亲人、同学、婚介所、大众传媒和自己认识等各种方式，积极寻找属于自己的爱情。人们开始在报纸、期刊、电视节目中看到勇于追求爱情和幸福的征婚男女。恋人的交往方式也更加大方、公开化。在大街上、公园里、卡拉OK厅、溜冰场等各种公共娱乐场所中都能看到牵手、依偎的恋人，相互倾诉着彼此的爱意。90年代的流行歌曲中，不管是小虎队的“向天空大声地呼喊，说声我爱你”[④]，还是动力火车的“让我们红尘作伴，活得潇潇洒洒；策马奔腾，共享人世繁华”[⑤]，都表达了青年男女对爱情的向往和执着的追求。

---

① 杨新科：《改革开放条件下中国择偶观念的变化及发展趋势》，《西北人口》1997年第3期。

② 张自华：《当前农村青年婚恋观念变化的调查》，《青年研究》1995年第10期。

③ 傅正文：《略谈社会转型时期的婚姻道德》，《探索》1997年第5期。

④ 小虎队歌曲：《爱》；作词：陈大力、李子恒；作曲：陈大力；发行时间：1991年8月2日。

⑤ 动力火车歌曲：《当》；作词：琼瑶；作曲：庄立帆、郭文琮；发行时间：1998年9月16日。

（二）婚姻观的平等化与理想化

传统的婚姻伦理观念中，婚姻是维系家族延续的必要手段，家庭中的夫妻关系是社会等级关系的翻版，要遵循男尊女卑、三从四德等婚姻伦理的规范，妻子要尊重、顺从丈夫，成为丈夫的附属品，夫妻两人处于不平等的地位。随着近代以来妇女运动的开展，社会上对“男女平等”的观念逐渐认同，但在比较隐私的家庭观念中，男性主导家庭的观念仍占主流。随着现代化进程的推进，90年代以来，越来越多的女性走向社会，实现经济独立，有些甚至成为家庭收入的主要来源。传统的婚姻观念也随之发生了改变，丈夫开始重视妻子的感受，尊重妻子的意愿，妻子在家庭中的地位逐步上升，有了与丈夫平等的趋势。随着社会经济的发展和家庭结构的调整，夫妻也更加重视彼此的情感交流，这是维系婚姻稳定的主要纽带，也是促进婚姻幸福的催化剂。

1. 夫妻的平等观念

中国传统婚姻伦理中，“男尊女卑”是夫妻关系最恰当的概括，就如恩格斯所说的：“在历史上出现的最初的阶级对立，是同个体婚制下的夫妻间的对抗的发展同时发生的，而最初的阶级压迫是同男性对女性的奴役同时发生的。”① 妻子在家庭中并没有独立地位，是依附于丈夫而存在的。妻子要从夫居，无独立的财产权，也没有诉讼权。丈夫可以随意买卖、处置妻子，妻子要顺从丈夫，否则会以“七出”的理由被丈夫休弃。

近代直至“五四”以来的妇女运动在中国轰轰烈烈地开展多年，但大都是鼓励女性参与社会活动，难以触及比较隐私的个人家庭生活中，人们传统的“男尊女卑”，准确地说是“男强女弱”的婚姻观念没有发生太大的变化。尽管1950年的《婚姻法》第三章中明确指出“夫妻在家庭中地位平等”②，但在现实家庭中当家做

---

① 《马克思恩格斯选集》（第四卷），人民出版社1972年版，第61页。

② 中华人民共和国中央人民政府：《中华人民共和国婚姻法》，人民出版社1953年版，第2页。

主的仍然是男性家长，[①]“男主外，女主内”的传统婚姻模式依旧如此。90年代初，全国妇联在23个省进行问卷调查，结果表明，夫妻在处理家庭问题时仍然以男性为主，尤其是在决定住房、购买高档商品和大型家用电器时，以男性为主要高于以女性为主24.5个百分点。[②]

随着改革开放的深入和市场经济的发展，女性获得了与男性同等的受教育和就业的权利，越来越多的女性从农村走向城市，从家庭走向社会。根据人口普查数据显示，1990年，城镇劳动适龄女性的劳动参加率为85.25%，到了1995年，城镇女性的就业率达到了90.8%。[③]经济独立、社会参与度、学历水平的提高，在调整了社会上男女地位的同时，也使得夫妻双方在家庭中的关系趋于平等。这种观念在城市中更为明显，越来越多的男性表示自己愿意投身家务劳动、帮助妻子处理日常家庭事务、照顾教育孩子、花费更多时间与妻子交流情感，说明丈夫不再将妻子看成是自己的附属品，而是人生的伴侣。[④]夫妻双方平等商议家庭事务，共同分配、使用家庭共有财产，“有些家庭的妻子不再忍受丈夫的家庭暴力，有权提出离婚要求”[⑤]。

甚至在夫妻性生活的自主权上，妻子也与丈夫趋于平等。在“当代中国妇女地位”抽样调查中，在问到“妻子可以拒绝丈夫的性要求吗？”城市中有62.4%的妇女作出肯定回答，农村的概率虽然低于城市，但也达到了46.6%。在问到“妻子可否主动提出性要求？”时，城乡得到的肯定回答分别是76.86%和63.81%。[⑥]在

① 王林：《中国传统婚姻伦理演变研究》，硕士学位论文，广西民族大学，2012年。

② 李红：《从“男主外，女主内”看男女两性的传统道德模式》，《中华女子学院学报》1998年第1期。

③ 吴愈晓：《影响城镇女性就业的微观因素及其变化》，《社会》2010年第6期。

④ 高凤燕：《我家有位“白衣天使”》，《当代护士》1997年第10期。

⑤ 沈峻：《五十年来婚姻家庭中妇女地位的变化和面临的挑战》，《天津师范大学学报》2000年第3期。

⑥ 熊郁：《中国妇女初婚、生育、性的自主权》，《妇女研究论丛》1994年第3期。

传统伦理中，性与淫欲总是联系在一起，夫妻性生活的唯一目的就是生育。但90年代的女性开始正视自己的生理需要，并自主掌控这种权利，这也是影响婚姻生活满意度的重要因素。据统计，夫妻平权的家庭模式有利于生活质量的提高①。

2. 夫妻的情感交流

随着社会的进步，市场经济的发展和教育程度的普及，男女两性的人格逐渐平等，个性也更加自由、多样化，婚姻里的传统角色发生了变化，家庭已经不再仅仅是简单的“经济共同体”和“生育合作社”②，婚姻也不再是维持生计和延续后代的一种模式。人们除了满足最基本的生活需要外，开始有了增加感情交流的需要与愿望，对爱情的向往和要求也越来越多，对婚姻质量越来越重视。由于核心家庭的增加，形成了一对夫妻带一个孩子的家庭组成方式，夫妻关系成为维系家庭稳定的重要纽带，夫妻感情成为影响婚姻质量和稳定性的重要因素。人们对婚姻寄予厚望，希望它能成为夫妻两人的情感载体。

1995年，北京青少年研究所在北京市的机关、厂矿和学校等十几个单位对北京青年进行了一次抽样调查。结果发现，有51.8%的被调查者认为，现代婚姻“应建立在感情的基础”上；有63.8%的人坚信“男女结婚一定要有爱情”③。1996年上海妇联关于“家庭思想道德文化建设”的调查中显示，有69.12%的夫妻认为自己的婚姻得以维持的主要原因是彼此有深厚的感情，如果失去感情，婚姻就会随之解体。④ 可以看出，在大部分90年代青年男女的婚恋观念中，感情是婚姻得以存续的重要基石。

然而，并不是所有的夫妻都擅长感情相处之道。平淡的婚后生

① 刘娟：《北京市夫妻关系研究》，《人口与经济》1994年第3期。

② 闰玉：《当代中国婚姻伦理的演变与合理导向》，博士学位论文，吉林大学，2008年。

③ 纪秋发：《北京青年的婚姻观》，《青年研究》1995年第7期。

④ 金一虹：《影响当前家庭稳定性的伦理道德因素分析及对策研究》，《学海》1997年第3期。

活很容易将恋爱时的激情消磨殆尽，婚姻质量自然受到影响。为了提高人们的婚姻质量，90 年代的很多期刊纷纷刊登像《婚姻危机的初兆》、《婚姻需要激情》、《美满婚姻五要素》、《沟通与分享：和谐婚姻的基础》等文章，为夫妻提供调剂生活的各种窍门。在这些文章中，专家认为“要拥有和谐的婚姻生活，最重要的是夫妻间进行深入开放的沟通，在日常生活中常常关心对方。夫妻双方沟通的最高境界就是全面开放”①，“理解、信任、平等、体贴、忍让是美满婚姻的五要素”②。这类文章经常出现在家庭婚恋期刊中，受到了青年读者们的欢迎，从侧面也反映出人们对幸福婚姻生活的向往和重视。

一方面，对婚姻质量的追求，有利于推动人们过上更令人满意的婚姻生活；另一方面，对婚姻质量的过度重视，也会导致婚姻稳定性的减弱。然而夫妻如果感觉不到幸福，那么依靠法律保护而留下来的婚姻也只是躯壳而已，与其将就着度过一生，还不如寻找新的幸福。这种想法使得 90 年代的离婚率有所提升，也改变了传统的离婚观念。

（三）对离婚行为的宽容态度

自古中国就有离婚制度，用于解除婚姻关系。但古代的离婚有两大特点：一是男性单方面的特权，丈夫可以凭借“七出”③ 原则，以合乎当时法律的理由与妻子解除婚姻关系，但妻子却必须完全服从丈夫，无权提出离婚；二是很少有人离婚，即使丈夫有权休掉妻子，但为了维持封建家庭和社会秩序的稳定，哪怕多纳几房小妾，夫妻两人表面上的婚姻关系仍要继续维持。一旦出现离婚，对女方是致命的打击。因此在中国古代，坚持的是传统的从一而终、

---

① 浩知：《沟通与分享：和谐婚姻的基础》，《北京成人教育》1996 年第 10 期。

② 段振离：《美满婚姻的五要素》，《家庭医学》1990 年第 6 期。

③ “七出”分别为：无子、淫、不事舅姑、口舌、盗窃、妒忌、有恶疾。

不离不弃的婚姻观。①

1981 年正式生效的《婚姻法》将“感情已破裂，调解无效”②作为离婚的法定条件，意味着“过失离婚制”的结束和“无过失离婚制”的确立。③ 离婚不需要列举各种条件，人们所要付出的离婚成本也在降低。离婚率在 80 年代迎来快速增长的时期，到了 90 年代仍有继续发展的势头。人们关于离婚的伦理观念也发生了变化，比传统离婚观念多了些宽容和尊重。

1. 离婚并非“不光彩”

传统观念中，离婚对夫妻双方来说等于婚姻失败，是一件丢人的事。自 80 年代以来，我国的离婚率一直处于缓慢上升的状态，按当年的结婚对数和离婚对数相比，1981 年仅为 4%，有 31 万对夫妻离婚；到了 1997 年就上升到了 13.1%，离婚者有 119 万对之多。④ 离婚在中国已经不再是一件新鲜事。甚至“离了没有”被人们戏谑为打招呼的常用语，可以跟“吃了吗”相媲美。⑤

人们已经对离婚行为持宽容态度。据北京市婚姻家庭研究会的调查，即使在京郊的农村，也只有 7.7% 的男性和 11% 的女性认为“离婚是件不光彩的事”⑥。而在南昌的调查中发现，在问到离婚问题时，有 41.3% 的人认为“离婚是正常现象，不必大惊小怪”；29.9% 的人认为离婚应该“好离好散，不结冤家”；还有 21.8% 的人认为“离婚率的升高是社会开放的必然趋势”；只有 2.2% 的人仍然认为“好人不离婚，离婚无好人”。⑦ 在 90 年代，离婚不再被

---

① 刘玲：《20 世纪 80 年代中国婚姻伦理嬗变研究》，硕士学位论文，首都师范大学，2011 年。

② 法律出版社法规中心编：《中华人民共和国婚姻法文书范本注解版》，法律出版社 2011 年版，第 7 页。

③ 曾毅：《八十年代以来我国离婚水平与年龄分布的变动趋势》，《中国社会科学》1995 年第 6 期。

④ 王行娟：《怎样看离婚》，《中国妇运》1999 年第 8 期。

⑤ 眉眉：《经典婚恋词汇》，《江苏经济报》2000 年 6 月 14 日第 4 版。

⑥ 王行娟：《离婚在中国》，《现代中国》1992 年第 8 期。

⑦ 晓恒：《改革开放与婚姻家庭——南昌婚姻、家庭观念变化启事录》，《中国妇女管理干部学院学报》1993 年第 1 期。

看作是丑事，而是男女双方结束失败婚姻，开始新的人生的合理选择。有些离婚者在访谈中就说道："既然我们婚后彼此觉得不甚理想，为什么不可以再重新选择一次呢?"他认为离婚跟结婚一样，既是自由的，也是正常的。①

随着女性社会和家庭地位的提升以及自主意识的增强，广大女性对离婚的态度也渐渐从落后、保守走向文明、开放。男女的恋爱、结婚、离婚有了更多的自由，人们渐渐地由只注重夫妻间的家庭形式转向注重夫妻间的情感生活。如果双方在价值观念、生活方式、情感交流等方面出现严重分歧导致婚姻生活质量下降并难以维系夫妻关系时，女性也会毅然地选择离婚来解脱自己，而不是坚守"从一而终"或"嫁鸡随鸡、嫁狗随狗"的传统观念。② 据调查，我国各地有关离婚的调查数据证明，女性在离婚中有主动地位。③这是对丈夫可以"休妻"，妻子却不可以"休夫"的传统离婚观的反抗，从另一个侧面看出了女性意识的觉醒。

90 年代从整体情况来看，人们的婚姻已经向理性化、现代化迈出了一大步。虽然对离婚敬畏的减少促使了离婚率有所增加，但这也是婚姻走向自由的一种体现。

2. 从"闹离婚"到"协议离婚"

传统的离婚过程比较艰难，原本相濡以沫的夫妻必须打到不可开交，最后变成仇人，才能完成离婚，因此以前都叫"闹离婚"。"闹离婚"现象是中国特定历史时期的产物，因为当时的中国女性还没有完全摆脱封建婚姻观念的束缚，只能通过"闹"的方式去争取命运的改变。这种"闹"不仅表现在当事人之间，是弱者向强者的挑战，更多的是要闹给外人看，以求获得人们的关注与支持，从而寻回做人的资格。④"闹"是手段，"离"是目的。

---

① 李银河：《对北京市部分离婚者的调查》，《社会学研究》1991 年第 5 期。

② 潘允康：《离婚现象的理性思考：辩证统一的历史观和社会观》，《杭州师范学院学报》2001 年第 5 期。

③ 同上。

④ 崔青青：《农村青年婚变增多趋势透视》，《中国青年研究》2000 年第 5 期。

但在90年代，随着人们对离婚的认识更加理性，对离婚的宽容度也有所提升。协议离婚数量增加，“不成婚，便成仇”的现象有所改变。

“协议离婚”是指当事人双方在自愿的情况下达成一致的离婚行为。“协议离婚”能减轻当事人之间互相仇视的情绪，达到心平气和地分手。[①] 这样的离婚方式是时代的进步，也是人们婚恋观念的进步。据统计，90年代，协议离婚的数量已经超过了法院判离的数量，在上海这样的大城市的比例已经达到了3:1。很多夫妻甚至在离婚之后还会举办离婚舞会、离婚宴会、离婚旅行，离婚后两人也能相互交往，协商孩子与父母见面的日子。[②] 曾经有位女性离婚者在与丈夫离婚时，双双回到两人恋爱时常去的公园，重温当年的场景，彼此祝愿对方重获幸福。办完手续的当天，两人还一起吃了饭。逢年过节也会互赠贺卡[③]，做到了“离婚不离情”。

这种协议离婚的方式也是离婚观念宽容性的体现。在我国，婚姻并不都是男女双方感情发展的结果。“以夫妻间的爱情为标准，可以将我国的婚姻类型划分为‘凑合型’[④] 和‘相爱型’”[⑤⑥]。对于“凑合型”的婚姻来说，由于两人的感情比较淡薄，婚姻的离心力也就更大，两人在日常生活中有可能出现的摩擦碰撞，价值观念、交流方式的不同，使得原本脆弱的感情基础变得更加脆弱，很有可能导致婚外恋现象。如果两人能及时调整，提高婚姻生活质量，便可以继续幸福地生活下去；但如果婚姻触礁，两人也并没有必要耗上一生，不如达成“协议”，好聚好散，各自寻找属于自己

---

① 罗渝川、张进辅：《从20世纪的最后10年看我国青年婚恋观的变迁》，《陕西师范大学学报》2001年第4期。

② 储兆瑞：《当今离婚新动向》，《社会》1994年第2期。

③ 李银河：《对北京市部分离婚者的调查》，《社会学研究》1991年第5期。

④ 指夫妻间不是以爱情为联结纽带，而是以金钱、地位关系、旧的婚姻道德观念以及其他的关系和双方的责任和义务为联结纽带的婚姻。

⑤ 指夫妻之间以爱情为联结纽带，共同的爱好，相互理解和支持，相互的爱慕和吸引力是这种婚姻存续的支撑点。这种婚姻是人们所向往和追求的高质量婚姻。

⑥ 张绳祖：《关于离婚率上升的原因及其评价》，《中国政法大学学报》1990年第2期。

的幸福。正如恩格斯所说：“如果感情确实已经消失，或者已经被新的、热烈的爱情所排挤，那就会使离婚无论对双方或对于社会都成为幸事。”① 这体现了婚姻的真正价值，也是人性的真正解放。

（四）日趋理性的性观念

“性”，自中华人民共和国成立至改革开放前，一直难登大雅之堂，人们遇到相关话题时总是欲说又止。性一直蒙着神秘的面纱，影影绰绰地让人看不清面目。直至改革开放后，蕴含着大量性文化的西方文化传入中国，在这种开放的性文化的冲击下，人们开始直视“性”这个敏感话题，并逐渐形成理性的性观念。

1. 传统的性神秘观念

性观念是人们对性的一种态度、看法和评价，是青年婚恋观的又一个具体体现。② 在中国封建社会中，人们谈“性”色变，认为“性”是肮脏、难以启齿的，它的存在只能用来繁衍后代。传统文化中系统的性教育也不多见。1988 年，某中学组织学生观看外国生理科教片《生命的奇迹》。当影片展示男女生殖器结构与功能时，大部分女生显得手足无措，纷纷低下头去。少顷，两位女学生起身离去，紧接着，几乎所有在场的女生都离席而去。不仅如此，医学专家估计，在中国大约有 5000 万人患性生理和性心理疾病。性愚昧几乎是中国人的一大隐痛。③

除了对性知识了解的缺失，人们在两性交往中也十分保守。在一些人眼中，甚至连跳舞这样的活动都被看作是行为放荡的青年才做的事情。1985 年的《中国青年》报道：东北某市书记的妻子，一个身为共产党员的大学毕业生，在发现丈夫同女青年跳过三次集

---

① 《马克思恩格斯选集》（第四卷），人民出版社 1972 年版，第 79 页。

② 赵文芳：《新中国成立 60 年以来青年婚恋观的发展变迁》，《长江师范学院学报》2010 年 5 月。

③ 刘照如：《青年界：走笔中国性文明》，《山东青少年研究》1993 年第 2 期。

体舞后，竟因此“刚烈”地上吊身亡。[①] 除此之外，人们在公共场合拥抱、接吻会被人指指点点；未婚同居也被人认为是一种有伤风化的行为；未婚先孕的少女做人流一定要遮遮掩掩；去医院做人流手术一般要有组织证明，否则就会被人看不起……这些都显示了在中国传统观念中，性具有不可公开的神秘性，性行为和两性交往都不应该在公共场合和公共视野里，人们的性本能受到了摧残和压抑。

2. 从性神秘到性开放

随着改革开放后西方文化涌入中国，特别是到了90年代，青年们的性观念发生了很大的变化，由原本的讳莫如深转向正视和开放。[②] 主要表现在，对贞操观、婚前性行为、婚外性行为、夫妻性行为、性本身等的看法出现了明显的变化。[③]

（1）贞操观念的变革

贞操观念是传统性观念中非常重要的一部分，但随着人们性观念的解放，婚前性行为的增多，原本固守的贞操观念也发生了变化。在1990年6—7月，家庭杂志社家庭研究中心通过对全国“性文明”调查网络中941人的调查，发现传统的贞操观已经有一定的动摇，在问到“贞操主要指女性一方”时，有76.5%的人表示不同意；34.8%的人认为“贞操在婚姻关系上变得不那么重要了”，53%的人不赞同这一说法。1998年在一项关于“武汉市市民婚姻质量相关因素分析”的调查中，就有关“贞操”的问题对1000名调查对象进行抽样问卷调查发现，人们对自己的婚恋对象曾有过“失身”的行为普遍表示“理解”、“不追究”。其中，42.7%的人表示“可以原谅”，还有33.52%人表示：“虽在感情上不能接受，但既往不咎。”在调查对象中绝大多数人认为：从两人相爱开始在性行为方面相互守住贞操就行了，对于对方过去曾

① 罗渝川、张进辅：《从20世纪最后10年看我国青年婚恋观的变迁》，《陕西师范大学学报》2001年第4期。

② 邝海春：《当代青年婚姻与性价值观的嬗变》，《青年探索》1992年第5期。

③ 郑晨：《性观念对当代中国婚姻家庭的影响》，《社会》1991年第9期。

有过的“过失”行为，可以既往不咎。① 尽管在贞操的重要性上有些异议，但大多人还是承认“提倡节操有利于婚姻家庭的稳定”。② 从数据统计中可以看出，原本固有的贞操观念在90年代发生了动摇，有些人可以接受自己的妻子并非处女，再婚也不是不可逾越的鸿沟。但由于传统观念根深蒂固，一些人还是很在意女方的贞操，认为这是婚姻和谐美满的重要因素，甚至在征婚广告中特别强调这一点。

（2）婚前性观念的变革

90年代的青年男女对婚前性行为也能够宽容对待。根据1998年中国青少年研究中心与中国青少年发展基金会的调查结果显示，中国青年对婚前性行为的开放程度增强，认为“婚前性行为不道德”的比例仅占32.5%。③ 中国计划生育协会的调查显示：“83.88%的人认为婚前性行为是可以理解的，只有8.44%的人认为应禁止。”④ 由于两性交往的开放性不断提高，90年代的青年男女在公共场合接吻、拥抱已经成为司空见惯的现象，未婚同居也成为青年男女尤其是大学生群体中的潮流，城市中“试婚”一族也渐渐形成规模。恋爱、结婚、性行为的传统婚恋观念逐渐被打破，人们的性观念不断开放。未婚先孕也不再是见不得人的事，社会上还出现了“绿色通道”和“少女门诊”⑤，为未婚先孕的少女解决各类问题，显现出人文关怀。

（3）婚外性观念的变革

1990年，在家庭杂志社家庭研究中心发起的全国“性文明”调查中，对广州、深圳、珠海、韶关等7个城市进行了数据统计：

---

① 卞澧：《21世纪中国婚姻追求更幸福》，《工人日报》2000年12月23日第5版。

② 郑晨：《性观念对当代中国婚姻家庭的影响》，《社会》1991年第9期。

③ 罗渝川、张进辅：《从20世纪最后10年看我国青年婚恋观的变迁》，《陕西师范大学学报》2001年第4期。

④ 姜淑清：《90年代城市未婚青年性观念、性行为调查》，《中国人口科学》1997年第2期。

⑤ 赵文芳：《新中国成立60年以来青年婚恋观的发展变迁》，《长江师范学院学报》2010年5月。

在问到“如果一个已婚者和别的异性通奸，配偶应该怎么办”时，有61.3%的人表示应该“耐心劝告”；1.7%的人认为“家丑不可外扬”；“坚决离婚”的人占28.9%。可以看出人们对婚外性行为的宽容度在逐渐提高。但这并不代表人们认可婚外性行为，84.6%的人还是表示“婚外发生性行为将破坏已有的婚姻稳定性”。[①] 在1998年“中国城市青年状况调查”中，在被问及如何看待婚外恋时，有33.9%的青年认为这是“作风问题，应当严加谴责”，但值得注意的是，还有11.8%的人认为“如已向对方提出离婚无可指责”；22.6%的人认为“夫妻关系不好值得同情”。这一数据表明，在90年代的青年中，有三分之一的人不再抽象地对婚外恋进行评价，而是具体问题具体分析。[②] 同时不难发现，目前已有不少青年对婚外性行为不再笼统地表示厌恶，他们要么表示同情，要么将他们的行为合理化。当然大多数人还是将婚内忠诚作为婚姻道德的一个重要部分。

（4）传统性观念的变革

在传统观念中，“性”一直是讳莫如深的话题，甚至夫妻间也耻于谈性，它的价值只在传宗接代上，追求性的乐趣会被看作淫欲邪念。改革开放后，人们不再谈“性”色变，对性观念的认识也逐渐趋于理性。

比如“手淫”，原本在科普文章中普遍认为这种行为十分肮脏，并且有损身体健康，在日常生活中更是很少被提及。但随着性教育的普及，1990年的调查表明，已经有35.2%的人认为这是“很自然的现象”；23.6%的人认为“可以自慰”；17.7%的人认为是“迫不得已而为之”；只有10.5%的人认为这是种“坏行为”。[③] 另据一项

① 吴鲁平：《游离于婚姻之外的性》，《中国青年研究》1999年第3期。

② 罗渝川、张进辅：《从20世纪最后10年看我国青年婚恋观的变迁》，《陕西师范大学学报》2001年第4期。

③ 张景琦：《中国传统社会与现代社会性观念之比较研究》，《法制心理研究》1995年第3期。

城市女性的调查表明，42%的女性不再忌讳谈论性事。[①] 90年代以来，人们已经逐渐认识到，性行为是人性中最基本的组成部分，是人自然而然的生理要求，对性生活提出要求也没什么难以启齿的。

人们对幸福的夫妻生活也有了新的认识，越来越多的人意识到，夫妻生活不仅需要物质生活、精神生活，还需要有和谐的性生活。[②] 人们开始把爱与性的统一看成是美满婚姻的坚实基础。调查表明，有85.6%的夫妻认为过夫妻性生活是“双方感情和生理的需要”，认为只是“妻子应尽的义务”、“双方应尽的义务”以及“生儿育女的需要”的仅占0.8%、2.3%和1.0%。不难看出，绝大多数人把满足感情和生理需要视为夫妻性生活最重要的因素。另外，还有78.7%的女性认同“妻子能主动对丈夫提出过性生活的要求”[③]。夫妻间的性生活和谐程度也成为影响婚姻生活质量的重要因素，据上海某区对离婚案件的统计，因性生活不和谐而导致离婚的人数约占离婚案件总数的25%，而在对已经离婚和正在办理离婚手续的夫妻的调查中，有40%的夫妻在提出离婚时提到了“夫妻性生活不和谐”这个理由。[④] 同时中国妇女已经逐步从传统封建的性伦理观念中挣脱出来，开始勇于追求自己的婚姻幸福，这是“思想变迁中女性主体意识的觉醒，最具个体色彩和自我感受的性意识的迅速复苏。”[⑤] 综上，90年代，中国传统的性观念的确发生了突出的变化。

小结

20世纪90年代，在改革开放和市场经济的影响下，中国的婚姻伦理已经在很大程度上背离了传统的婚姻伦理和价值观念，原本

---

① 王国敏：《20世纪的中国妇女》，四川大学出版社2000年版，第316页。

② 徐安琪、叶文振：《性生活满意度：中国人的自我评价及其影响因素》，《社会学研究》1999年第3期。

③ 王国敏：《20世纪的中国妇女》，四川大学出版社2000年版，第316页。

④ 张绳祖：《关于离婚率上升的原因及其评价》，《政法论坛》1990年第2期。

⑤ 陈慧：《从建国以来女性婚姻家庭观念的变迁看女性意识的嬗变》，《内江师范学院学报》2009年第11期。

保守、封闭、压抑自我、忽视个人需求的特征被逐渐打破，并朝着务实、开放、注重个人生活质量的方向演变，渐次显现出自我主义和自由主义的特点。具体表现为择偶意识的自主化与多元化，婚姻观念的务实与理性，对离婚、婚外恋等婚姻问题的宽容与理解，性观念的开放，等等。

作为90年代的年青一代，不论是城市青年还是农村青年，市场经济和改革开放增强了他们的自由性和独立性，外来文化的涌入开阔了他们的视野。他们在婚恋生活中，更在意的是作为婚恋当事人的自我感受，追求如何才能使生活更加幸福，而外在的社会舆论和政治影响对婚恋行为的干扰却越来越弱。这种婚姻伦理的演变与整个社会的多元化发展密不可分，也对人们的婚恋行为产生了影响。在这种注重自我发展的婚姻伦理的影响下，人们积极尝试各种婚恋方式来提高婚姻生活的幸福感和满意度，于是也就出现了各具特色的婚姻生活新事象。不管人们的婚姻生活质量在婚姻伦理的影响下是有所提升还是下降，这种婚姻伦理的突破与变革，是整个社会变迁的缩影，也是婚姻文化进步的先声。

三　婚姻伦理与婚姻生活质量的关系

20世纪80年代新《婚姻法》颁布后，中国兴起了离婚热潮。这股热潮到了90年代，不但没有减弱，反而愈演愈烈。“1986年，全国离婚人数才突破50万对；1989年，迅速上升到75.3万对；到了1995年，则已经突破百万大关。”[①] 婚姻稳定性的下降引起了人们的担心，对于以往将“从一而终”作为婚姻理想的中国人来说，大规模的离婚现象很可能引发一系列社会道德问题。

人们开始关注衡量婚姻稳定性的重要指标：婚姻生活质量[②]。社会学家相信，“婚姻质量和稳定性之间存在着正相关关系，即婚

① 刘崇顺：《爱情与婚姻质量》，《社会》1999年第3期。

② 婚姻生活质量是指夫妻的情感生活、物质生活、余暇生活、性生活等在某一时期的综合状况以及对婚姻生活的感受。

姻质量越高，婚姻的稳定性越好”[①]。婚姻生活质量的高低最终落到了已婚者对自身的感受和评价上，这种感受和评价自然要受到不同时代的婚姻伦理观念的影响。同时，追求婚姻生活的质量也进一步引导着婚姻伦理的变迁。

（一）婚姻幸福的“标尺”

婚姻生活质量非常注重人们对自身婚姻生活的感受，其高低主要通过已婚者对婚姻生活的满意度和幸福感表现出来。“高质量的婚姻表现为当事人对配偶及其相互关系的高满意度，具有充分的感情和性的交流，夫妻冲突少及无离异意向。”[②]

然而，就像“一千个人心中有一千个哈姆雷特”一样，不同的人由于生活环境、个人经历和价值观的不同，所以对幸福的理解也是不同的。有些人在婚姻生活中希望能得到物质生活的满足，有情感最好，没有也并不重要；有些人则不介意生活条件差一些，但在婚姻生活中要有高质量的情感生活；还有些人的幸福要求比较高，既要有优越的物质生活条件，还得有相爱的伴侣……很难有“放之四海而皆准”的统一标准。

尽管如此，在同一地域、政治、文化环境中生活的人们在认识上总会有共性。幸福的婚姻也有着公认的构成要素和表现，在通过对大量夫妻的调查研究后，就会发现一些衡量大众婚姻生活水平的“标杆”。这些“标杆”并非绝对，但也能够反映出大部分夫妻对婚姻生活的认识，让我们了解一下哪些因素更容易让夫妻感到幸福，让夫妻之间相处得更为融洽。这些“标杆”也许就是夫妻通向幸福大门的“金钥匙”。

1. 爱情、理解与责任感

由于人们生活的体验和观念的演变，中国人对婚姻和感情的认

---

① 徐安琪、叶文振：《婚姻质量：婚姻稳定性的主要预测指标》，《上海社会科学院学术季刊》2002 年第 4 期。

② 徐安琪：《婚姻质量：度量指标及其影响因素》，《中国社会科学》1998 年第 1 期。

识逐渐发生了变化，认为爱情才是婚姻的基础。很多夫妻在步入婚姻殿堂前都怀着美好的憧憬，希望彼此的爱情能在婚姻中延续下去。但经过课题“中国社会转型期的婚姻质量”，对上海地区800对夫妻的研究资料发现，在这800对夫妻中，有93.2%的人都是通过自己做主的自由恋爱，以爱情为基础组成的婚姻关系。这些自由恋爱和自主选择的婚姻，在经历了一段时间的生活后，夫妻间的感情反而呈现出很大的差别。

表3.1　　夫妻对婚前感情的评价（1）

爱情程度	爱到极点	彼此相爱	相处和睦	出于无奈	毫无感情
%	2.1	34.2	61.0	1.0	1.4

表3.2　　婚后夫妻感情程度调查（2）

爱情程度	很深	较深	一般	淡漠	破裂
%	22.5	48.6	27.3	1.6	0.1

数据来源：徐安琪主持的“中国社会转型期的婚姻质量”课题研究，数据收录于《世纪之交的中国人的爱情和婚姻》一书，中国社会科学出版社1997年版。

通过这两个表格可以发现，有60%的情侣婚前感情比较融洽，而“爱到极点”、“出于无奈”和“毫无感情”的人所占的比例比较小；而到了婚后，有将近三分之一的夫妻在感情上有了不同程度的加深，尤其是感情“很深”和“较深”的群体，同时也有一些夫妻的感情逐渐变淡，甚至有了破裂的现象。这说明除了爱情之外，在婚姻生活中，还有其他复杂的因素在影响着夫妻的感情生活。

为了了解婚姻中其他的影响因素，研究者进行了进一步的调查，结果如下：

表 3.3　　结婚多年的夫妻所重视的择偶条件（1）

条件	职业		学历		性格脾气		生活习惯		兴趣爱好	
回答者	夫	妻	夫	妻	夫	妻	夫	妻	夫	妻
%	35.2	42.1	26.2	35.4	52.0	53.9	24.7	24.1	19.9	18.3

表 3.4　　结婚多年的夫妻所重视的择偶条件（2）

条件	理想志向		气质修养		健康		收入		温柔体贴	
回答者	夫	妻	夫	妻	夫	妻	夫	妻	夫	妻
%	9.7	12.8	17.8	12.9	64.9	65.8	56.4	30.3	28.7	51.6

表 3.5　　结婚多年的夫妻所重视的择偶条件（3）

条件	住房		老实可靠		聪明能干		成熟负责任	
回答者	夫	妻	夫	妻	夫	妻	夫	妻
%	28.7	51.6	38.3	40.8	19.5	20.3	9.5	19.8

通过调查发现，在结婚多年的夫妻所重视的择偶条件中，“健康”、“收入”、“性格脾气”、“职业”、“老实可靠”等受到较高重视，还有“住房”一项，女性对此比较重视，与男性拉开了较大距离；“温柔体贴”、“学历”、“兴趣爱好”“生活习惯”等占其次；“理想志向”、“成熟负责任”两项并不十分被看重。

从这些数据来看，经过长时间的婚姻生活的夫妻，其看重的条件还是比较务实的。身体健康是保障婚姻能长时间持续的前提和保障，同时也是承担一切婚姻生活责任的前提条件，如果配偶体弱多病，即使心有余也会力不足，无法承担相应的职责；职业和收入则能维持家庭生活的正常运转，甚至是享受更好的物质生活，对女性来说，丈夫拥有住房也为自己的婚姻生活提供了保障，对物质生活水平仍然相对偏低的中国家庭来说，这反映了夫妻期待共同创造美好生活的愿望；而“老实可靠”则是“责任心”的同义词，它给予了两人共同生活的安全感。这些条件要比抽象的“理想志向”、

“成熟负责任”所占的比例更大，但实际上却是“志向”和“负责任”的具体表现。与言语上的“理想”相比，人们更愿意接受现实生活中看得见、摸得着的具体条件。婚姻生活中的伴侣拥有这些条件，夫妻才会更有安全感和向心力，所以笔者将这些条件归纳为婚姻生活中的“责任”。

婚姻中的责任感是指夫妻在共同生活中具体承担的物质生活条件和劳作上的活动。① 爱情的甜蜜和理解的温馨确实能增加婚姻生活的情趣，但却不能代替生活中的各种物质条件和劳作活动。如果没有对家庭的责任感，那么家务劳动便无人来做，亲子教育会相互推卸，生活资料也会十分匮乏，这样再美好的爱情和正确的思想，也会在一片杂乱无章和相互争执中消耗殆尽。

高度的“责任感”是婚姻幸福的重要保障。在笔者的访谈中，有位李女士，她与丈夫于 1993 年结婚，两人婚后感情很好，生活得也很幸福。1999 年，李女士的公公因车祸导致下肢瘫痪，一切生活起居都需要他人帮助，于是丈夫把大量的时间和精力都投放在照顾父亲上，而家中的事情都落到了妻子身上。直到八年后老人离世，两人才回归正常的家庭生活。李女士回想起当年经历的事情，感慨万千：“当时家里所有事情都由我担着，洗衣做饭，买菜打扫。那时候孩子还小，上学还要接送。一天从早忙到晚，也不知道什么时候是个头。他偶尔回趟家，两个人因为累还总聊不到一块儿。我对他也有怨气，心里有股无名火，说不到两句就吵起来了。要不是为了孩子，我早就跟他离婚了，这种日子过着有什么意思……”② 可以看出，两人的婚姻满意度因特殊原因降至谷底，甚至产生了离婚的念头。李女士的丈夫为尽到“儿子”的责任，而忽视了对家庭的责任，两人也因此而沟通不畅。即使两人婚姻前期的感情基础较好，但也难以抵挡生活带来的压力和劳累，无法感受到婚姻生活的幸福。直到丈夫重新回归家庭，李女士又重新感受到丈夫带来的温

---

① 上官子木：《婚姻中的交换关系》，《妇女研究论丛》1998 年第 3 期。

② 张浩墨于 2015 年 8 月 10 日 9 时口述访谈，未刊稿。

暖："跟以前比，现在已经很知足了，一家三口可以一起逛街，感觉家里又有了顶梁柱。"①

"性格脾气"、"温柔体贴"、"学历"、"兴趣爱好"等条件被看重的比例紧随其后，说明在婚姻生活中，除了要有基本的物质条件和责任感之外，夫妻两人在生活中还要"合拍"。所谓"合拍"，笔者将其理解为伴侣之间的相互理解、相互配合。在这些条件中，"性格脾气"占的比例最高，说明两人不一定都要有好的性格和脾气，但一定要气味相投，在性格和脾气上有互补的地方，婚姻生活才能更加幸福；"温柔体贴"可以用"善解人意"来代替，如果夫妻间能有更多的理解和体贴，自然会减少很多争吵和烦恼；而"兴趣爱好"和"学历"、"生活习惯"上的相似性也能让两人更好地相互理解和沟通；"气质修养"从某种程度上也可以从"学历"中体现出来。这些概括起来，可以算作经历长期婚姻生活的夫妻对"理解"要素的重视。

夫妻间的"理解"是指两人相互配合，促进双方的共同发展。纳尔逊·富特认为："婚姻是一个人和另一个之间最有利于对方充分发展的一种关系。"② 这种关系确实需要两人在理解的基础上相互配合。家庭是社会的细胞，婚姻是其中的一部分，要想使其有更好的发展，就需要将它投入社会中去。夫妻两人发展事业、追求理想、处理人际关系，每一项都并非易事。当一方在社会中受到打击或遇上困难时，伴侣的理解、支持和合作才是解决问题的有效途径。也只有在这种配合下，婚姻双方才能更好地应对社会中的一切艰难险阻，处理好各类生活困难。可以说，夫妻间的"理解"是婚姻和谐乃至两人感情升华的催化剂。

有位上海市黄浦区档案馆的副馆长，他与妻子相识时，妻子完全不懂档案管理，认为只是整理资料而已，对他投身于工作并不理解，因此总是引起夫妻间的争吵。有一次，妻子向他泼冷水，说：

---

① 张浩墨于2015年8月10日9时口述访谈，未刊稿。

② ［美］戴维·波普诺：《社会学》，李强等译，中国人民大学出版社2007年版，第206页。

"算了吧，我看你也干不出什么名堂来，你能干出名堂来，生了孩子我来领，家务事我全承包。"听了这些话，反而刺激他更加为自己鼓劲。经过两年的努力，他的工作得到了上海市档案局的肯定，他还作为区代表参加了全市的城乡建档工作经验交流会。当他把这一情况告诉妻子时，妻子虽然口中说着"有什么了不起"，脸上却露出了微笑，表明对他工作的肯定。自此之后，他更加全身心地扑在工作上，取得了更多的成果。而这一切都离不开妻子对他的激励与支持，每次他回到家里，妻子都会端上热菜、热饭，还负责儿子上、下学的接送，两人都占用写字台时，妻子也会主动让给丈夫……两人的感情也越来越好，还能一起讨论关于档案管理的事情，妻子有时也能提出一些好的建议，这让他时常感叹："妻子为我付出了很多，我为能有这样一位妻子而感到高兴。"[①] 材料中的主人公与妻子之间从开始的相互不理解和摩擦转变为后来的关系融洽，少不了两人的共同努力。其中最重要的，就是对彼此的理解和支持，虽然两人的工作都很繁忙，但能理解、尊重对方，照顾到对方的感受，最终让家庭变得更加融洽和幸福。

"爱情"、"理解"和"责任感"构成了幸福婚姻生活的"金三角"。恩格斯曾表达过自己对爱情和婚姻的看法："如果说只有以爱情为基础的婚姻才是合乎道德的，那么也只有继续保持爱情的婚姻才合乎道德。"[②] 笔者则认为，婚姻确实需要以爱情为基础，夫妻在婚后生活中也应该继续拥有爱情，但爱情并不是婚姻的全部。

其实高质量的爱情原本就应该包含理解和责任感，但恋爱中的人们最开始总会沉浸在爱情的浪漫之中，却对对方深层次的理解和对未来发展的责任感感受不足。然而，婚姻从来不是两个人的事情，它是最基本的社会关系和社会活动。[③] 它不仅需要夫妻之间有

① 胡远杰：《我的事业与婚姻家庭》，《上海档案工作》1992 年第 3 期。

② 《马克思恩格斯选集》（第四卷），人民出版社 1972 年版，第 78 页。

③ 潘允康：《婚姻质量的社会观》，《社会》1998 年第 2 期。

情感交流，还需要相互配合来进行社会协调。[①] 内心的情感融洽可以通过爱情来调节，但社会协调则需要强大的社会生存能力和正确的方法论来指导，也就是两人高度的责任感和思想上的理解和配合。很多夫妻在步入婚姻，激情逐渐褪去后，开始考虑到两人相互支持时，才更加注重对伴侣的理解和责任。而此时如果有人不堪生活重负，爱情的火苗就有可能逐渐减弱甚至熄灭，也就会出现夫妻关系破裂的现象。

《江海侨生》在介绍90年代都市离婚新趋向时，提到了一对这样的夫妻：张开和徐静两人在恋爱期间感情非常好，婚后生活也十分幸福，但随着孩子的呱呱坠地，两人的婚姻生活开始起了波澜。徐静认为，家庭中有了孩子，就应该将所有的感情都倾注到孩子身上，而初为人父的张开面对洗不完的尿布和做不尽的家务，逐渐显露出一种疲惫感。更重要的是，妻子离他日渐疏远，“我经常被冷落在一边，无人问候。在她眼中，我似乎还不如儿子的玩具……”虽然两人对此进行了交流和沟通，徐静也表示理解，却并不改变自己的行为。张开也渐渐变得对妻子时常怒目相视，矛盾接连发生，爱情在争吵中出现裂痕，家庭在争吵中走向瓦解，最终两人决定协议离婚。[②] 婚后夫妻不仅是情感上的爱人，还是生活中的伴侣，如果有人忽视了对另一方的关心和理解，就会影响两人的关系，最终走向令人叹惜的结局。

爱情、理解和责任感作为幸福婚姻的三要素，缺一不可。如果一段关系中只有理解和责任感，那么关系中的双方有可能是朋友、合作者甚至是知己。只有加入了爱情，才能变成婚姻，否则关系中就会缺少激情，理解和责任感也会随着时间逐渐减弱；如果只有爱情和理解，但缺乏责任感，那么这段关系的双方有可能是情人关系，又或者是容易出现婚外恋现象的夫妻，婚姻的稳定性令人堪忧；而婚姻关系中如果只有爱情和责任心，缺乏对对方的理解和配

---

① 夏国美：《论变迁社会中婚姻幸福的三要素》，《上海社会科学院学术季刊》1998年第2期。

② 刘薇：《都市离婚新趋向：浪漫分手》，《江海侨声》1995年第1期。

合的话，爱情也会随着时间的流逝而消失。因缺乏理解而失去转化为亲情的机会，而责任感又迫使两人维持表面上的婚姻关系，自然会造成低质量的婚姻生活。只有爱情、理解和责任感同时存在，才是幸福婚姻的理想状态。

2. 影响婚姻生活质量的具体要素

虽然从理论上讲，幸福的婚姻需要爱情、理解和责任感的相互配合，但现实中的婚姻毕竟是一对对不同男女组成的夫妻关系，这种组合方式自然也是千变万化，而并非固定单一的。这三种要素在不同的婚姻中发展成不同的样式，有些搭配合理，婚姻幸福美满，有些则比例失调，婚姻走向破裂。所以我们还要关注现实婚姻生活中，有哪些具体要素影响着婚姻生活的质量。

社会学对中国人的婚姻生活质量已经有了深入、全面的研究，尤其是在90年代，曾做了大量的婚姻调查研究。笔者通过对相关社会学资料的整理，发现主要有以下几个方面影响着人们的婚姻生活质量。

（1）夫妻婚前感情基础

徐安琪在“中国转型期的婚姻质量”课题调查中发现，婚前因素中“对未婚夫（妻）缺点的了解”对婚姻质量的影响最大，结婚时双方的感情深度无疑具有基石作用。① 婚前两人通过不同的择偶方式确立了恋爱关系，如果感情基础好的话，就会为婚后的浪漫生活奠定基础。调查还发现，在恋爱期间富有浪漫色彩的夫妻，在婚后往往容易创造生活中的浪漫气氛，使生活充满情调。而且对于结婚时间较长的夫妻来说，随着年龄的增长，浪漫的感情无疑是平淡生活中的调味剂，会使他们更加珍惜这种感情，增加了他们对婚姻生活和伴侣的满意度。②

婚前的感情基础除了能为婚后生活带来浪漫色彩之外，还能增加夫妻之间的交流，让彼此之间的了解更加深入。尽管热恋中的情

① 徐安琪：《婚姻质量：度量指标及其影响因素》，《中国社会科学》1998年第1期。

② 郑晨：《试论浪漫爱情对婚姻质量的影响》，《浙江学刊》1998年第3期。

侣在交往时往往容易“情人眼里出西施”，也常掩饰自己的不利条件和缺陷。但长时间的相处能让人自然放松，在逐渐了解配偶的真实人格和性情后，应该尽量减少婚后生活中遇到的冲突和摩擦，增进彼此之间的理解和配合，这样即使在物质生活上有所不足，也不会影响夫妻双方对婚姻的满意度。① 很多接受访谈的对象都提到过，自己选择与现在的伴侣结婚是出于感情，如果按照物质条件来选择的话，完全可以找到物质条件更好的，而感情却不是谁都可以替代的，并表示对于自己的婚姻生活感到很幸福。② 可见，良好的婚前感情基础，有益于婚姻生活的质量。

在1991年关于北京的婚姻与家庭的调查中发现，自己相识而结合的家庭会更美满。因为这样的情侣在婚前交往密切，彼此之间的感情更深。与自己相识的伴侣结婚时有近80%的人是全心相爱的，比经人介绍的高出16.5个百分点，而且自己相识的伴侣在婚前的感情基础要比经人介绍的好一些。同时，在婚后生活中，对目前婚姻“非常满意”的约占50%，其中自己相识而结婚的择偶者所占的比例更高一些。③ 这说明了婚前感情基础对婚姻生活质量的影响。

另外，婚前了解有限或感情基础不深的夫妻，也并非婚后就一定过得不幸福，如果对婚姻的期待值比较低，那么婚后在日常生活中也是比较容易满足的。与城市夫妻相比，农村的青年男女在婚前的相处机会比较少，感情基础比较弱，在传统价值观念“嫁鸡随鸡、嫁狗随狗”的影响下，婚后也不会有太多的情感追求，夫妻相处平安无事也就达到两人的期待值了。④ 总的来说，感情基础好、婚后生活并非一帆风顺的婚姻在应对困难时的抗压性要远高于感情一般的婚姻。对于城市夫妻而言，在各种社会因素快速变动的环境

① 郑晨：《试论浪漫爱情对婚姻质量的影响》，《浙江学刊》1998年第3期。

② 张浩墨于2015年8月12日访谈，未刊稿。

③ 崔凤垣：《北京市已婚女性人口的婚姻与择偶》，《人口与经济》1994年第3期。

④ 郑晨：《源于低值期望的满足感：华南农村居民婚姻满意度调查》，《中山大学学报论丛》1997年第6期。

中生存，面临的各种压力更大，那么婚前的感情基础在抵御困难方面会起到更大的作用。[①]

（2）物质生活满意度

俗话说“贫贱夫妻百事哀”，婚姻不同于恋爱时的风花雪月，婚后的日常生活、抚养教育子女、人际交往等各项活动都需要经济开支。大量研究表明，如果家庭因为收入较低、住房简陋、出行代步工具不方便等，给生活带来了困难时，对夫妻双方来说是一种慢性压力。他们每天都需要小心翼翼地应对生活上的收支平衡，日积月累，就会产生沮丧、不满和抑郁的情绪。[②] 家庭经济困难会导致夫妻对于钱财管理和使用的冲突，引发夫妻愤怒、情绪爆发以及夫妻冲突的行为。[③] 这些消极的互动内容（如互相批评、指责、缺乏彼此关注和退缩）和消极的情感表达（如生气和威胁性的身体姿势）自然会影响到夫妻关系的和谐[④]，进而增加离婚的风险。

尽管90年代以来，已婚女性进入劳动力市场的比例越来越高，但传统社会中仍然认为家庭经济状况与丈夫的养家角色密切相关。如果家庭收入较低，那么妻子极有可能认为丈夫没有完成他应承担的工具性职能，容易产生对整个婚姻关系的失望和不信任，认为自己做了错误的决定，不应该嫁给这样的男人，进而影响妻子的婚姻幸福。[⑤] 家庭的物质生活条件对妻子的婚姻满意度的影响尤为明显。[⑥] 同时，丈夫也会在这种情况下丧失作为一家之主的自信。

1994年6月28日，江苏省高级人民法院作出终审裁定，依法

---

① 刘崇顺：《爱情与婚姻质量》，《社会》1999年第3期。

② 张会平：《家庭收入对女性婚姻幸福感的影响：夫妻积极情感表达的中介作用》，《中国临床心理学杂志》2013年第2期。

③ 张会平、聂晶、曾杰雯：《城市家庭管钱方式的特点及其对女性婚姻质量的影响》，《中国临床心理学杂志》2012年第2期。

④ 张锦涛：《夫妻对沟通模式感知差异与双方婚姻质量的关系》，《中国临床心理学杂志》2011年第3期。

⑤ 张会平：《家庭收入对女性婚姻幸福感的影响：夫妻积极情感表达的中介作用》，《中国临床心理学杂志》2013年第2期。

⑥ 童杰辉、张慧：《社会经济地位对婚姻关系的影响》，《广西社会科学》2015年第9期。

核准杀死妻子的罗龙死刑，缓刑两年执行。35 岁的罗龙，是一名老实本分、勤劳朴实的普通工人，由于不能满足妻子日益强烈的虚荣心，最终走向绝路。在罗龙与妻子陈雪婷相识之初，两人的感情也十分热烈。婚后他对妻子和女儿也是体贴入微，生活过得十分幸福。但 90 年代的商品经济大潮冲击着无数的中国家庭，罗龙所在的工厂工资不高，家里每个月用钱都十分紧张，好在没有大的生活开支，日子也还过得去。但随着厂里兴起了跳舞热，陈雪婷参与后，回家总是唠叨家里穷，埋怨丈夫不像别人那样“下海”做生意。于是她又跟自己的初恋情人王如刚发生了婚外恋。王如刚赶上改革开放的大潮，通过做生意迅速发家致富，提供给了陈雪婷想要的一切。陈雪婷最初内心有些许挣扎，但想到“自己需要有钱的男人，没有人再看不起她，王如刚的经济地位，一掷千金的潇洒气派都是丈夫没有的。丈夫能带给她金灿灿的戒指，在她包里塞上一叠厚厚的零用钱吗？能让她领略到被人恭维和忌妒的虚荣吗？”于是陈雪婷最终投入了王如刚的怀抱，向罗龙提出了离婚。罗龙一直深爱着妻子，希望家庭能一直美满下去，经过多次苦求无果后，罗龙想到了死。他在杀死妻子后，正要准备自杀时，被群众扭送到了公安局，最终被判处死刑。[①] 这个案例也许有些极端，陈雪婷的拜金主义思想也并非所有人都有，但若家庭的物质生活水平没有达到家庭成员的要求，确实会影响夫妻间的感情和婚姻生活的质量。

其实，对物质生活条件感到不满意不仅增加了夫妻双方的痛苦，而且也容易减少彼此之间的亲密和交流。夫妻间的沟通和信任逐渐减弱，婚姻生活质量也会随之不断下降。而较好的物质生活水平则给了婚姻生活较好的物质基础，夫妻间不会为了挣取生活费用消耗更多的时间和精力，能更好地利用家庭的闲暇时间去增进夫妻感情，从而提高婚姻生活质量。

（3）婚后夫妻权力结构和互动方式

夫妻权力结构是指在婚姻生活中的地位关系和掌握的权力（使

---

① 王明新：《发人深省的家庭悲剧》，《大家健康》1994 年第 10 期。

用金钱、家务劳动、家庭重大事务决定权等）的分配方式。[①] 在中国传统社会中，婚姻以等级为前提，丈夫对妻子的统治由性别决定并被法律和伦理所保护。妻子没有养家糊口的能力，只能听命于丈夫，丈夫对妻子有支配、监护和休弃的权力。[②] 男尊女卑是传统婚姻中夫妻地位关系的真实写照，丈夫掌握着所有家庭事务的权力。在这种家庭权力结构之下，夫妻相处的理想状态就是“举案齐眉”“相敬如宾”，但“举案齐眉”的故事中只要求妻子向丈夫表示尊敬，却不需要丈夫平等地对待妻子。也就是说，夫妻之间不需要太多的情感交流，只要妻子尊重、顺从丈夫，就符合传统的夫妻之道。

当今社会夫妻之间的地位和权力已经发生了改变，城市夫妻关系的变化尤显突出。女性的地位开始上升，出现了“平权家庭”和“女权家庭”。当然，传统的“男权家庭”依然存在。通过调查发现，在三种家庭类型中，“平权家庭”中的婚姻满意度相对是最高的。[③]

在平权家庭中，丈夫和妻子在处理家务劳动、家庭重大决策和理财等事务上拥有相对平等的权利，而不是妻子或丈夫服从于另一方。平权型夫妻由于都需要为家庭贡献自己的力量，同时也要共同承担相应的责任，所以双方在心理上会更加注重交流和沟通，能够认识到自己和对方的重要性，遇到问题也能相互迁就。这种心理上的依赖和精神上的寄托是婚姻幸福、稳固的基础。[④] 即使在行使权力时出现摩擦，两人也可以通过协商、沟通的方式来表达自己对家庭发展的愿望和意见。比如在家务劳动的问题上，由于传统的家务

---

① 陈佳鞠：《夫妻权力结构对婚姻满意度的影响》，《内蒙古大学学报》2015 年第 4 期。

② 徐安琪：《夫妻伙伴关系：中国城乡的异同及其原因》，《中国人口科学》1998 年第 4 期。

③ 张永：《当代中国妇女家庭地位的现实与评估》，《妇女研究论丛》1994 年第 2 期。

④ 徐安琪：《夫妻权力和妇女家庭地位的评价指标：反思与检讨》，《社会学研究》2005 年第 4 期。

分配方式，妻子总是要承担更多甚至是所有的家务劳动，但随着女性走向社会并参与社会劳动，双重压力下的妻子容易对伴侣产生不满情绪，婚姻满意度也会随之下降。但平权型家庭中的丈夫就可以体谅妻子的辛苦，自觉承担一些家务劳动，妻子自然也会心存感激，在减轻家务劳作的基础上促进夫妻两人的感情，提升婚姻满意度。这种相互尊重、平等的夫妻权力结构更能营造出令人满意的婚姻生活。

男权型或女权型家庭的婚姻满意度并非就一定不高，只是可能其中一方满意度较高，另一方的满意度相差较大。由于丈夫或妻子在家中的地位占据优势，家中大权自然也一人独揽。在这种情况下，另一方自然会产生自卑、不满、低落甚至是伤心的情绪，婚姻满意度也自然就会下降。男权型家庭的婚姻满意度相差比较小一些，因为在传统婚姻观念中，女性就是要依附男性，家中由男主人做主，女性在心理上并不是难以接受。而在女权型家庭中，丈夫除了要服从妻子之外，还要承受违背传统观念和外界的非议，这对于他们来说是双重压力，对妻子原本的感情也会在这种消极的情绪中逐渐消失，自然影响婚姻满意度。

除了婚后的夫妻权力结构之外，双方的交流程度也影响着婚姻生活质量。在研究调查中发现，夫妇双方的交流程度越高，其婚姻的满意度就越高。[①] 家庭本来就具有满足家庭成员基本感情需要的功能，夫妇双方在频繁的交流与互动中能够增进彼此的感情，加深对配偶的理解，降低发生冲突的可能性。

进一步说，通过夫妻间交流程度的加深，夫妻双方能够在心理上得到寄托。增加了对婚姻生活的安全感，也就增加了婚姻当事人的主观幸福感，进而促进了婚姻生活质量的提高。芬彻姆曾经指出，家庭内部交流过少不仅会对已婚夫妇的心理、生理及家庭关系

---

① 曾红：《婚姻沟通模式、主观幸福感及其关系的研究》，《西北师范大学学报》2012 年第 1 期。

造成威胁，同时也会增加当事人产生抑郁的可能性。[①] 若双方在婚内能够进行有效的协商和调节，则有可能发展成亲密关系。[②] 这也解释了，为什么有些夫妻在婚前感情并不深厚，但婚后感情却逐步加深，与两人婚后善于沟通、交流有着直接的关系。此外，交流过少也可能会导致其中一方进入一种不平等的认知状态。约翰·斯塔希·亚当斯的“公平理论”指出，当人们发现自己进入一种不平等的状态时，他们会因此而愤怒。[③] 因此，夫妻在婚姻生活中交流频繁，彼此就会感觉被信任或被尊重，也会感觉到自己在家庭权力模式中拥有公平的地位，就会增加婚姻满意度。相反，夫妻沟通不畅，自然会给两人的感情蒙上一层阴影，从而影响婚姻生活质量。[④]

（4）夫妻的配偶替代意愿

配偶替代意愿是指婚姻当事人对配偶在自身婚姻中被替代的倾向。研究发现，有配偶替代意愿的当事人倾向于对自己的婚姻持消极评价。[⑤] 也就是说，如果一个人在婚姻中觉得自己的伴侣可以被其他人所取代，那么他一定不满意自己的婚姻生活。

从某种程度上来说，人们将婚姻看作是夫妻之间的“价值交换”，通过这种交换来获得自身更好的发展。法贝认为，无论一个人结婚与否，他仍然可以被视为一个潜在的可结婚对象，人们总是在衡量自己当前的婚姻与其他可能的婚姻，想象哪种婚姻对自己更为有利。[⑥] 当有配偶替代意愿的个体，所拥有的个人资本超过配偶时，他会认为当前婚姻无法满足自身利益，也会影响他对婚姻满意度的评价。由于对自己的婚姻有一种收益小于成本的委屈，从而期

---

① 王存同：《中国婚姻满意度水平及影响因素的实证分析》，《妇女研究论丛》2013 年第 1 期。

② 张耀方、方晓义：《城市新婚夫妻求助表达、伴侣支持应对和婚姻满意度的关系》，《中国临床心理学杂志》2011 年第 4 期。

③ 曹晨晨：《牺牲、人格特质与婚姻生活质量的关系研究》，硕士学位论文，河北师范大学，2013 年。

④ 徐汉明：《夫妻难沟通，婚姻需治疗》，《科学大观园》2002 年第 6 期。

⑤ 王存同：《中国婚姻满意度水平及影响因素的实证分析》，《妇女研究论丛》2013 年第 1 期。

⑥ 潘允康：《试论婚姻中的交换价值》，《社会科学战线》1985 年第 4 期。

待能够寻找下一个更加匹配自己的配偶。

在笔者的访谈过程中，在问到是否想过换个对象再结婚时，受访者大多表示在跟伴侣吵架十分激烈时，曾有几次想过离婚，但吵完后冷静下来就不会再有这种想法了，毕竟“一日夫妻百日恩”，抱有这种想法的受访者认为自己的婚姻生活在大部分时间内还是很幸福的。只有个别受访者认为婚姻对他们来说，“只是个合作关系，如果它不能使你的生活有所上升，那就没有必要非得在一起，如果有好的机会，自然也可以重新把握”。这位受访者认为自己的丈夫在领导力上差强人意，不能在事业上有所建树，所以即使两人在婚前感情很好，婚后丈夫也很爱自己，但她仍不能感受到快乐，因为“他不是我心中理想的丈夫”，终于在 6 年后离婚，对她来说是“终于松了一口气”。①

由于两人总是将心思放在婚姻之外，做好了随时“跳槽”的准备，也就失去了对配偶的忠诚和信任，夫妻感情也会进一步淡漠，从而导致婚外恋、离婚等婚姻行为，婚姻生活质量自然不高。

（5）夫妻性生活交流

婚姻生活中非常重要的一部分便是夫妻性生活。虽然在中国传统观念中，不论是对合法的还是非法的性行为，都是耻于提及的。但令人们不能忽视的是，性生活是婚姻生活中不可或缺的一部分，而且夫妻对性生活的满意度直接影响着婚姻生活质量高低。

现代夫妻关系首先是情感伙伴，然后是合法的性伙伴，再然后才是别的关系伙伴。② 情感维系是现代夫妻关系的基础之一，而性生活满意度与夫妻间的情感状况存在着互为因果的关系。性生活虽然仅仅是婚姻生活中一个组成部分，然而它却是婚姻关系的温度计和黏合剂。和谐的性生活会产生对彼此的信任感，这种信任感能促进夫妻间的亲密关系，构成夫妇间推心置腹的相互依赖性。③ 如果

① 张浩墨于 2015 年 7 月 26 日 20 时访谈，未刊稿。

② 房启英：《性生活不和谐会危及婚姻》，《新农村》2000 年第 2 期。

③ 王存同：《中国婚姻满意度水平及影响因素的实证分析》，《妇女研究论丛》2013 年第 1 期。

夫妻的性生活满意度较高，则会使彼此的感情交流进一步深化，从而促进婚姻生活质量的提高。但如果婚姻当事人的性生活需求没有得到满足，就容易引发其他的情感问题，降低婚姻生活质量。经调查发现，在90年代的很多离婚案件中，虽然离婚理由都是“感情破裂”，但很大一部分是由性生活得不到满足而引起的。①

以上是影响婚姻生活质量的几个主要因素。婚姻生活十分复杂，所包含的因素也多种多样，除了上述因素外，夫妻冲突的处理模式、夫妻的同质性②、夫妻资源的分化③等因素也都会影响婚姻生活的质量。

（二）婚姻伦理对婚姻生活质量的影响

引导婚姻行为的婚姻伦理影响着婚姻的生活质量。90年代以来的婚姻伦理逐渐从传统婚姻伦理中解脱出来，并形成了自身的现代化特征。这种新的婚姻伦理不断引发出社会婚姻生活的新现象，诸如“试婚”、“协议离婚”、“旅行婚礼”、“家庭妇男”等新名词层出不穷。人们的婚姻生活质量也随着这些转变发生了不同的变化。

1. 择偶观对婚姻生活质量的影响

90年代以来，中国青年男女的择偶观念更加自主化和多元化，他们希望能够通过不同的方式主动结识自己认同的婚姻伴侣。这打破了传统的婚姻观念，不再以社会的统一标准为标准；以情侣之间的感情作为婚姻基础，自然会对青年男女的婚姻生活质量产生影响。

（1）功利主义择偶观的消极影响

90年代的婚恋无法避免交换原则的渗透，在择偶行为上表现

① 何才俸、侯吉蓉、张宾材：《我国夫妻性关系现状剖析》，《中国社会医学》1994年第6期。

② 指亲戚朋友在婚前对当事人般配的认同以及婚后双方在兴趣爱好、生活习惯、思想观念、性格脾气、消费意向和习惯等方面的一致性程度。

③ 指夫妻的文化程度、经济收入的差距，以及近10年来夫妻在社会地位变化等方面的差距。

出了功利性的特点。此时的青年男女希望能在社会生活中获得较高的地位和较好的生活状态，因此在择偶时，出现了很多用爱情、婚姻来换取物质实惠的现象。这一部分青年男女将对方的家庭背景、财产收入视为主要考虑因素，甚至是决定因素。所以在择偶时就明明白白谈好条件，或腰缠万贯，或有海外关系，或是政府官员，或有博士、硕士学历……[①]这种择偶方式能够使征婚者尽快满足自己对婚姻生活的物质需求。优越的物质生活条件为婚姻生活奠定了良好的经济基础。在此基础上，夫妻婚后的感情若逐步加深，自然能够获得较好的婚姻生活质量。

但若只强调经济条件而轻视精神和心理因素，婚姻则难以幸福。越来越多只追求物质生活的婚姻走向破裂就说明了这一点。"性格不合"、"没有共同语言"、"感情破裂"常常是一些有钱但婚姻不幸福的夫妻挂在嘴边上的说辞。物质的富有要和精神的充盈相匹配，只倾慕金钱的婚姻难以带来高质量的婚姻生活。只有双方的交换价值能够处于相对平衡的状态，这种婚姻才能够维持下去，并让双方感到满意。一旦一方的收益减少或成本增加，付出较多的一方就会对婚姻关系出现不满情绪，婚姻生活质量就会有所下降。而且由于此类婚姻的组成一开始就只注重功利，夫妻间缺乏相应的感情基础，生活中缺少浪漫色彩，一旦出现问题双方就会互相指责，不易和解。婚姻中缺乏爱的支撑与润滑，也容易出现婚外恋以及婚姻破裂的现象，这自然严重影响了人们的婚姻生活质量。

90 年代还有很多女性为了更好的物质生活、改变所处的生活环境，而热衷于涉外婚姻。1979 年，全国各地民政部门准予登记结婚的涉及外国人、海外华侨华人、港澳台同胞的婚姻只有 8460 例[②]，到了 1993 年猛增到 32769 例[③]，15 年间增长了近 4 倍。这种

---

① 于学军：《我国婚姻市场的现状及未来发展趋势》，《青年探索》1993 年第 1 期。

② 中国社科院人口研究所：《中国人口年鉴》，经济管理出版社 1989 年版，第 347 页。

③ 国家统计局人口就业统计司：《中国人口统计年鉴》，中国统计出版社 1994 年版，第 494 页。

婚姻中大部分当事人的宗教信仰、文化传统、价值观念等都存在着巨大的差异，加之相处时间过短，缺乏感情基础，导致婚姻满意度较低，很多婚姻没有维系多久就走向终结①，反映了功利主义择偶观对婚姻生活质量的消极影响。

（2）多元化择偶的两面性

中华人民共和国成立以来，几乎每个年代都有关于择偶的社会舆论导向。在50年代，女性的择偶标准是“一共二干三军人，宁死不跟老农民”②；到了60年代又提出“下定决心，要跟学生；排除万难，不嫁农民；争取胜利，找个书记”③；70年代又成了“跟个学生怕考不上，不如跟个农民睡热炕”④；在80年代，有知识有学历的青年才俊、经济实力雄厚的私营企业老板又成为了热门人选⑤。

90年代的择偶观中一个重要特点是自主化与多元化。此时的青年男女并不介意地域、城乡差别，他们认为感情是婚姻的基础，只希望能找到情投意合的意中人。这种开放、多元、自由的择偶观念，使得他们能够找到与自己兴趣爱好、价值观念、消费意向、生活习惯等方面相近的伴侣，也使得两人在婚后能够更好的理解对方，彼此容易深度交流，生活态度保持协调一致，减少婚姻生活中的冲突和摩擦。共同的兴趣也能使伴侣在闲暇时间参与相同的活动，进而提高婚姻幸福感。

在笔者的访谈对象中，有一位来自山东的姜女士，她于1992年在南京农业大学读书，毕业后来到北京工作。在工作过程中遇到了自己现在的丈夫徐先生，两人在工作的间隙加深了对彼此的了解，发现两人虽然来自不同省份，但在为人处世、生活习惯、人生价值和兴趣爱好方面都十分相似。于是两人感情迅速升温并在一年

---

① 叶文振：《福建省涉外婚姻状况研究》，《人口与经济》1996年第2期。

② 翁得立：《择偶中的标准》，《家庭科技》1998年第7期。

③ 肖红：《妇女地位与作用由传统到现代的变化》，《西南民族大学学报》2003年第9期。

④ 同上。

⑤ 张海钟：《女性择偶标准的社会历史变迁及当代走向》，《邯郸学院学报》2010年12月。

后结为连理。婚后两人在事业上相互支持，在生活中也互相照顾。姜女士心中一直有个文学梦，有写作的习惯，徐先生就大力支持妻子写作，经常阅读妻子的文章，并发表自己的看法。从1999年结婚直到现在，两人的感情一直很好，也较少发生争执。姜女士在提到自己的婚姻时表现得非常满意，认为能遇上他是自己一生的幸运。①

同时，也有一些青年男女因为被彼此的差异所吸引，被热烈的情爱所陶醉而进入婚姻。婚后却发现两人如此不同，生活中缺少共同语言，生活习惯也相差较大，兴趣爱好更是谈不到一起，平时又很少相互关心。于是婚姻生活日渐枯萎，又不想迈出“围城”，只能在低质量的婚姻生活中消磨时光，带给彼此孤独和痛苦。②

择偶观念的变化给90年代夫妻的婚姻生活质量带来了优劣不同的影响，但总体而言，还是给人们带来了更多自由选择的机会和追求婚姻幸福的权利。

2. 婚内伦理观念对婚姻生活质量的影响

（1）夫妻平权的喜与忧

90年代，夫妻关系逐渐平等，还出现了“女强人”和“家庭妇男”等新现象。这种变化给夫妻双方的婚姻幸福感带来了不同的影响。对于妻子来说，自己在家中的地位有所上升，在处理家庭事务时有了话语权，家务劳动也能由丈夫分担一部分，还能够感受到丈夫对自己的爱护和尊重。据统计，夫妻平权型家庭中妻子对婚姻的满意度要高于传统婚姻关系的家庭。③

此次受访的山东的李女士，于1990年与丈夫刘先生结婚。丈夫比她要大几岁，在生活中处处照顾她。由于刘先生的工作单位离家较近，每天的晚饭都是由先下班回家的刘先生来做，李女士回家后只要洗手吃饭就可以了。平时洗大件的衣服也是由丈夫来拧。家

① 张浩墨于2015年8月23日9时口述访谈，未刊稿。

② 王中：《“老夫少妻”现象为何越来越多》，《学问》2000年第2期。

③ 徐安琪：《夫妻伙伴关系：中国城乡的异同及其原因》，《中国人口科学》1998年第4期。

里的大事小事两人都商量着做。丈夫虽然挣钱多，但存折都在妻子那里保管，密码两人共同拥有……这些生活细节是李女士在结婚之初经常向好友炫耀的资本。在访谈中，她提到这些内容时脸上也洋溢着幸福的表情。她说："其实结婚不图别的，找个一心一意知冷知热的就行，我嫁过来没干过什么重活，都是一起做，这不就挺好的？"[①] 这种平权的夫妻生活模式使女性感受到较高的婚姻生活质量。

而对于一些受传统观念影响较深的丈夫来说，则有所不同。在传统婚姻关系中，丈夫占主导地位，掌握着家庭事务中的决定权，却不会去做家务劳动。随着夫妻平权观念的发展，丈夫不仅要交出自己的一部分权力，还要承担部分家务劳动，自己的"男性尊严"受到挑战，婚姻满意度就会有所下降。[②] 少数极端的丈夫还会因为妻子在外抛头露面、收入高于自己而产生心理压力，进而产生对妻子的猜忌、怀疑心理，减少夫妻的情感交流，也就影响了两个人的婚姻生活质量。[③]

夫妻平权的观念有利于整体婚姻生活质量的提高。虽然有些丈夫的婚姻满意度有所下降，但妻子的婚姻满意度却在上升，两人的婚姻生活质量趋于均衡和谐状态，而并非以往的两极状态。这种新状态有利于伴侣之间的情感交流，增进夫妻感情，增强对家庭的责任心，同时能够提升婚姻生活质量和增强婚姻生活的幸福感。

（2）夫妻情感交流下的婚姻生活质量

90 年代以来，人们逐渐将目光转移到婚姻中的精神生活上，非常重视夫妻间的情感交流。夫妻间有效的思想和情感交流，是维系彼此之间相互理解、相互支持的纽带，是提高夫妻婚姻生活质量的催化剂。

---

① 张浩墨于 2015 年 8 月 17 日 20 时口述访谈，未刊稿。

② 陈震华、喻东山、彭昌孝：《241 例婚姻满意度调查》，《健康心理学杂志》2000 年第 2 期。

③ 石林、张金峰：《夫妻收入差异与婚姻质量关系的调查研究》，《中华女子学院学报》2002 年第 3 期。

一些人认为，夫妻间的情感交流应放在恋爱期间进行，婚后只要各司其职，好好过日子就行了。[1] 其实不然，夫妻间的情感交流不论是婚前还是婚后，都应该好好经营。90 年代以来，生活节奏加快，夫妻双方将更多的时间和精力投入工作事业中，顾大家而舍小家，夫妻间交流少了，理解也少了。

有这样一个典型案例：一位作者的朋友蕊蕊与家在农村的海涛自由恋爱，尽管遭到父母亲朋的极力反对，蕊蕊还是顶着压力和海涛结了婚。婚后他们互敬互爱，小日子也过得十分甜蜜。为了让海涛能够在社会上施展才华，蕊蕊承担了所有的家务。海涛当上副厂长后，洽谈生意、接待客人、参加应酬，常常很晚才回家。回家后也是倒头就睡，蕊蕊跟他说话也是随意地应付一下。蕊蕊开始抱怨海涛不再是昔日知冷知热的丈夫，觉得“他不在乎我了”。海涛也感到蕊蕊不再是温柔多情的好妻子，“整天唠唠叨叨，烦着呢”。两人由争吵到冷战，海涛住到了办公室，而蕊蕊则疑心海涛变了心。最后只好把官司打到法院。其实，像蕊蕊和海涛这样的夫妻，原本的婚姻基础很好，彼此也愿意支持对方，为这个家庭而奉献着。但问题就出现在两人忽视了日常生活中的夫妻情感交流，才使得蕊蕊在家中产生了失落感和空虚感，丈夫对她的应付和不理睬也使她认为两人的感情已经消失。可见，婚姻中如果失去了相互的交流、理解和体贴，就影响婚姻生活的质量了。

90 年代的婚姻伦理观念更加注重夫妻间的情感交流，有些夫妻会争吵后用写情书的方式向伴侣道歉；[2] 丈夫不时地在纪念日给妻子买些小礼物，用幽默的言语来调节婚姻生活的气氛；[3] 还有些丈夫利用工作的闲暇时间与妻子谈心，[4] 这些做法都能促进夫妻间的情感交流。在夫妻的“两人世界”里，夫妻双方主动进行沟通和交流，便能在两人之间营造出爱情的浪漫气息。即使两人在生活中

---

① 言和：《爱情不可厌倦》，《康乐园》1994 年第 7 期。
② 梦兰：《婚后情书也醉人》，《新农村》2000 年第 10 期。
③ 刘鑫沛：《夫妻逗笑营造浪漫》，《健康博览》1995 年第 10 期。
④ 徐严：《夫妻和睦三两句》，《科学之友》1999 年第 8 期。

遇上些小摩擦，也能在这种轻松的氛围中将不悦之情轻易抹去。夫妻两人在沟通、交流中，也能更好的理解对方的心意，甚至发现对方令人欣赏的品质，进一步加深两人的感情。

对一部分女性来说，家庭的物质生活条件对自己的婚姻满意度有着很大影响，尤其是对比同龄朋友能够享受很好的物质生活时，心中难免有些不平衡，从而对自己的婚姻感到不满意。但此时丈夫若能在身边温柔、体贴自己，跟“富婆”们的独守空闺相比，似乎又能够弥补心中的欠缺，甚至对婚姻的满意度还会有所提升。

3. 日益宽容的离婚观对婚姻生活质量的影响

到目前为止，笔者认为无法用婚姻生活质量的高低来评定破裂的婚姻。因为不管出于何种原因，满意度较高的婚姻关系是不可能走向终结的。只要婚姻破裂，它的婚姻生活质量就一定存在问题。既然这样，日益宽容的离婚伦理观念对婚姻生活质量还有影响吗?当然也有影响，只是影响的并非那场失败的婚姻，而是离婚者自身的日后生活。

在传统的婚姻伦理观念中，离婚这种亲密人际关系的解体，往往会给当事人带来痛苦，有时甚至达到惨烈的程度。[①] 一般人普遍认为离婚是件丢人的事，周围的人甚至会对离婚者的人品产生质疑，给离婚者带来很大的心理压力。李银河、冯小双对北京34位离婚者进行了研究调查，在问到“别人对你离婚的看法时”，有76.1%的人认为自己处在猜疑、议论和讥讽之中，诸如“人们对我有千奇百怪的看法和猜疑”，“看法不好了”，“认为离了婚的女人就像犯了罪”，“不理解、莫名其妙”，“看我的眼光都跟以前不一样了”，“有可怜的、同情的，还有幸灾乐祸的”，“怀疑我生理有缺陷，被当成谈资笑料”等等。[②] 在问到“离婚前、离婚过程中和离婚后哪个阶段最孤独、最影响健康和工作情绪”时，有65%的人认为是在“离婚过程中”，当事人在这一过程中往往极度痛苦和

① 李银河、冯小双：《对北京市部分离婚者的调查》，《社会学研究》1991年第5期。

② 同上。

不理智，给自己的生活带来了极大的困扰。[①] 为了避免这种痛苦，很多人就选择维持原本已经无爱的婚姻关系，殊不知这同样是在遭受着痛苦。

90 年代离婚伦理观念的宽容性逐渐改变了这种状态，人们不再认为“好人不离婚，离婚不正经”，而是将离婚看作婚姻生活中正常的现象，从某种程度上减轻了离婚者的心理负担，使他们更有勇气摆脱不幸婚姻生活的束缚。离婚不伤感情的“协议离婚”的出现，也减轻了离婚过程中带给人们的痛苦和烦恼。很多离婚者在离婚后有一种轻松感，一位因对子女教育问题产生分歧而与丈夫离婚的妇女说：“婚姻是人生的重要组成部分，但不是全部，我认为不能让局部毁了全部。我离婚后，从痛苦中走了出来，我有了充沛的精力工作、学习，也有了空闲时间去从事自己的爱好、听音乐、读小说、看画展……单身的生活虽比不上幸福的家庭，却给人安宁、自如、舒心平静的日子。这只有从不幸婚姻中走出的人才能感受到！”[②]

更重要的是，宽容的离婚伦理观念可以鼓励当事人走出不幸的婚姻生活，更加认清婚姻的真谛，以便在下一段婚姻中重获幸福。《北京纪事》杂志在 1999 年刊登了一篇名为《当代东施的幸福生活》的文章，其中的女主人公安铭是一位貌不惊人甚至是万里挑一的丑女人，可她的婚姻却幸福得让人羡慕。原来，这是她的第二次婚姻。安铭表示自己是经历了第一次婚姻的“炼狱”才有了今天的幸福。安铭的第一任丈夫阎魁是某知名高校的生物系博士生，在一次很偶然的情况下两人相识。没过多久，阎魁就向安铭求婚了，当时的安铭因为相貌原因十分自卑，而阎魁的求婚让她心潮澎湃。在没有多加了解的情况下，两人很快领了结婚证。但婚后安铭才发现，自己心爱的丈夫其实是个不顾他人感受，一切都以自我为中心的人。在婚后的生活中，阎魁完全不允许安铭有自己的想法、主

---

① 李银河、冯小双：《对北京市部分离婚者的调查》，《社会学研究》1991 年第 5 期。

② 孙文兰：《离婚后当事人的心态分析》，《医学文选》1992 年第 3 期。

见，将其看成是自己的附属品。家里的经济大权完全由阎魁一人掌握，断绝安铭的一切社交关系，阻碍她的事业发展，让她只为自己服务。而对安铭的生活他却漠不关心，这样痛苦的婚姻生活给她留下了难以磨灭的创伤。终于在忍受了十年痛苦后，安铭提出了离婚的要求，愿以孤独一生为代价，换回后半生有尊严的生活。离婚后，安铭在工作中重新找回了自我，并且反思了自己在上一段婚姻中的失败之处：因为丑陋，她有着根深蒂固的自卑观念，怕失去丈夫，所以处处顺从对方，总也不敢表达出自己的真实感受……长此以往，婚姻生活质量就更加糟糕。她认识到，想要拥有健康愉快的人生，就必须有乐观自信的心态。于是她开始有意无意地挖掘自己身上的优点，开始学习自信、学习珍爱自己。在自信逐渐建立起来之后，安铭遇上了自己的第二任丈夫罗一舫。虽然安铭相貌丑陋，但她自信风趣的谈吐打动了罗一舫，两人在前一段婚姻中受的伤也让他们有了更多的倾诉和交流。最后他们步入了婚姻殿堂，过上了幸福的婚姻生活。①

可见，逐渐宽容的离婚观念让不幸的婚姻当事人勇于走出“樊笼”，摆脱旧有婚姻对自己施加的痛苦，重新反思婚姻的真谛和自我的价值，从而更好地迎接下一段幸福的婚姻，对当事人的个人幸福感和婚姻质量均有积极的作用。

4. 开放的性观念对婚姻生活质量的影响

与传统的保守观念相比，90 年代的性观念处于不断开放的过程中，这在解放人们思想观念的同时，也影响了夫妻的婚姻生活质量。

（1）婚前性生活宽容度提升对婚姻生活质量的影响

随着西方性文化的传入，人们传统的“贞操”观念被打破，婚前性行为也不再是“有伤风化”，人们对其的宽容度不断提升。1997 年进行的“全国大学生异性交往”的调查中显示，有过性行为的大学生占 78.2%。同时，据青少年研究中心的调查结果表明，

① 卜铁梅：《当代东施的幸福生活》，《北京纪事》1999 年第 7 期。

有64.8%的人对婚前性行为持有肯定态度。① 而这种婚前性行为对婚后的婚姻生活质量也产生了一定的影响。如果夫妻间有婚前性行为甚至是同居行为，那么他们婚后的婚姻生活质量会相对较高。两人在婚前以最亲密的方式相处过，在情感上有了更深入的了解和交流，为婚后生活奠定了深厚的基础。

在贞操观念上，在90年代的一部分人中也表现出了一种双重的矛盾心理。部分有同居或有婚前性行为者，对于自己的行为非常淡然，但对于恋人或配偶曾经有过的经历却耿耿于怀。热恋期间这一被幸福愉悦冲淡的隐患，往往在结婚后成为一本随时可翻的“旧账”。如果夫妻一方与别人有过婚前性行为，而另一方又看重贞操观念，则会影响双方的婚姻生活感受。很多丈夫发现妻子在婚前有过性行为后，心理上总会有一种压抑，这容易影响夫妻之间的性生活，使生活满意度逐渐降低，② 夫妻之间的感情也随之淡漠，对婚姻生活质量产生消极影响，甚至导致婚姻破裂。

（2）重视夫妻性生活对婚姻生活质量的影响

原本在婚姻中难以启齿的夫妻性生活，在90年代被婚姻当事人大大方方的拿出来，当作衡量婚姻质量的重要指标。曾经难登大雅之堂的“性爱”被摆到了与“情爱”同等重要的位置上。人们也逐渐认识到性生活不再只是生育的一部分，而是夫妻间亲密快乐生活的重要组成。这让90年代的夫妻放下了传统性观念的包袱，尽情享受夫妻性生活的幸福和快乐。③ 如果夫妻间的性生活和谐，那么两人的感情会进一步加深，婚姻生活会愈发浪漫，进而推动两人婚姻生活质量的提升；但性生活若不和谐，夫妻感受不到性生活的快乐，可能会引发伴侣之间的感情不和或感情危机，甚至出现家庭暴力、婚内强奸等恶性事件，严重影响夫妻之间的感情生活，婚姻满意度也会随之降低。90年代离婚率不断升高，其中有很大一部分是以“感情不和”为理由，而夫妻间“感情不和”的很大一

① 卞澧：《21世纪中国婚姻追求更幸福》，《工人日报》2000年12月23日第5版。

② 王俊成：《夫妻性生活常见问题的心理分析》，《家庭医学》1990年第3期。

③ 潘绥铭：《中国的性现状》，光明日报出版社1995年版，第253页。

部分原因就是性生活不和谐。1995 年第 12 期的《警察天地》中，介绍了许多因各种原因而造成的不幸婚姻，其中有三成是由于性生活不和谐而造成的。其中一位女主人公于玲与丈夫李威在恋爱 5 年后结婚，谁知李威的性功能却使新婚妻子大失所望，经四处求医、多方治疗也不见好转。作为年轻的妻子，她心中的苦闷无处诉说。在这种精神折磨下。她 1.68 米的身高，体重却只剩下 80 斤。丈夫对她说："你就这样受着吧，就是说出去，也没人替你讲话。要不就离婚，不离就忍着。"她认为自己的婚姻太不幸了，恨自己太软弱，不能走出传统婚姻伦理的束缚，只有一死了之。幸亏被邻居发现，救回一条性命。最后，于玲终于鼓起勇气，与丈夫离了婚。① 再去寻找真正属于自己的幸福婚姻。

（3）婚外性生活对婚姻生活质量的消极影响

由于性观念的逐渐开放，很多在婚内得不到性满足的已婚夫妻，开始将视野转向婚外去寻找生理和心灵上的慰藉，出现了婚外性行为。笔者认为，与婚前性生活和夫妻性生活观念开放的两面性不同，婚外性生活只会对当事人的婚姻生活质量产生消极影响。除了买卖性行为外，"性"与"爱"，至少"性"与"感情"是难以彻底分离的。一旦出现婚外性行为，婚姻中的离心力也就增大了，夫妻间的感情会变得更加淡漠。没有了感情基础，原本的婚姻关系也就只剩下了一个空壳，再也没有实际意义，最终必然导致婚姻的破裂。

小结

20 世纪 90 年代的婚姻伦理与婚姻生活质量有着密不可分的关系。首先，90 年代多元、开放和宽容的婚姻伦理观念在社会上催生了许多婚姻生活的新现象，而这些新现象又触发了影响夫妻婚姻生活质量的相关要素，最终使得婚姻伦理与婚姻生活质量产生了紧密的联系。在婚姻伦理观念影响婚姻生活质量的同时，90 年代的

① 孙宝贵：《戚戚同林鸟》，《警察天地》1995 年第 12 期。

人们逐渐看重婚姻生活质量的价值，对幸福的追求也推动了婚姻伦理观念的进一步演进。例如：以前人们认为婚姻中能有饭吃、有衣穿就是幸福的，所以婚姻伦理观念中就有“嫁汉嫁汉，穿衣吃饭”的观念；到了90年代，人们认为婚姻中不仅要有物质基础，还得跟伴侣在情感上合拍，所以婚姻伦理的择偶观念就变得更加综合化、多元化。90年代的婚姻伦理对婚姻生活质量产生了种种影响，但由于不同个体对婚姻幸福的感受和评价不同，比如离婚观念更加宽容，为婚姻中不幸的人们找到了摆脱痛苦的机会，但同时也为一些见异思迁的人大开方便之门，使婚姻中的另一方深受其害……因此我们不能笼统地评价这种伦理观念的优劣，只能把它看作是客观存在于社会大众中的思想观念。婚姻生活质量的高低最终还是看婚姻当事人在这种观念下的自我选择、自我调整和自我感受。

四　影响婚姻生活质量的社会因素

婚姻伦理与婚姻生活质量有着密不可分的联系。除此之外，婚姻生活质量还会受到时代变迁中其他因素的影响。纵观整个90年代，时代大背景处于传统社会向现代社会转型期，随着市场经济的发展，人口的流动，社会思潮的多样化，家庭结构的转型，大众传媒、娱乐生活的多样化，人们的婚姻生活质量也受到了不同程度的影响。

（一）市场经济冲击下的婚姻生活

经济是社会发展的基础，90年代，中国开始迈入市场经济的历史阶段。从计划经济转变为市场经济，是中国社会变革的根源所在，它推动了上层建筑各个领域的变化，影响了人们生活的方方面面，其中也包括对婚姻生活质量的影响。

1. 物质财富带来的“双面效应”

中国实行市场经济后，原本的生活资料按计划领取的日子一去不复返，整个生产、交换市场呈现出前所未有的活力。人们的收入、消费水平不断提高，带动了婚姻生活物质资料的提升，电视、音响、录像机、摄像机等进入家庭，使婚姻文化生活更加充裕方便，给生活增添了丰富的色彩。而家务劳动进一步电气化、商品化和社会化，也减轻了人们家务劳动的强度，使人们节约更多的时间参与日常生活，有利于增进夫妻感情。可以说，市场经济的发展为婚姻生活提供了物质基础，对于重视物质条件的婚姻当事人来说，有利于提高婚姻生活质量。

但市场经济也是一把“双刃剑”，它在提高人们物质生活水平的同时，也因它的自主性和灵活性，导致了人与人之间收入差距的扩大。国家统计局的统计数据表明：1991—2004 年，在全体城镇居民的可支配收入稳步上升的同时，各收入阶层的可支配收入总额占全体城镇居民可支配收入总额的比重也发生了变化。最低收入阶层的可支配收入总额从 1991 年的 6.7% 下降到 2000 年的 4.8%；而最高收入阶层的可支配收入总额占全体城镇居民可支配收入总额的比重从 1991 年的 14.4% 上升到 18.0%。[①] 收入的差距增加了人们的心理落差，对物质生活的需求在一定程度上影响了人们的生活质量。所以在 90 年代形成了一切向“钱”看的社会风潮。

在允许一部分人先富起来的政策下，由于各种历史和现实原因，先富起来的个体户、承包商和各种经商做买卖的群体，在精神生活上还没有达到与所拥有的财富相匹配的水准。如果优越的物质条件与空虚的精神生活不能协调，金钱反而成为了影响婚姻生活质量的祸根。越来越多的“老板”开始在家外包养“情人”，在娱乐场所花天酒地，家中的糟糠之妻被搁置一边。即使两人的婚姻关系还在，但早已形同陌路，这样的婚姻生活质量不管从哪个角度看都

---

① 曾国安：《20 世纪 90 年代以来中国城镇居民收入差距对消费倾向的影响》，《消费经济》2006 年第 6 期。说明：①“收入比重”是指各收入阶层的可支配收入总额占全部城镇居民可支配收入总额的比重。计算公式为：某一收入阶层的收入比重 =（该收入阶层的人均可支配收入 × 该收入阶层的调查户数 × 该收入阶层平均每户家庭人口）/（全国城镇人均可支配收入 × 总调查户数 × 全国城镇平均每户家庭人口）。②数据来源：中国统计出版社出版《中国统计年鉴（1992—2005）》。

可谓低劣。虽然“人富”并不等同于“负心”，但由于人们突然转向富裕生活，物质和精神的反差太大难免会出现扭曲的现象，对婚姻生活质量尤其是精神生活质量方面产生了负面影响。

2. “女性的独立，男性的失落”——市场经济影响下的不同婚姻选择

市场经济在带来物质财富的同时，也使得青年男女在婚姻面前作出了不同的选择。

对于女性来说，市场经济给予了女性独立的空间，同时也提供了其依附他人的机会，两条道路迥然不同，在选择后也会对自己的婚姻生活质量产生不同的影响。

随着市场经济的发展，女性有了更多的机会走出家门，创造财富，拥有更为开放的人际关系，家务不再完全由女人来做，住房条件也有所改善，女性完全可以独立生活而不依赖于他人。随着市场上商品的流通，洗衣机等各类家用电器的出现，也不会再有缺了女主人就吃不上饭、穿不上衣、无法生活的家庭了。随着夫妻二人物质依赖关系的减弱，问题也随之而来，为了保持亲密的依赖关系，两人更加重视婚姻的精神生活，夫妻感情成为维持关系的重要纽带。而感情因素又是如此的敏感而脆弱：妻子在工作场合中有可能会遇上更好的配偶人选；经过社会锻炼的妻子不再对丈夫“言听计从”，希望争取尊重和平等；看着妻子收入的逐渐增加，社会地位不断超过自己的丈夫心存不满，甚至实施家庭暴力……这些因素都加剧了婚姻生活的不稳定。[①]

市场经济在为女性带来独立机会的同时，也带来了生活的风险。在企业劳动用工的方式上，市场经济条件下实行合同制。在90年代初期，出现了“下岗”[②] 现象；等到了20世纪90年代中后期，大批工人下岗，成为了社会关注的热点现象。据劳动部门调查

① 张德强：《影响今后中国婚姻家庭的因素》，《兰州学刊》1991年第6期。

② 下岗是指离开工作岗位。最早出现于20世纪90年代初期，当时有的地方叫“停薪留职”、“厂内待业”、“放长假”、“两不找”等等。到了90年代中后期，下岗职工问题作为一种社会经济现象开始凸显。是计划经济向市场经济转轨过程中的必然反应。

显示，“在下岗职工中，有三分之二以上是女性，而其中35岁以上的下岗女工占到60%以上”[①]。女性在激烈的市场竞争中，受到性别歧视，就业形势非常困难。在新闻报纸中，随处可见女大学生就业难、下岗女工就业难的报道。即使能够找到工作，对于市场经济下的消费水平，挣到的工资可能也只是勉强维持生活。在这种情况下，选择独立价值取向的女性就需要付出更多的劳苦和艰辛。[②] 在生活的压力和拜金主义的刺激下，一些女性选择了另一条道路，她们或者利用自己的年龄、身材、容貌上的优势，以“二奶”“金丝雀”“第三者”的身份干预或是入侵他人的家庭；或是挑选经济条件优越的丈夫结婚，自己作为家庭主妇留在家中，依附男性的经济实力来逃避繁重的劳动。对于这些将生活希望寄托在男人身上的女性，男人完全就是她们的生命线，她们在家庭中难以与丈夫保持平等的地位，在婚姻生活中也要作出退让和顺从，很难表达自己的想法和观点。

对于男性来说，市场经济的优胜劣汰原则使得他们“几家欢喜几家愁”。作为家庭主要收入来源的丈夫，一旦下岗回家，对整个家庭都是个打击，正所谓“贫贱夫妻百事哀”，没有了物质生活基础，婚姻生活质量必然下降，婚姻问题也逐日增多，继而引发家庭暴力、婚姻破裂等现象。而对于夫妻关系相对平等的家庭，丈夫“回归”家庭却不一定是件坏事。由于不能负责家中的经济收入，男性不可避免地要多承担家务劳动，变身“小男人”，这种身份的转换是否有利于婚姻生活质量的提高还要看夫妻二人的心态调整。

（二）社会人口的大规模移动

改革开放以后，国家将工作重心转移到经济建设上来。改革开放的步伐不断加快，在五大经济特区、十四个沿海开放城市以及多种其他类型的开放区中，国家加大力量给予支持，使它们成为中国

① 孙卫：《20世纪90年代中国婚姻伦理的演变》，硕士学位论文，首都师范大学，2013年。

② 同上。

90 年代的“黄金海岸线”。[①]

东部沿海地区的发展，需要更多的劳动力来支持。而农村实行的土地家庭联产承包责任制，也使更多的劳动力从土地上解放出来。同时国家放宽了对人口流动、迁移的管理，鼓励农村劳动力到城镇企业来打工。自 1988 年起，政府允许农民带口粮入城务工经商。“80 年代后期开始逐步进行的城市经济改革，如非国有经济的发展，粮食定量供给制度的改革，以及住房分配制度、医疗制度及就业制度的改革，降低了农民向城市流动并居住下来和寻找工作的成本。福利制度的改革也为农村劳动力向城市流动创造了制度环境”[②]。交通运输业的发展，尤其是 1996 年京九铁路的建成，为人们外出提供了便利条件。越来越多的人口以务工、经商、求学等理由前往东部沿海城镇，出现了大规模的人口迁移和人口流动。

1. 人口移动对农村婚姻生活质量的影响

在改革开放初期，“中国省际人口迁移年间迁移人数约为 100 万人，到了 2000 年已经迅速增长到 1000 多万人”[③]，其中“市场自发性迁移人口在 1980 年代前期仅占 8% 左右，到 2000—2005 年间迅速上升到 73% 以上，形成了社会流动中大规模的‘民工潮’”[④]。

人口的移动首先让大量的农村人口摒弃了“家家守村业，白头不出门”的古训，走出村寨，进入城市。他们或推销产品，或务工劳动，或从事各种服务业，个人的生活从此与整个社会密切联系起来。由于走向了更广阔的社会，这些进入城市的农村人看到了新天地，从视野和思想上都发生了变化，其婚恋生活也与以往有所不

① 俞路：《20 世纪 90 年代中国迁移人口分布格局及其空间极化效应》，博士学位论文，华东师范大学，2006 年。

② 蔡昉、王德文：《作为市场化的人口流动——第五次全国人口普查数据分析》，《中国人口科学》2003 年第 5 期。

③ 原新、郎沧萍、李建民、王桂新、桂世勋：《新中国人口年》，《人口研究》2009 年第 5 期。

④ 同上。

同。农村通婚的择偶范围进一步扩大，人们的选择更多，也有更多机会找到心仪之人。有些人在异乡认识了不同家乡的配偶，或者直接在当地结婚落户，或者领着外地媳妇回老家。好的开始是成功的一半，择偶范围的扩大有利于提高人们的婚姻生活质量。

随着经济活动的广泛开展和人们频繁的迁徙，也出现了婚后外出打工、经商、出国等夫妻分居的现象，长期“缺偶”势必造成夫妻感情的疏远。法国的政治家米拉波曾经说过：“小别可以刺激恋情，但过长的分离就会毁灭爱情。”[①] 虽然中国人一直羞于讨论床笫之事，但即使只字不提，问题还是摆在那里，积累到一定程度必然爆发。一旦出现第三者，就容易擦出婚外恋的火花，导致婚姻破裂，严重影响婚姻生活的质量。

2. 人口移动对城市婚姻生活质量的影响

90 年代人口的大规模移动推动了中国城市化的进程。所谓城市化，就是指社会人口向城市集中的过程。它包括两种表现形式：一是城市数目的不断增加；二是城市规模的不断扩大。由表 4.1 中我们可以看出，1990 年到 2000 年之间，大量农村人口涌入城市，推动了城市化的进程。城市化的发展程度极大地影响着社会生活的方方面面，人们的婚姻生活也在此列。

异质性是大都市的基本特征，90 年代在东南沿海城市汇集了来自天南海北、不同阶层的人，长期在这种环境中生活，城市居民也就慢慢地形成了一种容忍的态度，可以接受任何新生事物。这是新发现、新观念、新现象能够在城市中生存发展的根本原因。城市的容忍度使 90 年代各种新的婚姻现象和婚姻理论在城市中得以付诸实现，人们可以摆脱传统婚姻观念的束缚，按照自己理想的方式来安排婚姻生活，获得了更大的婚姻自由。同时，任何阶层的人都可以在城市中生存下去，人口的大规模流动打破了原有的以地缘、血缘为限制的社交范围。人们在工作、学习和交友中创造了更广阔的社交空间，从中能够找到兴趣、爱好、性格、价

---

① 高虹：《当今婚姻何以脆弱》，《齐齐哈尔社会科学》1994 年第 2 期。

值观一致的伴侣，有了感情基础，也就更容易获得美满、幸福的婚姻。

表 4.1　　中国城市化主要年份城乡人口及其变化

年份	总人口（万人）				年增（减）人口（万人）		
	全国	城镇人口	乡村人口	城市化水平（%）	全国	城镇人口	乡村人口
1960	66207	13073	53134	19.7	1090.6	738.8	351.9
1970	82992	14424	68568	17.4	1678.5	135.1	1543.4
1980	98705	19140	79565	19.4	1223.0	947.5	275.5
1990	114333	30195	84138	26.4	1696.4	1020.2	676.2
2000	126742	45905	80837	36.2	1124.2	2146.2	-1022.0
2004	129988	54283	75705	41.8	811.5	2094.5	-1283.0

资料来源：《中国统计年鉴 2003》，中国统计出版社 2003 年版；《中国统计摘要 2005》，中国统计出版社 2005 年版。

大都市的匿名性①使得人们少了周围人的监督，在从事社会活动时多了许多自由。随着社交范围的扩大，已婚人士也能够遇到更为理想的婚姻选择。在传统的婚姻环境中，由于社会舆论和传统婚姻道德的约束，人们一般不愿意破坏现有的婚姻关系。但在大都市中，社会对个人的控制力减弱，人们便敢于秘密地包养“情人”或“第三者插足”，以致连离婚都变成个人的事情。据家庭杂志社家庭研究中心调查青年男女婚前同居情况时②，具体如表 4.2 所示。

① 匿名性：大都市中人口数量大，个人不可能有足够的时间、精力和机会去结识每个人。所以每个人所认识的人的数量与整个都市的人口数量比，只是极小的一部分。这样，城市人所面对的大部分是陌生人，都市就成了一个“陌生世界”。

② 王文静：《婚前同居的生存空间到底有多大——上海大学生婚前同居观念的一项调查》，《社会》2002 年第 12 期。

表 4.2　1998 年上半年对广州地区的 100 名婚前同居者的调查表

你实行婚前同居，周围的人知道吗？	所占比例（%）
朋友知道	44
父母知道	36
邻居知道	20
单位知道	10

可以看出，在都市中，婚姻生活的隐私性变得很高，这在某种程度上影响了婚姻的稳定性，婚姻中的另一方也会受到感情上的伤害。

城市人口迁移、流动的数量越多，城市的冷漠性就越强。拥挤的生存空间、高额的消费水平和紧张激烈的竞争环境使城市人的心态变得敏感、多疑和恐慌。同时，城市化的发展使得人与人之间难以实现持久、深厚的交往，每个人都是独立的存在，人们的交往也往往暗含着某种功利性目的，缺乏真诚和感情。这种情绪也影响着城市夫妻的感情，相互交流的时间和内容逐渐减少，相互猜忌反而增多，一旦面对现实和情感的选择时，人们容易做出伤害既往婚姻的行为，从而降低了婚姻生活的质量。

（三）核心家庭与家庭功能的转变

婚姻生活的主要生活空间是家庭，随着现代化社会的发展，家庭的结构和功能也随之发生变化，而这种变动也势必会影响人们对婚姻生活的调整。

1. 家庭结构①由纵向关系发展为横向关系

在中国传统的家庭结构类型中，复合家庭②是最主要的家庭类

① 指家庭的类型结构，主要是根据家庭所拥有的代际结构、婚姻状况以及亲属关系等因素来进行分类。我国传统社会中主要包括五种类型：复合家庭、直系家庭、核心家庭、单身家庭和其他类型。其中复合家庭和核心家庭数量最多。

② 又叫联合家庭或者扩大家庭，指两代以上的夫妇及其子女、亲属所组成的家庭，包括已婚的同胞兄弟在内，这类家庭人数最多。

型，家庭中最重要的是纵向的父子关系，夫妻关系并不重要。但到了 90 年代，复合家庭逐渐解体，取而代之的是越来越多的夫妻家庭和核心家庭。20 世纪 80 年代，国家严格执行计划生育的国策，到了 90 年代，核心家庭基本保持一对夫妻带一个孩子的结构，家庭的核心关系由纵向的父子关系让位于横向的夫妻关系。

夫妻关系成为维系婚姻生活的纽带和关键。人们也都将目光集中于此，两人的价值观念、兴趣爱好、道德品质、情感交流都成为保证婚姻稳定的关键因素，人们积极地促进夫妻间的情感交流，进而争取高质量的婚姻生活。这种核心家庭的转变也使婚姻生活更加敏感和脆弱，传统的纵向父子关系拥有无法斩断的天然血缘关系，不会轻易动摇。但夫妻关系完全靠两人的情感关系和性关系来维系，显得脆弱、易变。如果情感关系或性关系中任何一个链条发生断裂，就会对婚姻生活产生很大的负面影响。同时，由于女性有能力独立生活，不需要依赖丈夫的经济供养，在家庭生活中有了更多的话语权。在现代社会，人们的个人本位意识逐渐增强，婚姻生活中难免遇到各种问题，若夫妻关系仍保持“男高女低”的状态，妻子容易产生不满情绪，继而影响婚姻生活的质量。若丈夫注重处理夫妻关系，秉持着尊重妻子的态度，有事夫妻相互商量，就有益于婚姻生活质量。

2. 注重夫妻感情的互动

中国传统的家庭承担着各种社会职能，包括生产职能、生育职能、生活职能、抚养与赡养职能、教育与娱乐职能和感情交往职能。到了现代社会，原有的家庭职能逐渐被社会上的专门机构所取代，如教育职能由学校取代，生产职能由工厂取代，生活职能随着家务劳动的社会化也逐渐减轻，更多的娱乐场所和娱乐方式给人们带来了多样的选择等。原本家庭被看作是“经济共同体”、“生育合作社”①，如今的人们期待着家庭能有更多感情的关怀和寄托，

① 闫玉：《当代中国婚姻伦理的演变与合理导向》，博士学位论文，吉林大学，2008 年。

感情互动的职能被强化。夫妻中有一人期待情感上的慰藉，而遭到另一方的无视或冷落，长此以往，就会使婚姻的精神生活质量受到较大的影响，严重者将会导致一方的精神或身体出轨，进而引发夫妻间的各种矛盾。

（四）大众传媒和娱乐场所的发展

90 年代，在积累物质财富的同时，人们还希望通过各种方式来丰富自己的精神生活和休闲娱乐生活。随着大众传媒技术的发展，电视剧、电影、流行歌曲的广泛传播，丰富了人们的日常生活，城市中的公共娱乐场所也逐渐涌现，社会上的各种思潮从四面八方涌来，呈现出时代的开放性和多元性。人们的婚姻生活也受到这种开放和多元环境的影响。

1. 西方文化的影响

改革开放后，中国打开国门，积极引进西方的先进技术。与此同时，西方的文化思潮也随之而来。通过各类大众传媒、电视台等播放译制剧、好莱坞电影。1992 年，中央电视台第一频道在周六的黄金时间开播了《正大综艺》，这个节目在第一期就给全国观众带来了一部新引进的美剧，之后还引入了大量优秀的国外电影。社会上各类书刊、报纸也在积极地介绍西方文化，给中国人在思想上打开了一扇新的大门。

中国人在接触西方文化时，也在不经意间将婚姻文化尤其是性文化引进国内，从发达的东部开放城市逐渐遍及全国。这种思想对原本平淡生活的夫妻来说是一个很大的冲击，在没有参照物时，人们觉得自己的生活似乎过得有滋有味，一旦接触到这些从西方吹来的“清风”之后，人们突然发现，自己几乎从来没有经历过花前月下的浪漫和轰轰烈烈的恋情，自己的婚姻竟然如此枯燥无趣。为了弥补以往的遗憾，很多夫妻尝试着调节婚姻生活，如果两人步调一致，婚姻的生活质量自然会有所提高；如果双方不能心有灵犀，甚至其中一方若借“感情”之名，寻找“婚外恋”“婚外情”，而周围的人也似乎开始认可这种做法时，必将导致众多家庭情感生活的内战。[①]

大众传媒中的西方文化并不是只有性文化，只不过因为在我们的传统伦理中，私人情感一直是羞于言说和外露的，所以在西方文化传入后，人们在视觉和思想上最先受到冲击的便是这一点。西方文化中蕴含的哲学、宗教、艺术、价值、道德观念、人文主义、法制观念、自由平等思想等，都有它独特且优秀的一面，这些思想的传入，也将影响到人们婚姻生活的自我感受，如婚姻中尊重女性、平等、宽容的思想、财产公证的思想、以人为本的思想，都能将婚姻生活点缀得丰富多彩，这些自然能够促进人们婚姻生活质量的变化。

2. 娱乐场所的增加

90 年代，各类公园、电影院、舞厅、卡拉 OK 厅等公共娱乐场所如雨后春笋般在全国涌现。1988 年，深圳出现了全国第一家卡拉 OK 厅，成为了青年们宣泄和交流感情的流行娱乐场所。[②] 人们愿意到公共娱乐场所活动、交际，拓宽人际联络网，这使得青年男女有了更多交流感情的机会，有了更广泛的选择对象。随着娱乐生活的丰富，原本素不相识的人可以跳一曲交谊舞，相识的人们的禁忌更少，可以一起共进晚餐。在咖啡厅里聊天，哪怕整夜谈心也没人会说什么，也许在相处过程中就会加深情感的交流，引发出新的恋情。但也有人会以“寂寞”为借口，长时间混迹于娱乐场所，滋生了不健康的感情关系，不利于自身婚姻关系的和谐和稳定。

3. 婚恋影视作品的涌现

90 年代以来，随着电视的普及，人们开始喜欢在茶余饭后观看电视剧作为消遣。随着政治色彩的逐渐隐退，90 年代的电视剧变得丰富多样，以现代人的婚恋为主题的电视剧深受观众的欢迎。如《牵手》《渴望》《北京人在纽约》《编辑部的故事》《我爱我

① 张德强：《影响今后中国婚姻家庭的因素》，《兰州学刊》1991 年第 6 期。

② 石津安：《传统娱乐活动的现代性》，《政工导刊》1998 年第 5 期。

家》《将爱情进行到底》《过把瘾》等剧，反映了当代人面临的婚恋问题，影响着人们关于夫妻关系的调整。在婚恋电视剧中，通常会塑造一群新时代的独立女性，她们善良、坚强，为家人不惜牺牲一切。在面对丈夫的婚外恋和离婚后，她们重新走入社会，靠自己的努力、打拼，最终获得成功，得到属于自己的幸福。如《渴望》里的刘慧芳、《牵手》中的夏晓雪等，这些独立、坚强的女性形象，在某种程度上，影响了当代人们的婚姻生活。

90 年代，还出现了《婚姻与家庭》《家庭之友》《现代家庭》《恋爱婚姻家庭》《人生与伴侣》《幸福家庭》等婚恋杂志，里面刊登了许多现代青年男女尤其是女性的婚恋爱情故事。这些杂志总体上认为原有的世俗婚姻观念束缚了中国的婚姻家庭，否定了传统观念中“男主外、女主内”的家庭模式。女性要有独立生活的能力和勇气，掌握自己幸福的主动权，学会处理夫妻感情问题，与丈夫建立和谐稳定的夫妻关系。比如在《大家健康》杂志中，建议夫妻通过寻找彼此之间的共性，学会容忍，在家中养小宠物等方式来调节婚姻感情。[①] 这些杂志启发了读者对自身婚姻问题的思考，使他们从悲剧故事中吸取婚姻失败的经验、教训，进而改善自己的婚姻生活质量。

小结

随着 90 年代的社会变迁，我们发现，婚姻生活质量不再单纯地受某一因素的制约，它们的高低是多种社会因素综合作用的结果。但是我们不能认为哪些社会因素的变迁提高了婚姻生活质量，哪些因素降低了人们的婚姻满意度。这些社会因素的变迁只是一种客观存在，它们到底起到的是积极的推动作用还是消极的阻碍作用，还要看婚姻当事人心目中幸福婚姻生活的标准、个体的自身感受，以及在社会变迁中个体所做的自我选择。

---

① 晚雨：《让爱情地久天长》，《大家健康》1994 年第 1 期。

五　结语

20 世纪 90 年代，中国市场经济快速发展，整个社会的经济、思想文化、伦理观念等各方面都处于从传统向现代过渡的转型阶段。在新与旧的冲击下，与每个社会人都息息相关的婚姻层面也产生了新的变化。婚姻伦理观念在社会各种要素的影响下朝着开放、多元、自由的方向发展。在婚姻伦理的影响下，新一代青年男女的婚姻生活出现了新的现象。这些婚姻生活新事象不仅是婚姻伦理发生变化的具体反映，同时也触发了影响人们婚姻生活质量的各种要素，对 90 年代的婚姻生活质量产生了或优或劣的影响。由于 90 年代人们对婚姻生活质量的重视，也促进了婚姻伦理观念的进一步变迁。我们可以认为婚姻伦理与婚姻生活质量是互为因果的关系，并不断地推动着彼此的变迁。

婚姻伦理观念是人们对婚姻生活主、客观认识的系统化的综合体系。人们利用这种综合体系来指导自身的婚姻生活，并不断丰富、提高自身的经验和实践水平。而婚姻生活质量更容易被看作是人们对婚姻生活中物质生活和精神生活的综合感受和体会。感受往往是人们在外在刺激下的本能反应，这种反应是未经加工的。人们在观念的指导下活动，同时又在实践活动中产生不同的感受。其中，有些感受与以往的经验相比，属于新鲜事物。人们在新感受的刺激下，观念又进一步得到完善和改进。在笔者看来，也许婚姻伦理观念与婚姻生活质量就是这样一对影响和刺激的关系。但又不是绝对单一的影响关系，因为在婚姻伦理之外，还有市场经济、家庭结构、人口移动等因素影响着婚姻生活质量；而婚姻伦理也受到除婚姻生活质量之外的其他各种因素的制约。

90 年代以来，人们越来越注重对婚姻生活质量的追求，这与整个社会向现代化转型，社会中个人主义色彩不断增强有着必然的联系。总体来看，我们很难判断 90 年代的婚姻生活质量与之前相比是否有所提升。虽然生活水平的提高奠定了物质基础，人们在婚姻行为的选择上获得了更多的自由，但随着市场经济的发展，人们内心的渴望也随之增加，整个社会因素的复杂性也影响着人们对婚姻生活质量的判断。青年男女们也在不同程度上陷入了困惑，到底拥有什么样的婚姻才算是幸福的婚姻？怎样做才能得到幸福？笔者认为这个问题随着现代社会的多样性和个性主义的发展，已经变得越来越难以回答。但可以肯定的一点是，人们追求幸福的美好愿望一直没有变化。当今人们渴望婚姻幸福感，这无疑对提高国人的日常生活质量具有积极意义。[①]

① 李红：《婚姻波动的思考》，《道德与文明》1997 年第 1 期。

下卷（2000—2014）

张欢欢

进入21世纪，我们又迎来了一个新时代。在这个新时代的初期，人们对生活又有了新的向往和渴望，婚姻生活也有了新的发展和变化，这在21世纪以来的婚姻流行语中就有诸多的反映。下文就以婚姻流行词作为切入点来探索21世纪初期中国婚姻伦理和婚姻生活的变迁。

一　择偶观的功利化与新颖化

择偶是人们进入婚姻生活、建立新家庭的起点，在择偶的过程中每个人都有自己的择偶标准，这也影响着他们以后的恋爱和婚姻以及自身的生活质量。21世纪以来，随着经济、网络等的快速发展，人们的择偶观念发生了很大变化，在择偶标准出现功利化倾向的同时，也出现了反功利化，即单纯情感化倾向；择偶途径的多样化与新颖化，为广大单身男女提供了更多的机会和选择，同时也出现了一些问题和焦虑，这些都反映了时代的特征和印记。

（一）择偶标准的功利化与感性化

择偶标准，是指单身男女选择恋爱对象、结婚对象的条件或要求，是恋爱的出发点和决定因素。这个标准，可以从侧面体现婚姻当事人的婚恋价值取向，并直接影响着其以后的婚姻家庭状况。“择偶标准是社会价值观念的一个重要缩影，从侧面反映出社会历史变迁和社会发展的状况，同时社会政策和社会文化又影响着人们择偶标准的演变。”① 挑选配偶时所依据的条件因人而异，但在同一社会条件、同一风俗习惯、同一民族心理的驱使下，择偶也会有普遍的、共同的标准，当然，这些标准是会随社会风气的变化而发生变化的。

中国社会正处于重要的转型时期，择偶标准，作为反映个体价值观念的一个敏感指标，体现出明显的现实化倾向。婚恋流行词中的“拜金女”“宝马女”“拜金男”等潜在地反映了这一时期择偶标准的现实化和功利化的特征；而“森女”“森男”等婚恋流行词则反映了该时期择偶标准的情感化需求。

1. “拜金女”与“拜金男”

“拜金女”与“拜金男”是这样一类人，他们在择偶标准中把物质和金钱放在首先和最重要的位置，也以金钱衡量着生活和爱情。有人支持在爱情中以追求物质、过好生活为首要目的，也有人反对，称这是对爱情和婚姻的亵渎。总体来说，他们所追求的生活质量主要为客观生活质量，认为那是最幸福的。

（1）“拜金女”与“拜金男”的由来

“拜金女”是指把金钱价值看作最高价值、盲目崇拜金钱、一切价值都要服从于金钱价值的思想观念和行为的女人。“拜金女”一词从2010年开始成为全社会关注的热点名词，它源于网络红人马诺②在电视相亲节目《非诚勿扰》③ 中的一句犀利语录，也就是

① 孙卫：《20世纪90年代中国婚姻伦理的演变——家庭伦理剧透视的历史》，载梁景和主编《婚姻·家庭·性格研究》（第四辑），社会科学文献出版社2014年版，第140页。

② 马诺，女，1988年出生于北京，演员，平面模特，节目主持人。因其在江苏卫视《非诚勿扰》中自大、媚富的言论而迅速在网络上蹿红，被网友们称作“拜金女”，随后被封杀。

③ 《非诚勿扰》，现更名为《缘来非诚勿扰》，是中国江苏卫视制作的一档大型生活服务类节目。由孟非担任主持人，另有嘉宾老师作为搭档，于2010年1月15日首播，每周六、日21:10播出，2015年1月3日起改为周六21:10播出。节目中有24位单身女生以亮灯和灭灯的方式来决定报名男嘉宾的去留，经过“爱之初体验”、“爱之再判断”、“爱之终决选”、“男生权利”等规则来决定男女嘉宾的速配成功，后增加“爆灯”环节和“心动女生”设置。是婚恋电视相亲节目的典型代表。

她在节目中称“比起在自行车后面笑，更喜欢在宝马车里面哭”，从此关于“拜金女”的话题引发了网络和社会上铺天盖地的讨论。马诺本人也因为在媒体面前大胆、高调地宣称自己的“拜金主义”，而被作为“拜金女”，也叫作“宝马女”的典型。马诺刚开始参加《非诚勿扰》时就敢说敢做、泼辣毒舌。在2010年1月17日播出的第3期节目中，一位爱好骑自行车且无业的男嘉宾在最后一个环节中，问台上的三位女嘉宾：“以后愿不愿意经常陪我一块儿骑单车？”马诺毫不犹豫地回答说：“我还是坐在宝马里哭吧。”随即引来了很多质疑和谩骂声。对于自己赤裸直白的拜金宣言，马诺认为：“我想人人都希望自己过得好一点吧，与其遮掩伪装，还不如坦诚表现。”她经常语出惊人，甚至在电视里坦言自己喜欢奔驰和宝马，交过的男友七八个仅是零头。但她“疯狂而直白”的婚恋态度，让观众看得相当“无语”。

社会上不同性别、不同地区的人对“拜金女”的接受程度也各不相同。国内最大的婚恋网站世纪佳缘网[①]正式发布了《2010—2011年中国男女婚恋观调查报告粉皮书》[②]，这一调查覆盖了全国16个地区、21694位单身男女。报告一经发布，便引发了网民的极大关注。这份调查报告显示，人们对“拜金女”现象的态度存在着较大争议，一半受访者认为“正常”和“无所谓”；另一半则认为有点“看不惯”和“无法接受”，但整体上并未呈现出一边倒的反对态度，说明社会上对于该类有争议的现象已逐渐宽容。从性别上来看，女性更能接受，而男性对这一现象持否定态度的居多。巨大的社会压力，让女性期待拥有更高品质的家庭生活，而对于女性这种将经济压力单方面转嫁到男性身上的做法，大部分男性持否定态度。从地区上来看，浙江人对“拜金女”这一现象的接受认可度最高，达到42%，四川、广东、重庆、山东等地对此现象可接受人

① 世纪佳缘网成立于2003年10月8日，创始人龚海燕。它是一个婚恋网站，网站规模大、征友效果反响较好，通过互联网平台和线下会员的见面活动为中国内地、中国香港、中国澳门、中国台湾及世界其他国家和地区的单身人士提供严肃婚恋交友服务。

② 详文请参见 http：//www. jiayuan. com/parties/2011/hldc/。

数的比例也高于全国平均水平；而对这一现象持否定态度人数最多的则是天津。

“拜金男”的含义与“拜金女”类似，也是在生活和择偶过程中以追求物质、金钱为第一位。2010 年 5 月 2 日第 22 期《非诚勿扰》节目中的 4 号男嘉宾关敬民①因其“择偶标准为百万年薪女性”的言论，被网友们直呼为“拜金男”，甚至是“极品拜金男”。关敬民是一位只身在北京闯荡的东北人，从事慈善基金行业。在谈到理想女生时竟表示：“相貌无所谓，但年薪要在 100 万元至 300 万元之间，这样我可以少奋斗 10 年，就算当上门女婿也可以考虑。”此话一出立刻引来众多女嘉宾的质疑，现场观众也唏嘘一片，大家都质疑“拜金男”关敬民来上节目的真正用意。

人们对“拜金男”的接受程度明显低于“拜金女”，因为人们通常认为“拜金女”在用完一个男人的钱之后多少会产生一点感情，而“拜金男”在用完一个女人的钱之后会干脆地换一个女人。“拜金男”在某种程度上也是“软饭男”，是为了少奋斗几十年而出卖自己爱情的男人。

（2）“拜金女”与“拜金男”的婚姻伦理观

无论是“拜金女”还是“拜金男”，都把经济条件作为择偶的首要条件和交往前提。他们认为爱情没有金钱来得可靠，更认为追求金钱和物质并不违背婚姻伦理，只是个人意愿和个人私事，为的是提高自己及后代的生活质量，减少自己在社会上奋斗、打拼的时间。

在“拜金男”和“拜金女”看来，没有钱的爱情和婚姻是悲哀的，也是他们所不能接受的。如果在金钱和爱情两者中只能择其一，他们会毫不犹豫地选择前者。这种婚姻伦理观除了因为高额的房价、沉重的生活压力，还有些是受父母影响而形成的，特别是对于女性来说。父母大多疼爱女儿，甚至于决不让女儿嫁给没有房、

---

① 关敬民，男，生于 1981 年，东北人。江苏卫视《非诚勿扰》2010 年 5 月 2 日第 22 期男嘉宾，因被称作“拜金男”而走红网络，备受争议。

没有车的人，父母的干涉和言传身教让子女在婚恋中更重视物质条件的满足。另外，女人有时总喜欢和好友做比较，比家庭、比工作、比爱情、比老公……当发现闺密的老公比自己的有钱时，那小小的不快就悄悄爬上了她的心——“凭什么我不能找一个开宝马的男朋友?”“为什么她生活得比我富裕?”——这样想的结果，免不了变得虚荣和“拜金”。亦舒有本小说叫《喜宝》[①]，里面名叫喜宝的女主人公有句名言：我需要很多很多的爱，如果得不到，我就需要很多很多的钱。这句话道出了很多女孩的心声，也是“拜金女”层出不穷的心理根源。她们真的很缺爱，为了不使自己的心灵之杯继续空虚下去，她们就需要大把的钞票、洋房、名车、名包来装饰。

“拜金男”和“拜金女”的婚姻伦理观念除了体现在日常交友过程中，也体现在征婚启事中。在以前的征婚启事中，征婚者主要强调自己“素质好”、“人品好”，并不特别突出自己的收入状况；在现在的征婚启事中，“经济优”、“收入丰”、“有房有车”等是作为重点罗列的条件，一些征婚者将自己的各种诱人条件列成一项一项的条款，如同待价而沽的商品。很多征婚女也把“经济”列为择偶标准的头一条，把嫁给有钱人当成完美人生的标准之一。

事实上，拜金心态并不是新生事物，自古就有。但是，在传统价值观中，人们普遍认为拜金、过于看重金钱是缺乏美德的表现，而克勤克俭、艰苦奋斗的女性往往是“贤妻良母”，是“有德”的人。不过，现在的人们似乎颠覆了这一传统伦理，最起码在对待拜金现象时宽容和开放很多。同时，人们对拜金的看法也各不相同。在国内最大的严肃婚恋网站世纪佳缘组织的“拜金女该不该得到真爱”的网络大讨论中，正方、反方激烈交战。有人认为物质上的优越起码能让女人得到少许安慰，而且一个女孩的天生丽质就是她骄傲和拜金的资本，拜金的人也有权利争取自己的幸福。有人却觉得没有爱情的婚姻是不道德的，当人与金钱画等号时，与商品又有何

---

① 亦舒：《喜宝》，新世界出版社 2007 年版。

异？拜金只是一种对金钱的执着，与幸福无关。世纪佳缘 CEO、情感专家龚海燕[①]也表达了自己的观点：拜金不是罪，但即便没有豪宅宝马，尝尝“一起吃苦的幸福”那又何妨呢。

在现实社会中，也不必对“拜金女”过于指责、批判，毕竟生活方式与爱情观念不同，追求物质享受也是个人的权利。只不过，物质并不是获得幸福的必然条件，就如同再多的金钱也无法买到快乐。婚姻不是交易，爱情不是商品，不能标价出售。一桩只建立在金钱基础上的婚姻，不仅对对方是一种伤害和欺骗，对于“拜金女”自己来讲同样是不负责任的行为，这样的婚姻比起两情相悦，自然牵手来说更容易破裂，所谓的幸福也就成为了幻影。

（3）“拜金女”与“拜金男”的生活质量观

“拜金女”与“拜金男”在生活中无疑是以追求客观生活质量，即物质享受为主的，不能否认在他们中间也有追求爱情和精神满足的，但这里主要说的是那些典型的“拜金”男女的生活质量观。

28 岁的翟冰讲述了和前女友红的“拜金”爱情：

> 我与红恋爱两年了，起先我在国内做公司职员，虽然工资不高，但我一攒到钱就会带红去旅行。我是单亲家庭，没婚房。红的家庭也一般，她平常爱买衣服、爱 K 歌也不攒钱。为了攒到房子钱与红结婚，我决定出国打工。我的决定红一点也没阻拦。我出国后在一家红酒厂工作，每个月有两万元的收入，平时我花钱节省，算下来两年后就可以攒到首付的钱。可谁知我刚出国半年，红就有了别的对象，并迅速结婚了，红的老公是她一位嫁给老板的姐妹帮忙介绍的。红对我说，她实在不甘心过平凡的人生。还说，其实她妈妈也嫌我经济能力不行，她早就知道和我没有未来，所以当初我出国时没有阻拦。我什么话也没说，只感觉到心痛，那以后再没联系过红。其实

---

① 龚海燕，女，1976 年出生，毕业于北京大学中文系，获得复旦大学新闻学院硕士学位。世纪佳缘创始人，被称为“网络第一红娘”。2012 年 12 月 24 日晚，主动辞去世纪佳缘 CEO 职务。2015 年 3 月，已经清空持股，不再担任世纪佳缘任何管理职务。

> 我早知道红是拜金女，但我天真地以为我无尽的爱可以弥补她对金钱的渴望，却不曾想“奋斗男”的真爱永远追不上拜金女的负心。在异国他乡的日子里，我遇见了一位中国女孩并被她的朴实所打动，她比我挣的钱多但从不主动要求礼物，一年后我们回到国内买了房。可正当我们要结婚之际，红却给我发短信说听说你回来了，我想见你。我问她什么事？她说，结婚时本来就是因为钱才嫁给老公的，婚后却发现他有三四个情人，她质问他，他却说，你也可以出去找男人，我们俩谁也别管谁。红说想离婚，她问我还想不想跟她结婚？我对红说，我不再爱你了，因为我看见了你不高尚的灵魂。①

从上面这个真实故事中可以看出，“拜金女”的生活质量观就是对物质、金钱有着强烈的渴望和崇拜心理，甚至能够失去自我、出卖自己的爱情和身体，沦为金钱的奴隶。同时，“拜金女”会为了满足自己对物质生活的追求而迅速放弃感情，投入金钱的怀抱，当物质生活丰裕了，本应该感到幸福的时候却因为精神上的不完整而得不到自己以为的真正的幸福。所以，对“拜金”男女而言，物质的满足与生活的幸福和满意度并不一定呈正相关，而是错综复杂的关系。纯粹“拜金”的男女只追求金钱和物质，不会介意情感的贫瘠和缺乏，他们在追求到物质的时候就会感到幸福，反之则觉得不幸福、不甘心和太平凡；既“拜金”又希望得到爱情的男女，只有在二者兼得的时候才会感到真正的幸福，只得到其中一个的时候只是一时的满足，随后又会陷入痛苦和挣扎之中。

马克思主义认为经济基础决定上层建筑。在这个物欲横流的社会里，“面包”是必须有的，而后爱情才能存在，否则没有“面包”的爱情还是会枯萎。但是需要的是普通“面包”，还是昂贵“面包”就是另一回事了。现代生活是物质与精神并存的，这两者

---

① 小赫，多多的多：《“80后”“90后”拜金婚姻，会有多少幸福结局?》，《爱人》2010年第16期。

缺一不可。物质是生活与梦想的基础，它可以让人的生活更快乐。所以，喜欢物质没有什么不对，追求财富也没有错。如果能把这种追求财富的渴望变成自己奋斗的动力，靠自己的能力获得并享受这一切，则无可厚非。可如果把一切的筹码都压在婚姻上，希望通过婚姻来解决这一切，并把对金钱的需求作为唯一的准则，那最终就会毁了自己。虽然金钱是实现幸福的重要工具，但金钱毕竟不是幸福本身。

2. “森男”与“森女”

“森男”与“森女”和“拜金男女”相反，不追求物质，淡泊名利，享受精神的自由和丰满。“森男”与“森女”从一种穿衣风格、服饰特征延伸到一种内在性格、个人气质，又扩展成为一种婚恋观点、生活态度。

（1）“森男”与“森女”流行词的由来

2010年日本新崛起一个族群，叫“森林系女孩”或者“氧气女孩”，简称“森女”。“森女”这个词起源于日本最大的服饰团购交流网站。“‘你看起来像森林里走出来的女人’这句话出自一个20岁的日本女孩儿之口，成了‘森女’一词的出处。”① 名叫“Choco”的女孩因为被朋友说很像是在森林里长大的，于是她就以“森林系女孩”这个名字在网站上开设了一个社群，没想到获得了许多网友的认同和支持。而现在，以“森女”为主题的各种商品、杂志、书籍和音乐等相继问世。“森男”一词也是源自于“森女”。近几年，这股“森林”风刮到中国，许多崇尚这种纯朴的个人风格和生活态度的男女也被人们称为“森男”或“森女”。“森男”与“森女”不只是穿着森林系的衣服，而且大多是不拘于现实的生活，不物质、不做作，崇尚自由、生活简朴的男生和女生。他们活在当下，享受当下的点滴幸福，不崇尚名牌，穿着有如走出森林的自然风格，喜欢与人为善，带着亲切的气度与文艺的气质。这样的衣着打扮与生活态度，为繁忙的现今社会，带来了一缕清风。

① 陈可尼：《“森女”是一种生活态度》，《延边日报》2012年8月23日。

（2）“森男”与“森女”的婚姻伦理观

在婚恋择偶过程中，“森男”与“森女”们非常重视情感的维系，而非物质上的索取，认为感情的稳定和升华才是恋爱和婚姻中最重要的因素。他们可以过着普通纯朴的生活，可以没有宝马、没有奢侈品，但是不能容忍在婚姻中没有爱。爱情是人类所特有的高尚情感，是一种崇高的精神生活。马克思在《论离婚法草案》[①] 中明确指出，婚姻的基础是男女双方的爱情，也只有这样的婚姻才是道德的、有生命力的。恩格斯在《路德维希·费尔巴哈和德国古典哲学的终结》中，认为爱情是“人们彼此间以相互倾慕为基础的关系”[②]。“森男”“森女”们就是新世纪唯爱情至上、轻视物质追求的典型代表，类似于只在乎精神和爱情的“精神女”，他们更注重性格的融洽、兴趣爱好的相投和志向目的的一致。在他们看来再多的物质和金钱也买不到纯洁的爱情、忠贞的婚姻和灵魂的伴侣。

下面这段自述的主人公从精心包装到素面朝天，从奢华“拜金”到自然“森女”，她对爱情和婚姻的看法也悄悄地发生了变化。

> 我的人生很坎坷。与同一个人离婚两次，心灵的创痛，让我很长时间不敢言爱。但随着时光的流逝，不惑之年的我倍感孤独。孩子长大了，成年了，对我说，好男儿志在四方。潇洒来去，家已经不再是他眷顾的小巢。而我心里更明白，不久的将来，他会有爱人，有幸福的家，有自己的后代。他会更加忙碌，无暇照料我。那我呢？
>
> 每个人都有追求幸福的权利。热衷相亲的我，为了掩盖岁月的痕迹，化眼下最流行的烟熏妆。首饰更是一样不落，金项

① 马克思：《论离婚法草案》，载《马克思恩格斯全集》第 1 卷，人民出版社 1965 年版。

② 恩格斯：《路德维希·费尔巴哈和德国古典哲学的终结》，载《马克思恩格斯全集》第 21 卷，人民出版社 1965 年版。

链一定得坠上金鸡心。戒指呢，左手蓝宝石，右手红宝石，交相辉映，效果不错。手腕自然也不能错过。左腕戴一款时尚女表，小巧玲珑；右腕是翡翠玉镯，晶莹剔透。并且专门做了指甲。玉指纤纤，指甲美丽如画。头发是连卷带烫，外带三色挑染。衣服购自精品屋，价格不菲。

但是，很奇怪，经过精心包装的我，每次相亲都大败而归，一顿饭后便没有了下文。所以，当介绍人第 15 次为我介绍对象时，我婉言谢绝了。

周末，朋友聚会，相约各自带爱人赴约。我没伴侣，只好单身赴会。也许是逆反心起，我干脆洗尽铅华，素面朝天去了会场。粉色的上衣，宽大的衣摆轻盈下垂，宛若蝴蝶翩跹。白色的长裤，剪裁得体，简洁优雅。

饭后，独自一人踱到窗前看月色。他走过来，微笑着说，原来你是“森女”啊！“森女”？是啊，清纯自然，宛如从大森林里走出来的女孩子。

我说，我是女人，成熟女子。他笑，说，在我眼里，你就是个非常可爱的女孩子。他拉我到镜子前，说，你自己看吧。岁月在你身上似乎没留下什么痕迹呢！

定睛看去。果然，镜子里的自己，微笑如花，端庄秀丽；头发自然下垂，黑色的瀑布一般。他说，清水出芙蓉，天然去雕饰。唇不涂而丹，眉不画而翠。现在的大都市中，这样的女孩子可真是不多了。

心，怦然一动，心头立刻升腾出一种温暖的想法——我想做他心目中永远的“女孩子”。这样一想，双颊发热，恰似彩霞，宛如抹了胭脂一般。他在我耳边低语，看，还说自己不是女孩子，动不动就脸红呢！

就这样，我心甘情愿地成为了他的女朋友。他说，“森女”嘛，就是一切以舒服为主，保持自由快乐的天性就好了。于是我就很舒服地享受起“森女”的爱情。每天不用化极浓的妆，不粘贴假睫毛。这样，节省下的时间就可以惬意地读书。每天傍晚，我们携手散步，这样我就不用久坐在电视机前看无聊的泡沫剧了。每天入睡前，我们一定要交流一小时，聊人生，聊未来。和他在一起，穿着以舒适自然为主，全棉是我的首选。他说，生活中，男人对女人最好的呵护，就是让她远离化纤织物。他不喜欢我涂艳丽的口红，却会给我买透明的润唇膏，让我的双唇时刻保持润泽。最好的是，跟他出门，我不用穿高跟鞋。舒适轻便的平底鞋，方便我们郊外远足。

因为他，我的心灵得以保持纯真的原色。因为他，我的爱情生机盎然，青葱无比。因为他，我爱上了大自然。常和他一起，背着相机出门，徜徉在原野上，拍下季节的美景。他说，我就喜欢你这样，舒展心灵，回归本真。现在的你，是最真实的你。我说，是啊，因为你，我终于找回了自我，不伪饰，不虚夸，终于做回那个多年前纯真质朴的我。①

做回“森女”的主人公明白了昂贵的首饰和华丽的服装并不比纯朴真实的自己更打动人心，抛掉物质的浮华，换来了精神的相依和爱情的生机。

（3）“森男”与“森女”的生活质量观

“森男”与“森女”的生活观是活出自己的感觉，他们愿意花最少的钱，过最有品质的生活。在高速运转、利欲熏心的社会当中，他们追求舒适自在，注重生活的细节与享受，以恬静、安谧的心态和行为处于世。他们不同于“宅男”和“宅女”，虽然都追求自在和安静的生活，但不会宅在家里消极度日，而是享受自然和生活本身。因为崇尚简单、自然，也使“森男”和“森女”们在生活和爱情中从事着本真的低碳行动。23 岁的预算员宁馨说道：

以前我很崇尚小资的生活方式，更是品牌的拥趸，感觉只

① 夏爱华：《寻找爱情沙》，中国社会出版社 2013 年版，第 269—271 页。

有这样的生活才是精致的人生态度，女人就应该呵护自己。可当我真正过上小资的生活时，却总感觉很假，仿佛在作秀，不是真实的自己。自从上班以后，我都没能静心读过一本好书，每天挂在网上，插着耳机听MP3，为了追寻名牌服装和化妆品的最新款式，几乎天天跟着时尚杂志研究。说实话，这样的生活真的很累，很矫情，更甭说去关注环保了，快节奏的生活让自己忙碌不堪。我也曾在内心问过自己："为什么活？是为高贵的品牌，还是为精致的妆容？精致高标准的生活真的是自己喜欢的吗？"得到的答案都是否定的。"森女"是我从杂志上看到的一种全新的自然的生活方式，我非常喜欢这种悠闲淡定的绿色慢生活，给自己多一分舒适，少一点忧虑；多一分真实，少一点虚伪，最起码能活出真实的自我。摒弃无谓的浪费与矫情，无论是在物质或精神上，追求理性的消费和随意的生活，更贴近眼下提倡的低碳生活。

做了"森女"以后，我才发现，原来简单生活的心境也可以如此时尚、快乐，完全可以用真实平凡的美丽、低碳绿色的高品质去穿透浮华奢靡的尖锐。记得有位作家曾这样诠释简单的生活："让你的生命之舟，只来承载你所需要的东西。"我们生在红尘繁华中，所需要的其实真的很少很少，所有的虚伪、攀比和拼命、疲惫都是为了填补欲望的沟壑。"森女"提倡原汁原味、朴素节俭的生活观念，浪费奢侈、污染环境是"森女"们最不钟爱的行为。用心享受悠闲简单的真实生活，走进大自然，接触绿色，你会发现：真正的幸福和快乐其实就来自最简单的生活。①

"森男"与"森女"如同森林般的品质，不仅反映了他们的婚姻伦理观，也是他们对生活质量的一种追求。梭罗在《瓦尔登湖》中写出了"森女"森林般生活的本质："我去森林生活的目的，就

① 齐鲁：《"森女族"的时尚低碳生活》，《中国林业产业》2010年第10期。

是希望过一种审慎的生活，只面对最基本的生活，我试图了解自己是否可以学会生活启示我的一切，以免在死的时候发现自己的生活没有意义。”[①] 所以，并不是越多的物质和金钱就能使人变得快乐和幸福，有时像“森女”般过一种简单的生活，反而会在这个繁华喧闹的世界中得到幸福和满足。

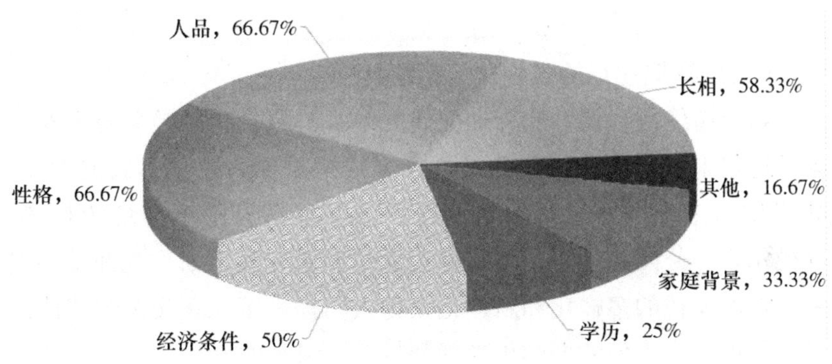

图 1.1　关于择偶标准的调查统计图

择偶标准既可以反映当事人的理想和情操，也可以反映不同时代的时代风貌。进入 21 世纪，中国发生了巨大的变化，人们过上了小康生活，择偶标准也呈现出多元化趋势。“在社会转型期，市场经济引发和促进了家庭的更新，并为形成新的家庭关系和夫妻关系注入了新活力。市场经济强调资源配置，强调效益和公平，这种理念渗透到婚姻关系中，为爱情和婚姻的更新提供了动力和压力，使人们对择偶、夫妻关系和婚姻解体的态度发生了变化。一方面婚姻的不稳定性比过去明显；另一方面也催化了以爱情为基础、以平等为内容的现代婚姻的新生。”[②] 也正是因为婚

① ［美］亨利·大卫·梭罗：《瓦尔登湖》，张知遥译，天津教育出版社 2005 年版，第 86 页。

② 陈方：《失落与追寻世纪之交中国女性价值观的变化》，中国社会科学出版社 2003 年版，第 141 页。

姻的这种不稳定性，使得很多人想要在婚姻和恋爱中得到某些如房子、车子、票子等物质上的满足，以求实现某种稳定；因为经济的不稳定和快速的变化，很多人逐渐把择偶的标准从物质转向情感，以求在物质条件外拥有持久的内在情感。不同的人有不同的择偶标准和对物质及情感的追求，或新潮或传统，它们都是个人素质和时代变迁的综合产物。

（二）择偶途径的多样化与新颖化

择偶途径或择偶方式，即配偶的结识方式，指的是单身男女在择偶过程中，最初认识恋爱对象或者结婚对象的某种方式或途径。21 世纪以来，未婚男女的择偶途径已经不再局限于传统的相亲，电视相亲、公园相亲、网络相亲等新的择偶方式不断出现并受到追捧。择偶途径的多样化和新颖化在为人们提供多元化交友方式的同时，也展现出人们的婚姻伦理观和生活质量观的变化。

1. “非常男女”之电视相亲

爱情、婚姻和家庭是人类永恒的话题，人们的交往方式和择偶途径随着社会的变迁而呈现出多元化的发展，逐渐从私人空间搬到电视荧屏。在各种形式的电视综艺节目中，婚恋相亲节目早已进入了人们的视线，且吸引着人们的眼球。我国的电视相亲节目经历了巨大的变迁，节目形式从最初的婚介到速配，又从速配到现在的真人秀，掀起了电视相亲热的一股股热潮。

（1）电视相亲节目的现状

我国最早的相亲节目是 1988 年 7 月山西电视台播出的《电视红娘》[①]，是电视相亲栏目的开山之作。1990 年 1 月上海电视台播

---

① 《电视红娘》是山西电视台 1988 年 7 月开播的首档电视相亲节目，刚开始属于《电视桥》里的一个小栏目，后于 1989 年 4 月 2 日派生出《电视红娘》栏目，主持人为李忠莲、王金华等。节目形态简单，没有华丽的包装，节目宗旨纯粹——给未婚男女“牵红线”，曾在一段时间内为大家喜爱。但由于节目的运作不够成熟，两三年后，此节目归于平静。详见孙伟兵：《有情人相会在屏幕——山西电视台〈电视红娘〉节目纪实》，《电视月刊》1990 年第 8 期。

出《让我们同行》[①]，同年9月北京电视台播出相亲节目《今晚我们相识》[②]，这是我国电视相亲的“电视征婚”阶段。随后发展为“电视速配”阶段，以1996年台湾电视相亲节目《非常男女》为开端，不同于之前征婚的速配体现在节目中即为短时间自由发问，通过问答尽快了解对方来进行配对。湖南卫视在1998年7月16日推出了大陆版《非常男女》，即《玫瑰之约》，收视率火爆，引来各家电视台纷纷效仿，如上海东方电视台的《相约星期六》，陕西卫视的《好男好女》，辽宁卫视的《一见倾心》，山东齐鲁电视台的《今日有约》，重庆电视台的《缘分天空》，河南卫视《谁让我心动》，等等。

随着电视媒体的不断成熟和大龄青年男女婚恋难问题的扩大，我国电视相亲节目开始转向婚恋交友的真人秀阶段，从2009年底山东卫视全力打造的《爱情来敲门》开始，2010年电视相亲热的“新相亲时代”[③] 正式拉开序幕，电视相亲真人秀节目也开始了井喷式发展。2010年春节后的电视相亲节目与之前有所不同，嘉宾们不再只是为了相亲而相亲，节目也更多地变成了展示个人风采、宣扬个性的舞台。全国各大卫视也趁着这股热潮纷纷推出了各自的相亲节目，有江苏卫视的《非诚勿扰》、湖南卫视的《我们约会吧》、山东卫视的《爱情来敲门》、东方卫视的《百里挑一》、湖北卫视的《相亲齐上阵》、青海卫视的《欢迎爱光临》、辽宁卫视的《幸福来敲门》和《完美告白》、浙江卫视的《爱情连连看》、东南卫视的《约会万人迷》、贵州卫视的《非常完美》，等等，其中以

---

① 1990年1月6日，上海电视台2台《女性世界》节目中开辟了一个新的专栏《让我们同行——电视征婚》。该节目两周播出一次，每集15分钟左右，播出男女征婚者五六人。详见《中国广播电视年鉴》编辑委员会编：《中国广播电视年鉴1991》，北京广播学院出版社1992年版，第279页。

② 《今晚我们相识》于1990年9月14日在北京电视台播出，该节目以“恋爱、婚姻、家庭”为主题，每期介绍五六名男女征婚者的情况、征婚条件和联络方式，主持人与征婚者面对面交谈，为解决大龄青年男女婚恋问题帮忙、服务。详见张晓爱、杨秾、季求时著，当代北京编辑部编：《当代北京电视史话》，当代中国出版社2012年版，第84页。

③ 胡小武：《城市社会学的想象力》，东南大学出版社2012年版，第110—141页。

江苏卫视的《非诚勿扰》和湖南卫视的《我们约会吧》最受关注。

湖南卫视的《我们约会吧》以“我们约会吧，约的就是你”为口号，于2009年圣诞开播。节目聚集了广大城市的单身男女青年，他们个性十足、多才多艺，在主持人何炅睿智的引领下，男女嘉宾通过种种现场考验和问答，最终选择牵手或者出局。因为现场的舞台、音响、灯光炫丽十足，男女嘉宾长相出众，主持人机智幽默，现场激情飞扬，节目经常改版升级，使得这档电视相亲节目获得广泛的关注和好评，收视率逐渐攀升。随后，2010年1月江苏卫视以“只创造邂逅，不包办爱情”为口号开播大型生活服务类相亲节目《非诚勿扰》，借着冯小刚导演的同期、同名电影为节目名称，吸引了广大观众的眼球。舞台上24位单身女生使用亮灯、灭灯、爆灯的方式来选择男嘉宾，通过“基本资料”“情感经历”“朋友采访”“男生反选”等环节来展示自我、互相交流、配对交友，并由主持人孟非、嘉宾老师黄菡等进行主持和引导。节目一经播出，收视率便居高不下，一直位于同类节目的前列，其火爆程度甚至超越先于它播出的相亲节目《我们约会吧》，成为新一轮电视相亲节目的赢家。《非诚勿扰》的大获成功主要归功于节目的话题性、男女嘉宾犀利的言语、现代社会迥异的婚恋观，等等。

除了各大卫视纷纷推出各自的相亲节目以外，大大小小的地方电视频道也相继播出自己的电视相亲真人秀节目，如杭州电视台生活频道的《天天相亲会》、上海电视台娱乐频道的《相约星期六》、吉林电视台生活频道的《全城热恋》，等等。电视相亲节目的火爆不仅体现在收视率上，同时在网络上关于相亲节目的关注和讨论也愈演愈烈，相关贴吧里的帖子每天多达几百条甚至上千条，对节目中男女嘉宾的婚恋观、节目中的话题等进行广泛的讨论，参与的网友不计其数，可见其火爆程度不是其他节目可以比拟的。但是整体来说，电视相亲节目中男女嘉宾牵手的成功率有百分之二三十，台下顺利进入婚姻的成功率不超过百分之五。

（2）电视相亲节目的积极影响

首先，电视相亲节目为广大单身男女提供了更多的择偶途径和交流平台。目前，城市中“剩男”“剩女”现象十分普遍，大龄男女青年的比例较新世纪之前有显著提升。在面临工作压力大、生活交际范围有限、追求较高生活质量的种种难题下，各种相亲会、婚恋网站等相继出炉，而普通的熟人介绍、网络传情已经不能满足大多数人的婚恋需求，所以电视相亲真人秀节目应运而生。“电视婚恋比通常择偶的优势在于优化了资源配置，它以电视的形式面向全国观众，给无论是舞台上还是荧屏下的未婚男女展现了一个更广阔的舞台，拥有了更多选择的机会，参与嘉宾涉及各行各业及各个类型，能够满足不同审美的需求。”① 例如，《非诚勿扰》就是一个男嘉宾一次性相亲 24 位女嘉宾。有时还会有男嘉宾与台下的单身女生、节目组的单身女导演牵手成功的情况。就算没有牵手成功，节目也会播出其个人联系方式，使他们有机会和电视机前感兴趣的女生交流互动。这种择偶方式迎合了年青一代的交流需求，让他们在择偶的过程中展示了自我，为择偶增加了更多机会。

其次，电视相亲节目引导着社会的婚恋价值观。传统社会的婚姻多是“父母之命，媒妁之言”，进入近代后人们逐渐开始自由恋爱、自由结婚、自由离婚等，但婚姻恋爱生活中的具体细节和要求一般都归属于私人领域，鲜有在公共媒体平台上公开甚至进行自由讨论。而电视相亲节目的男女嘉宾能够就婚恋中的很多细节问题展开讨论，如是否介意婚前性行为、如何看待姐弟恋、愿不愿意与父母同住，等等，一改以往的羞涩、耻于表达等传统，大胆、勇敢地表达自我感受和需求。这些话题同时在网络上也引起了广泛的投票、讨论等，这在很大程度上对社会的婚恋价值观也产生了引导作用。“电视婚恋节目的策划适应了时代多元化的选择，内容生产也贴近了当代人多元性的选择，它不仅仅是在配对恋人，同时也是在让所有观众探讨婚恋爱情的观念和态度，它引领了婚恋道德观念的

① 郭慧：《我国电视婚恋节目的道德审视》，硕士学位论文，河北经贸大学，2014年。

进步。”①

最后，电视相亲节目丰富了广大人民群众的精神文化生活。无论是相亲节目中制造的话题，还是男女嘉宾独特的婚恋观，抑或是爱情导师的心理分析等，都成为了人们茶余饭后讨论和交谈的重要内容，这无疑在吸引着广大人民群众眼球的同时，也形成了对当今社会婚恋现象等重大问题的探讨和反思。相亲节目不仅有年轻人参加，也有中年人和老年人参加，包含的年龄层十分广泛，它一方面给人们的休闲时间提供了娱乐和欢笑；另一方面也在潜意识地传递和影响着人们对各种不同婚恋观的思考。

（3）电视相亲节目存在的伦理问题

虽然新一轮的电视相亲真人秀节目吸引了众多眼球，也发挥了一定的积极作用和影响，但同时也出现了一些伦理问题，受到很多观众的反对。为了规范此类相亲节目，国家广电总局在 2010 年 6 月初发布了《广电总局关于进一步规范婚恋交友类电视节目管理的通知》和《广电总局办公厅关于加强情感故事类电视节目管理的通知》两份文件。

电视相亲节目存在的伦理问题主要反映在以下四个方面：其一是节目内容的真实性受到质疑，节目存在诚信问题。受到质疑的是男女嘉宾的身份信息，存在造假的嫌疑。男女嘉宾本是电视相亲节目的主体，一旦身份出现造假就不免让人怀疑交友的真诚度等问题。在天涯论坛上有人发帖爆料说，自己身为在校大学生的朋友，曾被某电视台相亲节目找去当节目女嘉宾，说的话很多都是导演们规定她们说的，就和演戏差不多，谁演得好谁的薪水就高一点，还有节目爆出的那些嘉宾的资料也有很多水分，节目组有时还会请来一些“职业观众”，安排他们坐在离舞台最靠前的位置，安排他们哭。② 更有参加过《非诚勿扰》的女嘉宾曾透露，节目组在挑选嘉宾时会优先考虑那些有过特殊情感经历、敢

---

① 曾卉：《我国电视婚恋节目的伦理探析》，硕士学位论文，湖南师范大学，2012 年。

② 参见天涯论坛 http：//bbs. tianya. cn/post－funinfo－4192857－1. shtml。

于表达观点、从事特殊职业等条件的报名者，而且在节目播出时会给每个人贴一个标签，要求她们根据标签把个人特点无限放大，以达到一定的舞台效果，可见其真实性就大打折扣了。2010年在《我们约会吧》播出半年后，网上有人发起了一份关于其真实度的调查问卷，据统计，认为这档节目完全真实的仅占12.08%，认为嘉宾资料有所保留和完全造假的分别有63.43%和19.15%，希望这档节目更加真实的占43.81%。[①] 还有一个关于电视相亲节目真实性的调查显示，目前为止多数人认为电视相亲节目的真实性只有10%—30%。[②] 以上数据也直接表明，大多数观众和网友对《我们约会吧》及其他电视相亲节目的真实性表示怀疑和不信任。针对相亲类节目嘉宾造假现象的层出不穷，国家广电总局下发文件明确提出了“禁止令”：“婚恋交友类电视节目要把好嘉宾关，要认真核实嘉宾的真实身份，严禁伪造嘉宾身份，欺骗电视观众。”同时受到质疑的还有男女嘉宾参加节目的动机。观众认为大多数嘉宾的动机不诚，并非为了速配交友。“宁愿在宝马车里哭，不愿在自行车上笑”的马诺、身家600万元的“富二代”刘云超、“握手费20万元”的朱真芳等一时让《非诚勿扰》有了“不诚”的质疑。到底有多少人是真正为找到另一半而上《非诚勿扰》的？在天涯、猫扑等论坛中，七成左右的网友对他们参加相亲节目的真实性表示怀疑。很多人认为他们是故意使用夸张和大胆的言辞来吸引大众的眼球，以求成名和表现自我，最起码他们在交流的时候有表演的痕迹，缺乏真诚的态度。

其二，片面追求收视率的功利化、泛娱乐化倾向。电视相亲节目受到广大观众的热烈追捧和关注的同时，也出现了“功利化”、“媚俗化”和“泛娱乐化”的倾向。作为一档电视节目，追求收视率本无可厚非，但是若以“唯收视率至上”为准则，电视节目就不免会出现各种问题。为了吸引大众的眼球，各大相亲节目、各大电

---

① http：//survey. 1diaocha. com/Survey/_ SurveyDetails. aspx? category = relaxation&id = 34523459862054。

② http：//survey. 1diaocha. com/Survey/_ SurveyDetails_ feeling_ 35846433546164. html。

视台之间展开了激烈的竞争，随之就出现了以犀利的言语、隐秘的私事、劲爆的话题等来刺激大众的感官欲望和神经，从而引起大家的关注和讨论。虽然赚取了利润和收视率，但是作为电视媒体，它传播的信息又给观众带来了怎样的社会影响呢？它符合大众审美还是审丑？其道德教育作用又体现在什么地方呢？这一系列的问题都没能给人们一个满意的答案，这应该也是电视相亲节目所要思考和改进的问题。所谓“泛娱乐化指的是一般以消费主义、享乐主义为核心，以现代媒介为主要载体，以内容浅薄空洞甚至不惜以粗鄙搞怪、噱头包装、戏谑的方式，通过戏剧化的滥情表演，试图放松人们的紧张神经从而达到快感的思潮”①。电视相亲节目作为综艺节目的一种类型，可以生动活泼、雅俗共赏，不一定非要有非常强的意识形态属性和道德教化功能，但也要有原则和底线，不能完全颠覆大众公认的规范、准则和常理。为了突出和表现自己，有些嘉宾的话题屡闯禁区，“把无耻当可爱，把隐私当噱头”，完全不顾公众的感受；为了追求高收视率，有的节目也放弃自己坚守的底线，不断推出“雷人”嘉宾、“雷人”观点、“雷人”场景。违背基本道德规范和公共准则，不是个体道德的高扬，而是个人品德的低下，对个人的成长和社会良好风尚的形成，都是有害无益的。而且当真爱遇到无情的调侃和娱乐时，大众的接受程度也会一再受到挑战。

其三，崇尚拜金主义、享乐主义的非主流价值观。节目中充斥的各种低级、拜金、享乐的恶俗话语直接挑战了人们的价值观和道德底线。我们经常可以看到的是一个各方面条件很优秀，只是目前经济状况不是很理想的男嘉宾一般都不会牵手成功，而那些家境优越、其他条件一般或者有一些奇怪观点的人反而被很多女嘉宾留灯。相亲节目比较多地放大和推崇郎“财”女貌，认同“干得好不如嫁得好”，公然声称“婚姻毕竟是物质的”，于是，要嫁就嫁

① 郭慧：《我国电视婚恋节目的道德审视》，硕士学位论文，河北经贸大学，2014年。

有钱人，要嫁就嫁“高富帅”，要择就择“金龟婿”等，几乎成了许多人的择偶标准。电视相亲节目中嘉宾的种种犀利的话语、拜金的言行、炫富的丑态，无不展现了当下充斥着金钱、权力和享乐至上的畸形婚恋观。诚然，他们成功地吸引了观众的眼球，使节目获得了不菲的收视率，但是节目把“拜金”“炫富”等非社会主流价值观无限地放大和宣传，传递了不健康的价值取向和婚恋观，严重挑战了观众的极限，对社会产生的负面影响亦不容小觑。因此，国内各大媒体纷纷发表文章予以批判，央视《焦点访谈》亦播放深度报道《让婚恋情感类电视节目健康发展》①，对节目中的种种低俗现象予以批判。国家广电总局也迅速出击，采取措施整治婚恋交友类节目的低俗丑陋之风：“婚恋交友类电视节目不能由演员、模特、节目主持人、‘富二代’、‘成功人士’等身份的嘉宾占据荧屏；不得以婚恋的名义对参与者进行羞辱和人身攻击，甚至讨论低俗涉性内容，不得展示和炒作拜金主义等不健康、不正确的婚恋观。”

其四，缺乏情感交流和对他人的尊重。每个人都渴望被尊重，这是每个人的道德权利，也是人的基本需求，在电视相亲节目中更应如此。尊重不仅是人与人之间相互交流的基本前提，也是文明社会的基本特征，在尊重他人的同时，也能赢得他人对自己的尊重。尊重他人是身处社会的每个人必须具备的道德素养，也是包括电视在内的所有媒体必须遵循的道德准则。但是，在现实的电视相亲节目中，其男女嘉宾很多时候却不懂得尊重他人，上来就找茬、指缺点，针对他人的身高、发型、体型等评头论足，特别直接，甚至让人尴尬不堪，导致相互攻击的情况也时有发生。“相亲节目往往为了追求形式上的娱乐效果而忽略了应尊重人的道德义务。这样，在电视节目中，对他人认真对待的严肃问题进行无厘头式的调侃，对他人的某些生理缺陷或心理伤口进行肆意的嘲弄，就成为获得娱乐效果、拉升电视收视率的‘必要之恶’。而在电视节目取得‘笑

① 视频：《让婚恋情感类电视节目健康发展》，http：//news.xinhuanet.com/video/2010-06/11/c_ 12212241.htm。

果’十足的不经意间，便失去了电视传播过程应有的道德关怀。”①

（3）电视相亲节目伦理问题的原因分析

首先，是市场经济的负面效应和利益诱惑所驱动的。在市场经济下，金钱似乎成为了衡量一切的标尺。市场经济发展的不健全和不成熟，为追逐金钱和利益的意欲膨胀与病态制造了条件。相亲节目为了提高收视率和获取经济利益，过于强调以某个男嘉宾或女嘉宾为主体，不分青红皂白、不辨是非曲直的畅所欲言，过于迎合观众的非理性欲望，如对享乐的需求，对虚荣的需求，对性、隐私、暴力、刺激的需求等。这就忽略、淡化了其对社会的责任。

其次，民众的追捧和婚恋需求使得相亲节目越来越多，也越来越娱乐化。不可否认，娱乐是人类与生俱来的天性，也是电视商业化的必要手段。尤其是在当代社会，众多大龄单身男女每天伴随快节奏的生活方式、高强度的脑力（体力）劳动，生存在有各种压力的环境当中。人们需要一种轻松和娱乐媒介，来调节生活中的“压力”。相亲节目因此成为社会生活的润滑剂、民众需求的减压阀。当打着约会、爱情等旗号的相亲节目一拥而上的时候，也就意味着人们这方面的生活需求没有得到满足，人们需要这种真正贴合人心的电视节目。

再次，是电视传媒社会责任的迷失。电视传媒有着一定的社会责任，肩负着传播新闻、教育、娱乐等功能，有义务促使社会的和谐与进步。相亲节目要认识到自身社会责任的重大。在责任与利益的双重驱使下，电视传媒出现了某种程度上的迷失，影响了它的公信与权威。

最后，是相关制度的滞后和不健全。电视相亲节目在出现一些问题时，国家广电总局也下发过文件进行调整和治理，但总体还是处于滞后状态。同时我国目前有关电视媒介的制度尚不健全，无论是约束媒介行业的机制，还是规范媒介从业者的职业道德，都不尽人意。

① 孙江月：《电视离真情有多远——相亲节目伦理问题研究》，硕士学位论文，中国艺术研究院，2012 年。

2. “白发相亲”之公园相亲

“白发相亲”是“一种非制度、非正规的婚姻代理方式，指父母代替子女在‘相亲角’寻找结婚对象这种新型的择偶模式”①。现代人的工作压力为大众所周知，他们应付了学习、工作，却忽略了自己的恋爱婚姻问题，于是出现了一群被称为“剩男剩女”的大龄青年。儿女们忙于学习、工作，没时间谈恋爱，老爹老妈干着急。很多晨练中的中老年人在锻炼中渐渐熟识，话题内容逐渐升级，彼此间的交流慢慢变成了为子女相亲。民间自发的活动总是有一种特别的力量，公园相亲会开始于2004年，到2005年迅速成为一种普遍现象。随着公园相亲会“市场”的火热，每周花几天时间，在各大公园里“奔波”，替儿女们寻找他们的另一半，已经成了一些父母们必备的“功课”和日常的生活内容。在北京，可考证的“父母相亲会”场所最早始于北京的龙潭公园，是民间的自发活动。这些老人的子女大多属于“三高”——高学历、高工资、高年龄，由于工作原因，没时间认识更多的同龄人，心急的父母们便在遛弯时互相交流子女信息，挑选中意的儿媳、女婿。

2004年9月，《北京晚报》做了一个“为白领婚事支招”的栏目，一位汪姓老师给报社发文章，建议“妈妈们干脆就在龙潭公园‘龙字石林’附近的‘飞龙阁’交流”。汪老师还在文中提议家长把孩子的基本信息发到她的邮箱，由她义务为大家牵线。文章见报后，吸引了十几位家长，在飞龙阁举行了第一次聚会。没想到光靠口耳相传，“父母相亲会”一下闻名于世。2004年11月2日，汪老师发表文章《白领及白领的爸爸们你们也一起来吧》，列出龙潭、紫竹院、中山三处公园的活动地点和时间。自2004年年底起，每周四、周日下午，中山公园里都会聚集很多老人，他们手里拿着写有子女年龄、性别、工作情况和求偶要求的牌子，为儿女当“红娘”。这是个自然形成的“相亲双选会”。经常到天坛公园为自己

① 孙沛东：《谁来娶我的女儿？——上海相亲角与“白发相亲”》，中国社会科学出版社2012年版，第4页。

女儿相亲的吴大妈，说出了许多老爹老妈的心里话："退休了，时间充裕，与其在家里干着急，不如为孩子做点实际的事。"① 北京的"父母相亲会"，现在规模最大的是在玉渊潭公园和中山公园，每场至少三四百人，一两千人也是经常事；另外，在天坛、陶然亭、颐和园、龙潭、北海、世界雕塑公园，每周也都有不少"赶场"的。公园里的"父母相亲会"像是摆地摊，父母们手里拿的、胸前挂的、地上摆的，都是写满字的征婚启事。有的父母看上去像是空着手，但只要遇到合适的，就会像变戏法一样将怀里揣的、包里装的照片和文字材料都掏出来展示一番。如果你有兴趣在周六、日下午到玉渊潭东门里的"留春园"或者中山公园南侧故宫"筒子河"边的空地和行人道上去看看，那绝对是"人头攒动、密密匝匝"，场面一点也不逊于"春节庙会"。摆放一地的是一些"相亲资料"，人们拥来挤去，胸前挂着，背包上别着的，都是介绍自己孩子怎样，要求对方是什么条件的"特制卡片"，时不时地就会有人问你"男孩？女孩？""多大了？想找什么样的？"后来，部分公园、游乐场在举办其他活动时，也将"相亲会"作为其中的一项重要活动，并收到了很好的效果。2006 年 5 月，石景山游乐园的"春之韵"游园会上，举行了一场名为"相约石景山，牵手五月天"的万人白领相亲大会，一时间，相亲会的火爆抢走了"游园会"的风头。

自 2005 年 6 月起，每逢周末和节假日，在上海人民公园的北角，就会上演"白发相亲"的街头剧。成千上万的父母像赶集一样，带着列有子女各项相亲条件的"简历"聚集到这里，以"摆摊""挂牌"的方式，为子女寻找结婚对象。② 这种传统的择偶方式，为何会在上海这个中国最西化和最现代化的大都市中复活？为什么人们明知成功率很低，却还乐此不疲地奔波于相亲角？孙沛东在中国社会科学出版社出版了第一本专门研究都市相亲角的专著

---

① 郑超、李佳、陈琳：《公园相亲"剩男剩女"的殿堂》，《竞报》2009 年 9 月 4 日。

② 田波澜：《人民公园相亲角的社会学解读》，《东方早报》2013 年 1 月 24 日。

《谁来娶我的女儿？——上海相亲角与“白发相亲”》，对“白发相亲”这种独特的择偶模式及相亲角现象，从社会学、心理学等多重视角进行了诠释与解读。

孙沛东认为，相亲角是一个融合着各种欲望、讲求实力、市场力量作用于其间的婚姻市场。与传统的父母包办不同，“白发相亲”的实质是“毛的孩子们”试图帮助“邓的一代”解决婚恋难题。[①] 两代人各自的“怕”与“爱”，构建了相亲角这个光怪陆离的都市图景。对于相亲角婚配成功率很低而人气很旺的悖论，孙沛东给出的解释是：与为子女寻找到合适的结婚对象相比，相亲角在更大程度上满足了父母自身的需求。相亲角具有排遣这种集体焦虑的潜在功能，为他们提供了怀旧和抒情以及日常交流的空间。这种由父母自发组织起来的相亲角，自 2004 年起先后在北京、上海、杭州、深圳、天津、沈阳、苏州、洛阳、济南和徐州等大中城市兴起，并引起了媒体的广泛关注。

如果从婚姻伦理的角度来看，公园相亲无疑为年轻人的择偶提供了更多的途径，也迎合了父母参与子女择偶的满足感，体现了新时代年轻人关于择偶方式的开放程度和接受程度；同时，公园相亲这种形式又是特殊的择偶途径，反映了我国“剩男”“剩女”们人数庞大的社会现象，也反映了大龄单身子女在择偶过程中的被动和无奈。公园相亲，虽然可选择的对象看似很多，但是因为自身的生活状况和对未来生活的追求不同，所以在公园相亲最后能够走到一起的伴侣并不是很多。

3. “一线姻缘”之网络相亲

新的择偶渠道中还有一个很重要的渠道——互联网。网络是我们的媒人，电话和微信是我们传情的信使，QQ 视频是我们相见的鹊桥。如今，在互联网革命的浪潮下，开启了网络相亲的时代。

类似于婚姻介绍所，现代网络正在充当婚姻中介的作用。在互

① 参见孙沛东《谁来娶我的女儿？——上海相亲角与“白发相亲”》，中国社会科学出版社 2012 年版。

联网上，恋爱还是和过去一样，只是发生了形式上的不同。互联网上的恋爱渠道完全打破了时间、地域的限制和禁忌，使人们能更自由、更广泛地进行交流。遥远的距离、不同的国籍和虚拟的网上交流并不能阻止爱情的滋生和萌芽。在互联网上，男女之间可以展开心灵和情感上的沟通，直至携手步入婚姻殿堂的大门。网恋改变了人们从前普通的恋爱方式和模式，而网恋的浪漫、自由程度和自主性之高也是以往的任何择偶形式都难以比拟的。因此，许多年轻人都有过网恋，一些人更偏爱网恋，尤其是大学生群体。面对无数剩男剩女的情感需求，婚恋网站如雨后春笋一般涌现出来。据中国社会工作协会婚介行业委员会提供的数据显示，目前全国共有将近3万家婚介机构，其中网络婚介机构就有6000多家，这对传统的婚介市场无疑是一种冲击。其中，世纪佳缘网、百合网、有缘网、珍爱网，号称“婚介四大网站”。[①] 各个婚恋网站还举办了单身男女亲自参加的相亲活动。2013年8月29日至30日，婚恋网站百合网就在地坛公园内举办了第二届北京相亲大会，据主办方介绍，两天的相亲会上，共迎来了6000余名单身男女。[②]

据一家国内知名机构调查显示，65%的受访者对网恋持中立态度，既不明确表示反对，也不公开表示赞成。而对网恋明确表示赞成或反对的都是少数，其所占比例分别为12%和23%。另据有关部门在学生中的抽样调查显示，95%的学生认为网恋没有爱情，但35%的学生经历过网恋；91%的学生不看好网恋，但与之相矛盾的是63%的学生表示，如果有机会，他们愿意尝试。其中，认为网恋“缘于空虚寂寞”的占56%，认为“距离产生美”的占39%；14%的学生经历过1次网恋，21%的学生经历过2—3次网恋。[③]

① 钱亮：《移动互联网时代的6堂淘金课：现在，下载你的未来》，中华工商联合出版社2013年版，第124页。

② 郑超、李佳、陈琳：《公园相亲“剩男剩女”的殿堂》，《竞报》2009年9月4日。

③ 钱亮：《移动互联网时代的6堂淘金课：现在，下载你的未来》，中华工商联合出版社2013年版，第123页。

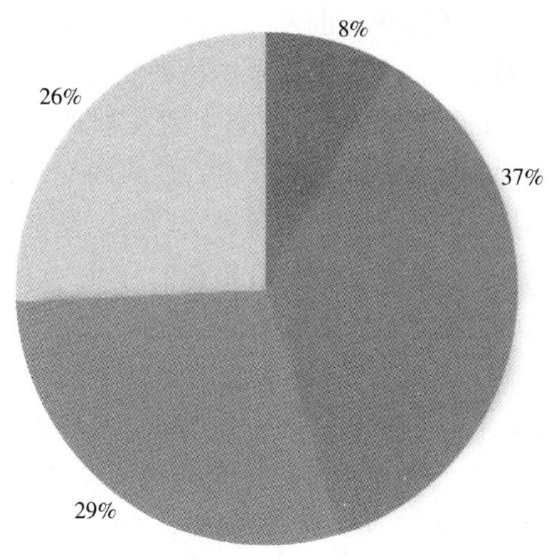

图 1.2　网恋成功率调查

但对于网恋是否能够成功，受访者的回答分歧较大：乐观者认为，网恋更注重思想的交流，心灵的沟通，建立在此基础上的爱情应该更加牢固，成功的机会也比较大；而悲观者则认为，网上聊天是网恋初期时相对单一的了解方式，这种方式使双方缺乏实际的接触和了解，因此，很不容易成功。因为如今熟人相亲成功概率较低，所以越来越多的年轻人开始尝试通过网络寻找对象。除了上述一些知名的婚恋交友网站外，单身男女通过自媒体来交友也呈现出上升的趋势。打开 2013 年 7 月注册，火爆一时的“月老赐婚”的微博，其粉丝关注数已达 130 多万，“小哥帅气逼人，妹子更是美丽可爱”，一张张靓丽的照片映入眼帘。“月老赐婚”的博主告诉记者，每天都有四五千人上“月老赐婚”的微博寻求对象。网友只要将年龄 + 身高 + 正面清晰生活照 + 工作 + 地点 + 择偶标准，按照要求的格式发表，博主就会通过发布者的自身条件和择偶要求，定时为其搭配合适的对象。邯郸博友木木，按照上面的要求发表择偶要求，没想到几天不到，月老就在同城给他寻得一位“佳人”。木木说，自己身边有不少单身朋友都在关注自媒体交友，他也觉得挺好玩，平常又羞于参加相亲会，觉得这种方式还挺靠谱，基本是他所需求的。[①] 除了微博相亲交友，各种社交软件如微信、陌陌等也成为网络交友的重要途径。但对于这种新兴的交友方式，一些青年男女认为不靠谱。虽然通过微博找男女朋友，是单身青年男女寻找伴侣的途径之一，然而因为网络虚拟化的特点，对于很多信息，网站往往无法核实其真伪。

社会学家风笑天指出，“随着我国的改革开放和向现代化的快速发展，这一代青年的择偶过程、择偶模式及其相关文化也发生了改变。无论是青年的择偶标准，还是他们的择偶方式和择偶行为，都在不同程度上形成了这一代青年所独有的特征”[②]。在网络快速发展下产生并传播的婚恋流行词不仅在语音、语意上生动活泼，也在深层意义上折射出新时期的人们迥然不同的婚姻伦理观。在择偶观上一方面情感因素在不断增多；另一方面金钱、物质因素也在大肆影响着年轻男女；同时人们的择偶途径也在不断地增加。

小结

当今人们的择偶观表现为择偶标准的功利化与感性化和择偶途径的多样化与新颖化，择偶标准和择偶途径体现着人们的婚姻伦理观和生活质量观，在这两者的相互作用下又表现出一种深层次的错综复杂的关系。

二　结婚观的多元化与务实化

21 世纪以来，随着人们择偶观念的不断变化、择偶途径的日渐多样，人们结婚的态度和婚姻模式发生了很大改变，婚姻的类型和模式也越来越多元化和私人化，同时在婚礼消费中又表现出攀比

---

① 张琪：《“微博月老”走红，网络相亲渐走俏》，《邯郸日报》2014 年 2 月 25 日，第 3 版。

② 风笑天等：《社会变迁中的青年问题》，北京大学出版社 2014 年版，第 179 页。

和务实的特征。这些都是新时代人们婚姻伦理观和生活质量观方面的一种表现。

（一）婚姻模式的多元化与私人化

婚姻模式，就是婚姻当事人双方结合的婚姻和组合的家庭的形式。由于传统农业社会向工商业社会和城市社会的不断推进和发展，传统婚姻模式也在不断地朝着多元化的方向演变，婚姻模式和形态也越来越私人化。

1. “不婚族”

传统的“男大当婚，女大当嫁”的观念已经沉淀在每一个炎黄子孙的心灵深处。历史的车轮驶进 21 世纪的今天，人们的价值观念正在发生激烈的嬗变，特别是年轻的一代，他们的人生态度与前辈相比，已经有了很大的不同。在一些经济相对发达的城市，一些具有较高的学历、较好的职业和较为稳定的收入、年龄在 35—40 岁的“幸福派”们，在他们“当婚”的时候，却对婚姻说起了“不”。

“不婚族”是指坚持独身主义、不结婚的人群。他们不同于那种想结婚但由于主、客观原因结不了婚的人群。“不婚族”与单身贵族也有一定的区别，单身贵族只是表明一个人现阶段没有配偶，而“不婚族”则是坚持一种自己不需要配偶的态度。“一个单身贵族可以随时进入婚姻的‘围城’中去，而大多数‘不婚族’都会坚定地将独身主义进行到底。”① 2010 年一项关于不婚现状考察的报告显示：“在中国，北京、上海有 30% 的适婚青年选择单身，深圳目前正生活着 20 万名 28 岁以上的未婚女白领。与结婚比起来，她们更迫切的需求可能是瘦身、享受生活、扩大交际圈。”② 而不婚的理由则是多种多样：工作太忙没时间、对婚姻绝望、对婚姻期望太高，等等。

---

① 关信平主编：《改革开放三十年关键词》，湖南人民出版社 2008 年版，第 23 页。

② 《新周刊》社选编：《爱谁谁：2010 中国情爱报告》，漓江出版社 2011 年版，第 158 页。

有一位接受访谈的吴女士说："人们把痛苦的婚姻视为爱情的坟墓，为了保持爱情的纯洁和长久，婚还是不结的好。"吴女士今年33岁，大学文化，是一所中学的音乐老师，她解释了自己选择不婚的缘由：

> 从我记事起，家庭给我的感觉就是父母永无休止的吵闹、打骂，我不知道爸妈为什么有那样的"深仇大恨"，为着一些鸡毛蒜皮的小事，相互攻击。父母是在大学里自由恋爱的，毕业时，母亲为了能够与父亲分在一个城市，放弃了去北京工作的机会。到底是什么原因使他们最初相亲相爱，最后却你死我活地吵闹呢？答案只有一个：平淡、枯燥的婚姻葬送了他们的爱情。也许这个答案是片面的，但除此以外，我找不到另外的解释。现实情况就是这样，很多男子在结婚前，对女人体贴，言听计从，而一旦结婚后，就对女人颐指气使。实践反复证明，现实这个笼子是会扼杀爱情的。其实我是一个十分看重爱情的女人，如果没有了爱情，那生活还有什么意思呢？如今社会提供给我的生活空间毕竟不是父母那个年代所能比的。爱情就像美丽的唇齿一样，把一种无限的理想带到人们面前。我就是陷入理想境地的人，我的男友也是。为了能够保持爱情的鲜活，为了心中能够保持一种纯静，我与男友共同生活在一起。幸运的是，男友也是一个开明的人，他同意我的看法。现在我们生活得很好，可以说得上是相安无事，我现在每时每刻都在品尝爱情的甜蜜。①

很多"不婚族"是在看到自己的父母或身边的夫妻的婚姻不幸福、不和谐后，对婚姻产生了恐惧和动摇，为了避免出现婚姻不幸的情况，主动选择了放弃婚姻，或者坚守单身，或者只恋爱不结婚。有人说，"不婚"追求个人享受，是一种生活态度；也有人

---

① 江南晚秋：《城市白领"不婚族"窥探点滴》，《婚姻家庭研究》2002年第2期。

说，“不婚”只是一种过程，最终还是会以婚姻作为归宿。无论“不婚”是出于自愿还是被动的选择，也不论其背后有多么复杂的现实和社会原因，在支持者看来，他（她）们被人们整齐划一地冠以“单身贵族”、“不婚族”等新式头衔，“不婚”甚至成为现今社会的新人类、新生活方式的一个标志。而在反对者看来，将婚姻视为畏途，既反映了他（她）们不敢直面现实、不愿承担社会与家庭责任的性格弱点，也有碍于社会家庭的健康发展，对社会与家庭产生负面影响。当前社会的日益都市化、工业化和现代化是导致“不婚族”产生的重要原因。现代都市生活色彩斑斓，年轻人头脑里有着更多更新颖的理想和期待，闲暇时间的娱乐活动丰富多彩，使他们逐渐从家庭本位转向个人本位，注重个体的生活质量。

2. “试婚”

“试婚”就是实验婚姻，是婚姻当事人在正式步入婚姻殿堂前的一次实验，以此增加对彼此的了解，加强磨合，再对婚姻做出谨慎的评估，为自己和对方的未来负责。在中国传统社会中，“试婚”是被谴责的，人们认为它打破了婚姻的严肃性，抛弃了一夫一妻婚姻制的性道德。然而随着时代的变迁，人们开始接受了这种做法。

罗素在《婚姻与道德》一书中谈道，一对男女没有过性经验就结婚，就如同一个房屋买主到了要搬家那天才看到自己的房子，万一不合适，该怎么办呢？正是由于这种心态，未婚同居从一件令人不能接受的婚姻事象变成了许多年轻人在婚前的一种行为选择。同居有风险，这是绝大多数同居者都赞同的。但很多年轻人仍然觉得“同居就是试婚，既了解了彼此的好恶，又节省了生活开支，还学习了该如何经营婚姻”①。据调查，大多数年轻人都认为结婚前同居是个好方式。但是罗素强调，同居与“试婚”有着本质上的不同：首先，同居者之间完全没有婚姻承诺，不合则分；而“试婚”者都抱着最终走向婚姻的共同目标，会像真正的夫妻那样尽力维护

① 陈晓：《为什么同居越久越不愿结婚?》，《人人健康杂志》2007 年第 4 期。

两人的关系。其次，因为没有追求婚姻的主观愿望，所以同居者一旦遇到各类问题，就会增加失落感，甚至引发暴力冲突。国内有统计显示，同居伴侣间的暴力问题远远多于家庭暴力。而“试婚”者不同，追求婚姻的共同目标可以让两人的关系更有韧性。最后，同居关系的双方更看重自主独立和个人利益。在“共同生活”的外衣下，是两个彼此独立的个体。而“试婚”者有着相互间深层沟通的愿望，会去寻求建立更加稳定的二人世界。过去，“试婚”被人视为世道不古，有伤风化，今天却有不少老年人也敢于选择“试婚”。其中认同“试婚”的多数为老年男性，他们中的很多人在离异或丧偶后，因为双方都有子女，怕财产分配不均引起儿女的不满，又不能确信两人是否能够患难与共，于是便选择“试婚”。

人们认为，“试婚”成功，便意味着婚姻能够成功。如果“试婚”失败，也可以减少离婚带来的很多不幸和麻烦。从积极的角度来说，“试婚”让两个个体生活在一起，使得一些婚后才能出现的问题在“试婚”中得以表露，同时“试婚”也对双方性格的磨合以及性生活的和谐都能有所帮助。不过，由于没有法律保障，“试婚”产生争端后也难以依靠法律给予解决。失败的“试婚”可能会导致“试婚”者对婚姻丧失信心，在以后拒绝婚姻。另外，失败的“试婚”给女性带来的痛苦更多，这体现在生理上，也体现在心理上。“试婚”期间如果意外怀孕，可能要采取人工流产的方式终止妊娠，手术给女性生理带来的影响不言而喻。“试婚”在一定程度也等同于结婚，彼此之间不可避免地会产生感情，一旦分手，内心中的阴影与压力会在很长时间内挥之不去。可见，“试婚”或有益于提高生活质量或不利于提高生活质量，不同的、具体的试婚现象会带来截然不同的试婚后果。

3. “闪婚”

“闪婚”，即闪电式的结婚，指两人在短暂的相识后，未经过较长时间的交往和相互了解就确立婚姻关系的一种快速的婚姻形式。对于这些“闪婚族”而言，他们可以用最快的速度来完成从相识、约会、相爱到结婚的漫长过程。媒体这样描述“闪婚族”：“他们几秒钟可以爱上一个人，几分钟就能谈完一场恋爱，数小时内可以决定终身大事，一周便能踏上红地毯。”这种快餐式的婚姻已在我国不少城市悄然登场，影响着越来越多年轻人的婚恋观。

有人说，如今是一个“速食爱情”的时代，“闪电结婚”是继“一见钟情”之后的又一种情感快餐，是对旧的婚姻观念的洗礼和进步。但是，婚姻不是男女双方简单的结合，它是生活的一种形式，是人生的一种过程，也是一种结果，是男女双方爱情的归宿，它不能伴随着虚伪。从法律和道德的角度来看，它又是一种承诺，是一种权利和责任。婚姻作为人的终身大事，切不可将它漠视，也不能把婚姻等同于“存乎一念间”的人生游戏，凭一时的冲动和愉悦，草率从事。如果认识两三个月、几个星期，甚至凭借所谓的“一见钟情”，就山盟海誓地确定恋爱关系、婚姻关系，这种“闪婚”方式，本身就容易埋下“闪离”的祸根。在婚前的短时间内，一般相互显现的多是优点，男女双方往往会克制或掩饰自身的缺点和不足。而婚后实实在在的过日子，就会出现不可避免的摩擦，暴露出自身的缺点和问题。这时双方会发现，自己的选择不是理想的婚姻，最后也容易以“闪离”告终。

近年来，加入“闪婚一族”的农村青年越来越多。农村大多数“闪婚”者都很少能够充分了解对方，在人品、性格、志向、经济条件等方面也只是道听途说，一知半解，仅凭一面之缘就私订终身。一些人的“闪婚”行为是对人生的不负责任，这也是当前农村离婚率上升的一个原因。同时农民工尴尬的生存状况，也滋生了“闪婚”这一婚姻现象。总体来说，农村的“闪婚”现象，主要是指缺乏恋爱的基本条件的适龄男女，为了成家不得已而采取的一种畸形的婚恋方式。在城里打工的许多打工仔、打工妹，正处于恋爱结婚的年龄，但有人要成年累月地在岗位上工作，没有休息时间，没有节假日；有人的作息时间又与常人颠倒，晚上赶工，白天睡觉（许多小厂都是老板白天在外面接订单，晚上生产，早上交货。老板出去交货，员工就睡觉）；有人是工作圈里没有异性，没有结识异性的机会，也就没有恋爱的基本条件。非正常的生活状态，使得一些人通过“闪婚”的形式来解决个人的婚姻问题。农民工无奈选择“闪婚”，究其根源有三点：一是贫穷，他们没有能力自由选择爱情与婚姻。二是迫于现实生活与生存的压力。农民工机械地被生存的压力摆布着，不稳定的经济收入使他们疲于生计，因而缺乏接触异性的渠道。三是他们离开农村后，接受了一部分城市文化并经过城市生活的熏陶，与农村产生了心理上的距离。选择“闪婚”，其中包含着的几多苦涩，几多酸楚，几多无奈，也容易导致痛苦的结局。

黄火明在《青年“闪婚”现象的社会学探析》[①] 中提道，“闪婚”会造成不良后果，并且对社会产生负面影响。“闪婚”一方面会导致个体的社会责任感淡漠；另一方面会增加社会的离婚率，不利于下一代的健康成长。而社会学家李银河却在 2005 年就公开表示支持“闪婚”，她认为“闪婚”这样的婚姻形态符合人性，她将“闪婚”出现的根源归于婚姻性质的改变。传统的婚姻是两个家庭的结合，要求门当户对，建立起的关系相当复杂，而现代婚姻只是两个人的结合，婚姻变得相对简单，也不再要求建立终身关系。“婚姻”在过去被定义为责任，现在则更多的被定义为感情。如果“闪婚”可以提高生活质量，能让“闪婚”的双方快乐，那么这种婚恋观就符合人性，即使快结快离亦可成为好事。李银河还强调，要从文化相对论的角度来看待“闪婚”，因为任何一种文化的出现都各有其利弊。[②] 笔者认为，“闪婚”是现代化快节奏生活方式的反映，有其存在的合理性，但既不应大力提倡，也不应盲目反对，而是应该顺乎自然，尊重各人自己的选择。

4. “半糖夫妻”

“半糖夫妻”是流行于高学历、高收入的都市年轻夫妻间的一种全新的婚姻模式。夫妻选择同城分居的形式，工作日分开过，周

---

① 黄火明：《青年“闪婚”现象的社会学探析》，《中国青年研究》2007 年第 10 期。

② 吴鲁平、刘涵慧、王静等：《后现代化理念视野下的青年价值观研究》，社会科学文献出版社 2013 年版，第 272 页。

末团聚。且认为这种模式有助于维护个人空间，保持婚姻的新鲜感。

脱身于“周末夫妻”的平民概念，“半糖夫妻”有门槛，有档次，有风景。放在高档托盘里的精致夹心饼也不是那么好做的，主副料要求进口，做工要够完美，装点要够小资。说白了，经济基础是关键，思想开放是条件。当然玩得起同城分居的年轻夫妻之间一定要有信任，有承诺，有坚守。苦心经营的浪漫婚姻和爱情，若没了信任，还是会从高处跌入尘埃。“半糖夫妻”产生的原因据称“是为了保持婚姻活力”。同城却刻意分居两处的动机有二：担心腻在一起会将热情消耗殆尽，或是夫妻个性相反，不愿在平淡的生活中互相折磨。说得具体点，就是“王子和公主从此开始了他们的幸福生活”后却发现：婚姻中有太多的柴米油盐，日子不再是热恋中的美酒、咖啡，而更多的是淘米洗菜的自来水；王子开始长啤酒肚、掉头发，公主在家懒得洗脸、梳头还变得唠叨……王子和公主不愿意延续这样的俗气日子，于是，当起了“半糖夫妻”。“半糖夫妻”在非团聚的日子里会用这个资讯发达时代的一切通信方式进行联络，偶尔如恋人约会般地一起吃吃饭看看电影，但随后，他们会像朋友般友好地告别，各自散去。在不该见面的日子里，如果一方要到另一方的住处，还必须“提前预约”。据说“半糖夫妻”们大体有以下几点特征：受过高等教育、容易接受新事物、生活在发达的大城市、能够方便地获得各种资讯、两个人的职业有较高的社会声望、有良好的收入、各有自己的住房。一则八卦调查更印证了“半糖夫妻”在白领阶层中兴起所言非虚。譬如，“你怎么看‘半糖夫妻’？”近万名参与者中，认为“很好”的占22%；认为“可尝试”的占51%；而认为“最好不要”和“坚决拒绝”的人，仅占27%。两个宣称要携手走过风雨，无论生老病死永不离弃的男女，出于所谓的“保持个性”，所谓的存留隐私空间，故意“只做陌生人”，在各自的屋子里笑，在各自的屋子里哭，再欢快再悲伤，也仅仅属于一个人。

“半糖夫妻”虽然看上去很时尚，但是并不是所有的夫妻都能付诸实施。有人并不认同“半糖夫妻”，他们认为：如果夫妻的感情非常好，彼此已有了很深的依赖心理，分居后反而会使他们更加挂念和不安；如果夫妻关系本来就冷淡，分居后没有了交流，可能会使本来就冷淡的夫妻关系更加冷淡；“原本性生活正常的夫妻非要用分居来给性生活增加新鲜感，不但不会促进性生活的质量，反而会有损健康”；婚姻是相伴相守，是柴米油盐，是人间烟火，是两个人经过磨合后创造的一个无坚不摧的家，“半糖”只是不食人间烟火的空中楼阁。可见，每个人的想法各异，有人想过独木桥，有人却想走阳关道。对此谈不上对与错，只是各有各的体验，各有各的选择罢了。

林女士和丈夫结婚 6 年了，前卫的林女士喜欢和朋友一起蹦迪、泡吧；而丈夫却喜欢在家中安静地听古典音乐、喝咖啡。勉强自己适应对方的生活习惯，一次两次还行，时间一长，俩人都受不了，感情也受到了影响。一年前，林女士被公司派到新加坡学习半年，没想到距离让两人的感情恢复到了婚前的“腻乎劲儿”，好像总有讲不完的话。就是在那时，林女士发现了保持距离的好处。林女士回来后不久，就住到了自己婚前的居室里，与丈夫开始了婚内分居生活。他们每周相聚一两次，平日没有特别的事就打电话和发短信聊聊。在周末相聚的这两天，他们会精心设计，给对方一些惊喜。林女士觉得现在的生活很充实。喜新厌旧似乎是人的天性，共同生活多年的夫妻，两个人已非常熟悉，没有新鲜感可言了，因为太熟悉反而少了交流，性生活也变得乏味，于是，一些夫妻选择了分开居住这种以退为进的方法。“半糖主义”代表的是一种健康的生活态度，太苦的日子会使人沮丧、失望，非我们所愿；过甜的日子容易让人不识甜为何物，不懂珍惜，也许生命的最佳状态就是不回避烦恼与苦难，并学会给自己的日子加半勺糖，在若有若无间体味生命的香甜，领悟甘苦参半的人生真谛。

5. “形式婚姻”

“形式婚姻”，就是只有形式而无实质内容的婚姻。也有人称其为互助婚姻。男女“同志”迫于来自家庭、社会等各方面的压力，以及自身性取向的原因，由男“同志”与女“同志”组成的没有性关系的形式意义上的家庭。表面上看来，这是个由一男一女组成的正常家庭，而实际上，“夫妻”双方在生理和人格上都保持独立，他们不过是借助婚姻的形式来抵挡外界的压力，在婚姻的保护伞下获得爱的自由。形式婚姻从根本上说是双方的“互相利用”，但28岁的女孩茉莉却认为，即便是这样，两个人也是可以过着彼此理解的和睦生活的。

我一直都与母亲生活在一起，我有父亲，可他的出轨行为，深深地伤害了母亲和我……从有记忆起，我就从心底厌恶大多数男人。从小学开始我几乎都跟女孩们混在一起，常常充当起女生的护花使者。大家都说我是男孩子脾气，我觉得这也没什么。可到了初中以后，我渐渐发现自己和别人有些不一样。当女孩子们纷纷开始有了心仪的男生之后，我却发现自己从内心深处渴望亲密、触碰的身体，不是男生的，而是女生的。最初，这样怪异的想法吓住了自己。可是，我却在朋友中发现了伙伴敏之。

敏之长得漂亮，有很多男孩追求。可是每一次面对男生的告白，她都非常冷漠。有一次，敏之再度拒绝了高一年级的男孩，惹毛了对方。当对方要强吻敏之的时候，我出现了。一块半截砖敲上对方的脑袋，趁男生不备，我一把拉起敏之跑离现场。当我们跑出很远很远，停下来气喘吁吁时，敏之紧紧地抱住了我，轻轻地在我耳畔说“谢谢”。那一瞬间，一股热气直冲大脑，我毫不犹豫地吻了敏之。然而敏之却没有拒绝。这时我才发现，原来这个世界上的“另类”不只我一个。我不知道外面的世界如何，可我知道，自己的世界里，从此多了一个重要的人，那就是敏之。也是从那天起，我们开始在校园里形影不离。有敏之陪在身边的日子过得很开心。转眼，高考到来。2002年，我跟敏之分别考上了上海和重庆的学校。当时依依不舍的我们，相约大学毕业后一定要牵手一辈子。可是，敏之失约了。2006年大学毕业后，

> 敏之就结婚了。当我赶到重庆，看见身披白纱的敏之时，她平静地告诉我："我们不是小孩子了，不能那么自私，得为父母家人考虑。我们都可以选择正常的生活。你也可以。"
>
> 说实话，我怨恨过敏之；又原谅了她。我能理解敏之，她只是做了她应该做的事情，而我却做不到。为了能让母亲开心，我也曾在大学里和男生交往，可都无疾而终。2012 年，我遇见了小虎。他是个 gay（男同性恋者），可是却充满阳刚之气。一次圈内人的聚会，我跟小虎一见如故，成了哥们儿。而小虎的出现，让我萌生了结婚的念头。在圈子里，大家都知道形婚是怎么回事，心照不宣。而我也迫切地需要一段这样的婚姻，来报答母亲的期盼。我跟小虎说了自己的想法，我们两人一拍即合。我们各自有房、有车，不存在经济问题；我们各自的伴侣，也是认识的朋友，大家相互理解。小虎甚至比我还着急，立马带我见了他父母。明年春节，我也会带小虎去见我母亲。他会正式提亲，我们会尽快举办婚礼。有人说，形婚是一种"互相利用"，但我们两人虽然没有爱情，小虎却对我很好，我们互相牵挂，像家人一样。我们已经商量好了，结婚以后，会选择试管婴儿，生下属于我们的宝宝。①

专家认为，一些人或性功能丧失，或心灵受过创伤，或对异性不感兴趣，他们更多的是为了父母的期盼，或者碍于社会的压力，在承诺不进行性生活的基础上结为夫妻，成为了形式婚姻。对于选择了"形式婚姻"的人来说，婚姻关系只是一个"道具"。在我们的文化里，会认为夫妇关系是两性关系，婚姻是两性之间开始性生活的一种仪式。但是在世界上有些民族中，两性关系并不是从婚姻开始——这又使得我们觉得，婚姻关系和两性关系似乎没有必然的联系，由于各种原因，婚姻也会呈现出不同的形式，例如形式婚姻、

① 《形婚是长久之计吗?》，中国形式婚姻网，http：//www. 17xinghun. com/about/25. html。

无性婚姻等等。选择其他形式的婚姻的人在我们目前的社会中毕竟是少数，这个比例不高但也呈上升趋势，选择形式婚姻或其他方式的婚姻，目前都可以得到社会的理解和包容。但就选择者而言，这种婚姻关系只是短期行为，目的是满足父母的期盼和躲避社会上的压力，时间久了总会暴露，对于父母同样是一种伤害。其实可以试着把自己的实际情况向父母说明，就算父母不愿意接受，但也许会不得不学着接受，因为它毕竟没有给他人和社会造成危害。

父母们的顾虑是可以理解的。因为在中国的传统文化下，性的娱乐性被贬低，而其生殖作用则被纳入道德的范畴，所谓“阴阳媾精万物化生”，“一阴一阳谓之道”[①]，一切不能导致生殖的性行为都被理学家指责为违背了伦理道德和自然规律，对同性恋的质疑也就因此而蒙上了伦理的色彩。哪个家长能够接受自己的孩子是“变态的”和“不正常的”？所以作为同性恋者最艰难的一步，莫过于通过父母这一关。他们可以忍受别人的指责而坚持自己的个性，却不忍心伤害父母的感情。即便父母们明白，同性恋根本与道德无关，是自然的无法逆转的性取向，自己的孩子和异性恋者一样，是健康和正常的，可他们又如何面对来自社会的鄙视呢？在权衡之下，很多同性恋者选择了形式婚姻，来掩饰自己“非正常人”的身份。

形式婚姻看似两全其美，但也有人对其提出质疑——这样的婚姻的可行性有多少？真的能找到适合自己的“配偶”吗？如果结了婚，是不是真的有机会自由恋爱？这样会不会受到道德的谴责？生活的细节又怎么处理？要不要孩子？如果不要孩子别人会怎么看？简言之，形式婚姻能走多远，也仍然是个问题。

当今社会，没有人有任何理由把自己的生活模式强加在别人的身上，世界上也没有一个理想而固定的生活模式来被人们选择。因此，人们就没有任何理由对别人的生活指手画脚，甚至轻率地做出

---

① 翁银陶：《略记先秦两汉的阴阳五行学说》，《内蒙古社会科学》（汉文版）2003年第3期。

道德评判。异化必定要被扬弃，人类婚姻伦理关系的前景光明灿烂。人类最终还是要以爱慕和相互的责任作为婚姻的基础，男子“一生中将永远不会用金钱或其他社会权利手段去买得妇女的献身；而妇女除了真正的爱情以外，也永远不会再出于其他某种考虑而委身于男子，或者由于担心经济后果而拒绝委身于她所爱的男子”①。婚姻自由普遍实现，“这样的人们一经出现，对于今日人们认为他们应该做的一切他们都将不去理会，他们自己将知道他们应该怎样行动，他们自己将造成他们的与此相应的关于个人行为的社会舆论”②。夫妻双方和谐相处，民主相待。一言概之婚姻成为只与当事人有关而社会无须干涉的私事。

（二）结婚消费的攀比与务实

从一挂鞭炮到一桌酒席，再到婚纱照和中西合璧的仪式，结婚仪式一直在发生着变化，很难追溯每一种新元素的加入究竟起于何时，但从变化中可以看出，婚礼的支出项目越来越多，举办一场婚礼的花费自然也是水涨船高。在城市里，一场婚礼下来，少说也得花上七八万元，这样的开销让不少人感到了沉重的压力。于是，瘦婚、裸婚等新理念应运而生，一场关于年轻人究竟该怎么个“婚”法的讨论也在悄然展开。

1. “奢婚”

“奢婚”是指在结婚时大手笔消费，具体表现为奢华的婚礼、烦琐的结婚礼节等等。“必须在市区有一套 80 平方米以上的婚房”，“必须有一辆 15 万元以上的汽车”，“必须办一场隆重奢华的婚礼”③ ……不知从什么时候开始，在这个物质化的时代，女人们也给原本神圣的婚礼下了一道道“硬杠子”。高额的结婚成本使不少“80 后”的新人直呼“压力山大”，但为了让自己的婚礼成为一段

---

① 马克思、恩格斯：《马克思恩格斯选集》第 4 卷，人民出版社 1973 年版，第 79 页。

② 同上。

③ 杨宇飞：《80 后又掀“奢婚”风?》，《张家港日报》2010 年 7 月 23 日。

浪漫的回忆，面对花样繁多的收费项目时，许多新人还是愿意倾其所有，甚至用“透支”来经营自己的“奢婚”场景。殊不知“80后”的新人携手走在奢华的婚礼殿堂时，拖动的并非婚纱而是沉重的经济负担。

结婚才满一年的张蒙，现在是铁了心要离婚。张蒙称自己没找对人，害自己婚后成了“负翁”。其实在结婚前，张蒙觉得老公王明各方面条件都挺好，结婚时两人也举行了盛大的婚礼，可婚后，很多问题暴露出来。“结婚不到半个月，王明就让我办信用卡，我问他干吗？他说用来还银行的钱，原来当时婚礼花费太大，欠了不少钱。”张蒙这才知道，王明办婚礼所有的钱几乎都来自各种卡。在张蒙看来，王明当初掩饰得天衣无缝，使她认为王明婚前不说明消费情况是很严重的欺骗行为。而王明却连连叫屈：“当初，为了让你们家高兴，所有的钱我都舍得花，可真是下了血本啊！还有，现在这个社会，人脉关系就是一笔财富，许多亲戚朋友不能不邀请，这不都得需要钱吗？我的这点儿工资哪够用，不透支一下行吗？”张蒙哪听得进去这些，她觉得婚后还账的日子影响生活质量，欺骗就得付出代价，离婚没商量。①

28 岁的美美对于自己和丈夫的“奢婚”也很无奈，表面光鲜亮丽，留给婚后的是无尽的劳碌和还债的压力。

> 我和他谈了 7 年恋爱，从本科一直到研究生毕业，还都是在秘密进行中。主要是因为我妈嫌他家条件不好，怕我嫁过去没好日子过。研究生毕业后，我俩在不错的外企找到了工作，虽然没有赚很多，但小康生活还是有的。他在家人的帮助下买了一套两室一厅的新房，有房贷，但压力不大。终于，他鼓足勇气向我爸妈提亲。本以为有了房子，老妈会同意。哪知老妈听说是两室一厅，又拉下了脸。在我家碰了一鼻子灰之后，他有些沮丧，虽然我和他说不要理会我妈，但是他还是回去和父

① 乔淳欣：《“奢婚”的负担扛不动》，《今晚报》2012 年 3 月 25 日。

> 母商量换一套大点的房子。换了一套房子后，老妈总算点头了，但是随之而来的要求却一个比一个过分。婚礼要在星级酒店举办，婚戒一定要在0.5克拉以上……诸如此类的要求，连我都有点瞠目结舌。为此我和老妈吵过N次架，但是她好像是吃了秤砣铁了心，完全没有回旋的余地。面对这些要求，他居然都一一答应了，我感动极了，但是不知为何心里总有一种不安的感觉……婚礼顺利办下来了，四星级的大酒店，宾客云集，在他帮我戴上那颗昂贵的钻戒时，我流泪了，不知是感动还是无奈。婚礼结束后，我们去了海南度蜜月，在天涯海角，我们认定了彼此。婚礼很豪华，也很浪漫，但是婚姻生活却是实实在在的。婚后，我明显感觉到他生活上的压力。他每天都工作到很晚，很多时候主动向公司要求加班，甚至还到其他公司接了些私活。我很少有机会能和他坐下来聊聊，我们之间的话也越来越少，我觉得很是寂寞。但我没有责怪他，我知道他是想快点还清贷款，让我过上好日子，但这样的生活就是我们俩想要的吗？①

在“奢婚族”看来，一生就办一次婚礼，不能留下遗憾，必须讲排场。他们的想法其实是许多年轻人的心声，但问题在于婚礼的奢华程度与内心的满意程度都要与经济条件挂钩。有一些婚礼仪式，钱是投进去了，但给新人留下的却是债务和重负。

2. “裸婚”与“瘦婚”

不买房、不买车、不办婚礼、不买婚戒，只花几块钱去登记领一张结婚证，这种结婚方式被视为“裸婚”。26岁的北方女孩阿一提到自己的“裸婚”经历时一脸幸福，她觉得婚礼虽然简单，婚姻却很充实。

> 我，一个典型的北方女孩，大大咧咧，整天嘻嘻哈哈。大

① 吴倩倩：《裸婚 or 奢婚》，《城市商报》2010年8月5日。

学毕业后，为了他，留在了南方，在一个小小的日资企业做文秘。他，一个典型的南方镇上的男孩，有与生俱来的细腻和持家有道，毕业后，在一家网络公司做起了软件工程师。大三那年，我们坠入了爱河。那时我就知道他的家庭状况不是很好，父母都是乡镇企业的普通工人，供他念了大学之后家里就没什么积蓄了。三年的恋爱过程，很平凡，但很快乐；很贫穷，但也很充实。转眼，到了谈婚论嫁的时候。父母对我的决定有些犹豫和担心，对于我俩的前途，他们并不看好。他们总说经济基础是很重要的。可是，我却觉得钱乃身外之物，只要这个男人对我好，我俩携手努力奋斗，面包会有的，一切也都会有的。于是，我们正式踏入了“裸婚”一族，没房，没车，没有积蓄……要结婚就得有房子。我们在离双方单位比较近的小区里租了一个一室一厅的小窝，简单的家具，简单的布置，但很舒服，很温馨。基于双方家庭的情况，婚礼也一切从简。在近郊找了一个新开的酒店，价格不贵，距离也还好，一共办了12桌，主要是他家的亲戚，我家也来了一些比较亲近的亲戚。一个小小的婚礼，全是亲朋好友，三辆车组成的车队，没有过多的章节和程序，主持人就是自家表哥，爱说，爱笑，爱唱。离婚期还有三个月的时候，他就开始忙乎起来了。婚纱和婚纱照也是他认识的一个开婚纱店的朋友帮我们弄的，性价比非常高。从开始筹备到进入洞房，我们一共花了不到3万元，扣除收到的红包，几乎没花多少钱，没有给父母带去压力。婚后，我们努力工作，开始攒钱买房子。即便如此，喜欢制造小浪漫的他也会时不时给我买个小礼物，不贵却让我感动。结婚后我们一直没有去蜜月旅行，这次正好他单位组织职工到九寨沟游玩，还可以带一个家人，不但省了我们一大笔开支，也让我们玩得无比开心。虽然没有奢侈的婚礼，但我们一样相亲相爱！①

① 吴倩倩：《裸婚 or 奢婚》，《城市商报》2010年8月5日。

越买越大的钻石，越送越厚的红包，越办越隆重的婚礼……很多人喜欢通过奢华的婚礼来证明自己的爱情。相反，没有车子、房子、票子，婚礼一切从简，也有一部分“80后”面对如此的现实依然潇洒自如，爱情不会因为“裸婚”而有丝毫的褪色。爱情需要用婚礼来验证吗？无论是选择“奢婚”还是“裸婚”，关键还是要量力而行，毕竟最应该看重的是未来几十年的婚姻生活是否幸福。

有人认为气派的“奢婚”费钱费力，“裸婚”又走向了另一个极端，过于低调、寒酸。于是，“瘦婚”开始流行起来。有一对小夫妻，他们买了个二手房，重新装修后做婚房。装修仅花了一万元，因为他们有“轻装修、重装饰”的理念，家里的摆设都是通过废物利用或者旧物改造而来，温馨漂亮，而且个性十足。至于婚礼他们更是别出心裁，现场选在开放式的公园，这个季节正是花团锦簇、草绿水美的时候，他们就地取景，办得有声有色，同时还得到了过往游人的祝福，意义非凡。车队更是出奇，因为新郎新娘是在户外骑行俱乐部认识的，所以都是驴友骑“驴”迎亲，简洁而喜庆。参加婚礼的亲戚、朋友、同事都得到了一个小礼物，是一个小布袋，新娘子心灵手巧，小布袋是她半年来用业余时间手工做成的，朴素而大方。这种婚礼实在是浪漫又时尚。[①] 还有一对新人，他们的“瘦婚”大多通过网络来实现。这两个人都是网购达人，他们婚礼所用，大到婚纱小到喜糖、喜帖，都是通过网购得来。新颖的婚纱照是他们两人请朋友拍的，他们说在影楼照一套婚纱照费用太高，婚纱照完全可以自己照。他们认识一位摄影发烧友，水平当然不一般，由于相熟，沟通好，婚纱照效果比影楼拍得还要好。仅婚纱照一项就省了不少钱，而朋友帮忙拍照也就当随份子了。[②] “瘦婚”方式虽有所不同，相同的却是减价不减质，简约、浪漫、自由。

“瘦婚”，介于“奢婚”与“裸婚”之间。“瘦婚”没有“奢婚”的张扬和巨大的开销，自然就没有婚后承受婚礼消费的压

---

① 郭小郭：《奢婚裸婚不如瘦婚》，《广州日报》2011年5月22日。

② 同上。

力；“瘦婚”又并非无房、无车、无家具、无电器……自然又与“裸婚”有所不同。所以，“瘦婚”受到了更多年轻人的青睐，同时在“瘦婚”的婚礼中可以融入诸多个性化的元素，既清新别致，又张扬自我，比“奢婚”更实际，比“裸婚”更出彩。

小结

当代人们的结婚观总体上呈现出婚姻模式的多元化与私人化、结婚消费的攀比与务实的特征，与人们的婚姻伦理观与生活质量观的变化息息相关。

婚姻模式的多元化与私人化体现在各种不同的婚姻模式的出现和流行，如“不婚”“试婚”“闪婚”“半糖夫妻”等，每一种婚姻模式都是时代的产物，也是私人的选择，是传统伦理与新生伦理共同作用的结果，同时影响着人们的婚姻生活质量和婚姻幸福感。

在经济快速发展的今天，人们的物质生活水平得到了很大提高，结婚消费也跟着“水涨船高”。结婚双方在举办婚礼、购置新房等结婚消费上出现了盲目攀比的现象，比如“奢婚”就是如此。在这种婚姻伦理观下，人们的生活质量必然会受到影响。另外，社会上也出现了“瘦婚”等务实型结婚消费模式，在不影响婚姻幸福的同时开始实践婚礼的低碳、环保。

三　离婚观的自主性与随意性

离婚是一个引人注目而又众说纷纭的话题，对离婚问题的探讨已经成为社会科学研究的热门。自21世纪以来，离婚率居高不下，很多专家学者都在寻找其内在的原因。以前的研究显示，当时大量的报刊、书籍只是运用传统伦理的评价机制，把离婚当事人与道德堕落者相提并论，把离婚率上升的主要原因归咎于改革开放后传入的西方利己主义和性解放的精神污染。如今，应当在新时代、新背景下，再次思考离婚问题，从人们的婚姻伦理观和生活质量观的角度来重新审视离婚的原因和影响。

（一）离婚态度的随意与慎重

1.“闪离”

“闪离”即闪电离婚，是指夫妻双方在很短的结婚时间内就办理了离婚的婚姻现象。它通常对应的是上文中的“闪婚”。但现实情况中也有恋爱时间很长、但婚姻时间很短就离婚的现象，这些也都属于“闪离”。

眼下不仅离婚者越来越低龄化，就连婚姻维持期都日渐缩水，从起初的“七年之痒”蜕变到“一年之痒”乃至“数十天之痒”。大量数据表明，我国现在的年轻人草率结婚又轻率离婚的人数持续走高。这些年轻的独生子女为何成为离婚的高发人群，是婚姻管理部门、婚姻家庭专家和社会学家共同关注的社会问题。一组数据让人触目惊心：2006 年，仅北京市就有 24952 对夫妻办理离婚登记，其中有五分之一的婚姻关系维持不到 3 年；有三分之一的夫妻在结婚 5 年内离婚；结婚不到 1 年就离婚的有 970 对；有 52 对离婚的夫妻结婚还不到 1 个月①；与此同时，2006 年哈尔滨的离婚率比上年增长了 5%②，其中也是年轻人激增；来自广州的数据也显示，“80 后”委托离婚或咨询离婚的案例明显增多③……对于“闪婚闪离”族来说，他们观念开放，可以见面不到几天就闪电结婚，结婚没到几天又闪电离婚。

29 岁的李先生和妻子从相识到领证仅用了一个多月。“我觉得她人不错，没什么坏心眼，关键是我很喜欢她，而且我也渴望结婚，谁知道还没过上一个月她就闹着要离婚。”李先生告诉记者：“她觉得我们的消费观不一样。她花钱大手大脚，一开始我没说什么，后来有点收支不平衡了，就劝她别再这样。她认为我太在乎钱

① 李蕊：《婚姻：年轻人的“易碎品”》，《家庭医学：下半月》2011 年第 10 期。

② 同上。

③ 蔡民、闫晓光：《缺乏忍让宽容“80 后”独生子女或离婚高发人群》，《云南教育：视界综合版》2007 年第 108 期。

不在乎她，她经常发脾气。”最终他们的婚姻以“闪离”告终。[①]

31 岁的刘女士和老公相处了近一年后结婚了，不过这段婚姻也没能逃脱“闪离”的命运。刘女士和老公是通过朋友介绍认识的，一开始，她不同意交往，因为对方是带着孩子的离异男。可是由于家人的催促，再加上他追得很紧，她还是动了心。交往快一年后两人走进了婚姻。可是领证后不久，刘女士便发现老公好像完全变了一个人似的，之前所有的承诺全都没兑现，动不动为了一点小事自暴自弃，于是，这段婚姻也没有逃脱“闪离”的命运。[②]

“闪离”，究其原因，一是年轻的当事人凭一时冲动而“闪婚”，婚前缺乏对彼此的深入了解，也没有经过慎重考虑就草率结婚，结婚后感情基础不牢靠，而都市生活节奏较快，人心容易浮躁，发生矛盾后不懂得自我调适和互相谅解，缺乏责任感，就容易草率离婚；二是夫妻双方婚前依赖父母较多，自理能力较差，婚后极易为琐事争吵，轻言离婚；三是共同生活的时间较短，经济矛盾少，加之未生育子女，所以提起离婚诉讼没有多少顾虑。

“80 后”、“90 后”独生子女之所以成为离婚的高发人群，是因为该群体中的许多人以自我为中心，社会责任感和家庭责任心淡薄。这跟父母从小过分溺爱，凡事帮孩子拿主意，使孩子缺少忍让、宽容的品格有直接关系，导致他们的婚姻稳定性下降。经济不独立、“家务低能”是很多年轻人婚姻生活中的“软肋”，也往往容易成为离婚的导火索。有调查显示，在已成婚的“独生代”家庭中，有 30% 雇用计时工来做家务；20% 由父母定期为其整理房间；80% 的年轻夫妻长期在双方父母家里“蹭饭”；30% 的夫妇自己的脏衣服要拿到父母家里洗。[③] 同时，随着时代的发展，这一代人对婚姻感情质量的要求较高，对平淡的生活容易产生不满，这使得他们不愿意凑合，由生活琐事引发的“婚姻死亡”现象也就越来越多。

值得注意的是，“闪离”案件的当事人大多没有财产分割和子

---

① 黄今：《闪婚的婚姻伤不起》，《三峡晚报》2015 年 7 月 3 日。

② 同上。

③ 雷坚编著：《受用一生的心理课》，中国纺织出版社 2014 年版，第 27—28 页。

女抚养的问题，这使得他们离婚时的顾虑少了很多。总之，“80 后”、“90 后”群体中的少数人喜欢特立独行，对待婚姻也不例外。男女双方基本上对婚姻的存续与否抱着无所谓的态度，基本是“合则聚，不合则散”。因此，才会有越来越多的人选择“闪婚”或“闪离”。

在婚姻生活中，我们都会面临着这样或那样的困扰，并不是所有的婚姻问题都一定要走到分手那一步。在做出离婚决定之前不妨静下心来想一想，给问题婚姻一个缓冲期，再慎重地决定是否离婚。人们需要客观地认识婚姻，婚姻绝非全是洒满阳光、铺满鲜花的坦途，其间也可能会有坎坷崎岖和荆棘风雨，这就需要双方有充分的心理准备，有足够的勇气、能力去应对。人们在结婚之前，要全面、准确地了解对方，有眼缘不见得有心缘，好朋友不见得是好夫妻。在评估、判断对方是否适合自己的婚姻时，若通过“婚前培训班”或借助“婚前心检”等心理测试也可能对自己是个帮助。

2. “中国式离婚”

“中国式离婚”一词源于 2004 年热播的同名电视剧——《中国式离婚》①，指的是中国大量的没有爱情却不愿和不敢离婚的婚姻伦理现象。夫妻在婚姻里相互不满，却很少沟通，只剩下责任，却又相互折磨，常常是除了名分之外，连合睡一张床的“形式”也谈不上，更不用说温馨的感情付出，但是仍然不愿离婚。离婚并不可怕，可怕的是离不了婚。

《中国式离婚》要展示给观众的，正是这样一种困境：一方面，婚姻已经破碎，夫妻不再是两情相悦，恩爱如初；另一方面，夫妻双方又像是一根绳上的蚂蚱，被绑了死扣，苦苦挣扎却无从脱身。徒劳的折腾，到头来只能是两败俱伤，身心俱损。电视剧似乎在大声疾呼：是该到重新审视离婚的时候了。我们看到，故事最后一刻，在宋建平就职医院的感恩节聚会上，妻子林小枫不邀而至。当她带着大彻大悟的神秘微笑跨上讲台的时候，她的脸上散发出的是罕见的奇光异彩。摄像机仰视着她，迫使观众也不得不仰视着她，

① 牟岭：《北美日知录》，上海三联出版社 2013 年版，第 243 页。

鸦雀无声地等待聆听她的心灵倾诉：宋建平不必再通过去西藏工作来圆了他的离婚梦，“我同意离婚!”“我同意离婚”正是打开宋建平和林小枫婚姻死结的钥匙。林小枫的这句话，为电视剧沉重的剧情画上了句号。这句“我同意离婚!”更像是一首渐渐远去的挽歌，标示着中国人多少年来对离婚的讳莫如深正式成为过去。同时在年轻的一代人身上，从刘东北和娟子闪电式的结婚和离婚中，我们看到了正在蓬勃兴起的另一种“中国式离婚”，即轻松、潇洒的离婚。从痛苦的离婚到潇洒的离婚，可以说是一个巨大的文化嬗变。

如果真的是一段痛苦与绝望的婚姻，那么结束它应该是一种解脱。而大多数痛苦的离婚是因为一方的不甘心，或不想离。于是会闹，会冷战，会折磨，其结果反而更糟糕。过去的婚姻可以没有感情，男女结合的目的在于传宗接代，维系婚姻的是整个家族、邻里和伦理道德。而当今婚姻的灵魂是感情，人们对婚姻的要求日益提高，只要性格不合、感情褪色，两个人就可以自主分手。

貌合神离的婚姻不仅仅反映在婚姻观念保守的年长者身上，也在一部分年轻人身上有所体现。他们虽然认同正当的离婚，但不敢付诸行动，其原因在于，一是父母的压力，如怕分不到家产；二是社会的压力，如怕升不了官、做不成生意；三是个人的压力，如怕孩子的心理受到伤害等。那种“稳定的”、“不死不活的”婚姻已经逐渐远去，因为它对婚姻缺少尊重，对个体也不负责任。

3. “试离婚”

“试离婚”，是指在两个人都同意离婚的情况下，不急于从法律上履行离婚手续，在生活上先“离”一段时间，给婚姻一个缓冲区，使双方在远离婚姻生活的环境下，体验没有“另一半”的生活，同时也使双方能够冷静地反思婚姻，对彼此进行再认识。“试离婚”有个特点，就是觉得跟对方只剩下了一点感情，想试着看能不能忘掉对方。“试离婚”本质上就是给内心一个过渡期，让夫妻双方逐渐适应失去旧的感情生活后的感受。“试离婚”是要试试夫妻双方是否真的已经无爱、无性、无益，也试试他们是否能够接受这种无爱、无性、无益的单身生活。

健康的婚姻生活会给夫妻双方带来精神上、肉体上、物质上的裨益，如果婚姻走到末路，相应的裨益也就随之烟消云散了。现在很多人希望离婚，原因并非外遇、家庭暴力、性格不合；而是一种“审美疲劳”。这样的婚姻，通常能够通过“试离婚”得到起死回生。“试离婚”的价值在于，避免了双方在冲动的情况下作出后悔的决定，使他们有机会在最后作出理性的抉择。在“试离婚”这个缓冲期中，若作出了自己的婚姻已经无爱、无性、无益的判断，那么当告别这段婚姻时，会产生一种平和的心态，适时的放弃是给自己一个重新选择的机会。

“试离婚”是婚姻登记机关在离婚程序上作出的一种人性化的改革，其目的在于给冲动离婚的夫妻提供一个缓冲期，让他们有时间通过沟通、协商等方法冷静地处理婚姻关系，是对婚姻关系的有效调整，其现实的积极意义可见一斑。自2012年末推行“试离婚”以来，有很多夫妻经过“试离婚”之后又再次回到婚姻的怀抱。①

当然，并不是所有的“试离婚”都是如意的。“我偶然得知现在有“试离婚”的说法，因为感到和丈夫的生活越来越寡然无味，就建议和丈夫“试离婚”一个月，想让他更加在乎我。没想到，一个月过去了，他真的想离婚了，我该怎么办?”据王女士说，她和丈夫高先生结婚两年了，还没有孩子，结婚后总觉得婚姻就像一杯索然无味的白开水，没有一点激情。没结婚的时候，高先生非常浪漫，每次都会给她准备生日礼物，在生活上还会不时地给她一些小惊喜。“我是一个比较感性的人，我受不了这种没有任何激情的生活，我们两人的交流也越来越少，经常争吵和互相埋怨。而我丈夫却觉得生活就该平平淡淡，工作已经很累了，回家就是休息，不需要浪漫。”2014年5月初，王女士和丈夫又因为一些琐事发生了争吵。王女士找自己的闺蜜倾诉，闺蜜告诉王女士，现在有“试离婚”的说法。所谓“试离婚”，就是夫妻双方约定一个时限，在此时限内彼此不打电话，不干涉对方的生活，时限到了以后如果还不行就直接离婚。

---

① 《“试离婚”——让离婚更理性》，《现代妇女》2013年第3期。

回家后，王女士立即把“试离婚”一个月的想法跟高先生说了。高先生很生气，并在争吵后搬到单位居住。5 月 12 日，王女士和高先生正式开始“试离婚”。刚开始时，王女士感到了前所未有地放松，没有了争吵和埋怨，每天下班后和朋友逛街、唱歌，周末和朋友到郊外野营、烧烤。可刚过半个月，王女士的激情劲儿就没有了，感到身心疲惫，特别想念丈夫。6 月 12 日，到了约定的日期，王女士去接高先生回家。高先生冷冷地说：“我决定了，我们还是离婚吧。”听到这个消息，王女士感到非常后悔。最后在社区工作人员的劝解下高先生答应会和妻子王女士好好相处。可见，人们需要谨慎地对待“试离婚”。“试离婚”在法律上是无效的，它只是在婚姻关系存续期间，为了缓和双方的紧张关系，而寻找到的一个缓冲、调节的方法而已，在此期间，婚姻当事人仍然要尽到自己的责任和义务。

（二）离婚生活的美好与艰难

人们离婚的原因多种多样，有的是因为婚姻伦理观不合，有的是因为生活质量观不一致，而离婚后的生活也不尽相同，有的美好，有的艰难。

1. “黄昏散”

“黄昏散”与白头偕老相对，指老年夫妻的离婚现象。俗话说“百年修得同船渡，千年修得共枕眠”，“少年夫妻老来伴”，这些都寄托人们对美好婚姻的向往。然而，随着社会的发展和观念的转变，老年人对婚姻生活的要求也越来越高，“少年夫妻老来伴”的传统观念正在悄然转变，离婚已不再是年轻人的“专利”，“银发离婚”也不再鲜见。老年人离婚数量正在逐年上升，“白头偕老”逐渐变成了“黄昏散”。

据不完全统计，在北京，60 岁到 70 岁的老年人的离婚诉讼案件占到全部案件的近 45%；在上海，在 60 岁以上老人诉讼离婚的相关案件中，多数当事人退休时间不满 10 年，其中，65 岁以下的老年人离婚案件约占七成；在江西，近年来老年人离婚案件占全部离婚案件的近一成，且有逐年增加的趋势……根据合肥市庐阳区法院的一项不完全数据统计显示，2011 年，该院共受理离婚案件 444 件，其中，涉老离婚案件有 10 余件，而到了 2012 年，仅前 10 个月，涉老离婚案件便达到 14 件以上。[①] 据了解，最近几年，虽该院未进行相关统计，但老年人离婚案仍呈现出逐年增加的趋势。

老年人离婚案的增多说明了社会宽容度、开明度的提高。不仅仅在中国，国外的老人也闹“银发离婚潮”。据韩国统计局公布的数据显示，2013 年该国老人的离婚率已经超过了年轻人；美国的一份名为《灰色离婚革命》的研究报告称，2009 年，一共有 60 万个年龄在 50 岁以上的人离婚，而这一数据还在继续攀升，到 2030 年，美国 50 岁以上的离婚人数可能会突破 80 万人；英国的情况也不容乐观，最新公布的统计数据显示，60 岁以上老年人的离婚率已直线上升，排在首位。“银发离婚潮”冲击着全世界老人的生活和婚姻，甚至有专家表示，这一现象是“一次重要的社会革命”。[②]

如今，老年人非常注重婚姻生活质量。退休前，夫妻俩都在外忙碌，在家的时间很短，一旦夫妻俩都退休后，两人一下子整天厮守在一起，反而容易出现摩擦。退休后的女性找工作比男性容易，妻子看不惯退休后的丈夫整天什么都不做，丈夫不理解妻子为什么退了休还要每天往外跑。夫妻间缺少了关爱和尊重，在吵闹中感情受到了伤害。“空巢家庭”中的老人发生冲突时，子女不在身边劝解，导致摩擦升级，直至感情破裂，结束婚姻。

老年夫妻离婚类型主要分为两种：一种是再婚夫妻的“黄昏散”。由于半路夫妻的婚姻面临的考验较多，所以过半的案件属于二婚后又再离婚的。再婚后的离婚率相对于原配的离婚率要高出很多，其原因主要有五个方面。其一在于婚姻质量不高，缺乏感情基础。双方都以为自己是“过来人”，很多需要交流的地方反而被忽略了；其二因生活习惯的不同引发了诸多矛盾。生活了几十年，养成了很多习惯，彼此又都很难改变，也很难磨合，就容易造成多种

---

① 朱红、马冰璐：《“白头”却不愿“偕老”，“夕阳红”遭遇“黄昏散”》，《市场星报》2015 年 8 月 23 日。

② 汪灵犀、彭训文：《人民日报》（海外版）2015 年 6 月 26 日第 11 版。

不适；其三是双方子女及原有的社会网络的干扰较大。几十年的人脉如果处理得好便是财富，处理不好则极易导致双方产生矛盾。再婚老人一般都有自己的子女，家庭成员较多，重组家庭之后双方与对方子女之间的关系比较难处理。此外还牵扯到诸如赡养、继承等问题，这些问题也影响婚姻生活的质量；其四是财产状况复杂。再婚老人一般情况下都有一定的财产，他们再婚后的生活，会涉及日常开支等一系列的经济问题，若不能妥善处理这些问题便会造成种种纠纷，给老人婚后的生活带来影响；其五是再婚老人很多法律意识不高。不少老人再婚时没有去婚姻登记机关办理结婚登记手续，双方在婚前没有关于财产的约定，面对子女对于自己婚后生活的过度干涉也束手无策，这些都为再婚生活埋下了隐患。以上就是导致再婚老人“黄昏散”的主要原因。

另一种是原配夫妻的“黄昏散”。两人共同生活了几十年，临老却闹到离婚的地步，其主要原因如下：其一是忽视了老年婚姻生活的艺术性。觉得人老了，爱情资源消耗殆尽了，没有什么新鲜感了，把增加夫妻感情看作无关紧要的事，于是摩擦就增多了。其二是缺乏沟通与信任。一方与异性的交往引起了另一方的怀疑，以致矛盾加深，最终闹上法庭。这种情况造成老人离婚的比例较大，可见，在爱情、婚姻上，老年人与年轻人有着同样的心态。其三是子女已经成年，要结束以往不满意的婚姻。双方结婚多年，经常吵闹，之前因子女尚小，担心离婚对子女的成长不利，因此一直忍耐。子女的成年、成家，使得老人维系家庭的压力减轻，一旦矛盾激化，就会走上离婚这条路。其四是没有事业追求。进入老年后，人们重心从工作转移到退休生活上，有的老人一时无法适应，夫妻双方难免产生摩擦，引发离婚。其五是子女觊觎老人的财产，怂恿老人离婚。此原因在当前高房价背景下尤显突出。在移民区，很多人为了多一个户头而多占一处房子，所以怂恿父母离婚。其六是历史背景导致的离婚。有的婚姻系当时历史条件下不得已的选择，而现在思想解放了，所以坚决要求离婚，解开历史造成的枷锁。其七是家庭暴力。有些人大男子主义思想很严重，无视妇女的独立人格，动辄对女方辱骂、殴打，肆意虐待，如今这些饱受婚姻折磨的妇女不再逆来顺受，毅然提出离婚。

当今的老年人也开始注重婚姻生活的质量，当子女成家立业、自己无所牵挂时，便开始关注自己的精神和感情生活。对于没有感情的夫妻来说，离婚或许更能体现对个体的尊重，勇敢说出“离婚”二字的老年夫妻，需要更大的勇气，这也是社会进步的一种体现，有助于老年人婚姻生活质量的提高。

2. “蜗婚族”

“蜗婚族”是指离婚后迫于住房压力依然住在一起的人群。“蜗婚族”一词于2010年4月初最早在网络上出现，有人在论坛上发表帖子《俺是比“蜗居族”更惨的“80后”“蜗婚族”!》[①] 自曝自己与妻子离婚后因为住房压力，只得选择与前妻和情敌“同处一室”的悲惨生活。帖子发出后，引起了一些媒体的关注，并对这一现象进行了报道，于是“蜗婚族”就成为了当代的又一个“新族群”。在这种“离婚不离家”的生活模式背后，当事人会有怎样的切身体验？

27岁的雯雯与相识不到3个月的军军携手走进了婚姻殿堂，缴纳了8万元首付后，搬进了一座新建的高层住宅。婚后，两人发现彼此的生活习惯不同，几个月后即离了婚。按常理，离婚后双方应各走各的路，可军军和雯雯却还是选择住在一起。“我没法搬出去。”雯雯说。结婚前，为了买房，她和军军每人出了4万元首付款。离婚后，这套房子怎么分成了问题。首付的4万元几乎花光了她所有的积蓄，还找朋友、同学东拼西凑借了2万元搞装修，自己再也拿不出钱了。“我如果现在搬出去，不仅得不到在房产中应有的那份，还得面临租房的问题。我每月工资不到2000元，再花钱租房，就更别想存钱买房了。”离婚却不分居，不是夫妻的两个人仍然生活在一起，时常会碰到一些尴尬的事。还有一件事雯雯提起来心里就很难受：一个月前，军军领来了新女友。“虽然离婚了，

① 详见中华论坛，http：//club. china. com/data/thread/1011/2711/42/70/0_ 1. html。

可看到他们在眼前晃来晃去，我心里很不是滋味。”雯雯说。于是，她为了赌气，时常下班后带同事回家，打牌甚至喝酒，玩到次日凌晨一两点钟。由此可见“蜗婚族”面对着种种无奈和尴尬。

对于离婚后继续住在一起甚至同居的行为，法律并未禁止。《婚姻法》和最高人民法院的司法解释中，仅明文禁止有配偶者与他人同居。“蜗婚”是在房价高压下形成的一种畸形的社会现象，是“80后”面对生存压力下的无奈之举，它不仅会给彼此的生活带来不便，还会产生诸多的新问题、新矛盾，久而久之，房子就会变成束缚双方生活的沉重枷锁。

小结

21世纪初中国的离婚观表现出了自主性与随意性的特征，而离婚后的生活则有美好也有艰难。无论是哪一种态度和生活状态，都是当事人和社会对“离婚”这个婚姻现象的伦理观点和生活追求的反映。

“闪离”体现的是随意的离婚态度，而“试离婚”又体现着一种慎重的离婚态度。“黄昏散”看似浪漫，但既有美好，也有艰难，其形成的原因更是多种多样。“蜗婚族”的生活则是现代人在巨大住房压力下的真实写照。

四　关于婚姻伦理与生活质量的思考

在阐释了关于择偶、结婚和离婚的流行词后，我们可以看出每个流行词背后具体的婚姻伦理观及其生活质量观，以及二者之间的内在关系。下面将从《婚姻法》等制度层面，伦理观和生活观等价值层面和流行词语的正反层面来进行思考。

（一）《婚姻法》和相关法律、政策的完善

第一，加强婚姻立法和婚恋相关的法律的宣传。在我国的婚姻立法和政策制定中，应当加强对婚恋电视节目、网络相亲节目等的

规范和监督，使之在为大众提供择偶服务的同时也不会违背社会主流价值观；对于农民工的“闪婚”等现象，政府部门要加强督促用工单位遵守劳动法，还农民工正常的休息、正常的节假日，要关心农民工的生活，让他们在城里有房子居住，有医院看病，其子女有学上，给他们在城里恋爱、结婚、生育、扎根的信心；对于“黄昏散”等现象，立法时应当格外重视老年人的婚恋自由，对于第三人干涉老年人再婚的行为要进行教育或惩处。同时，加强相关的法律宣传，提高全社会尊重老年人再婚的风尚，增强老年人再婚时进行登记的意识，使他们在自己的权利受到侵害时懂得运用法律武器来保护自己。

第二，大力发挥婚姻登记机关等基层调解人员的积极作用。在“闪婚”“闪离”“试离婚”等问题上应让民政局部门担当起婚前辅导、调解矛盾等工作，在登记、办理手续上进行调整和改革。对于再婚的老年夫妻，要提高他们婚前财产约定的意识，减少经济上的纠纷。老人再婚前最好处理好自己的财产，或者对各自的财产作出约定。婚姻登记机关可以在新人登记时给予耐心的辅导，给出相应的建议，以有效避免今后因财产导致的纠纷。充分调动基层调解人员的积极性，同时进一步完善调解和协调机制，与政府部门和家庭形成合力，帮助人们正确地处理婚恋问题。

第三，在政策上鼓励社会公益机构及热心人士的广泛参与。允许并鼓励有志于帮助解决婚恋家庭问题的社会公益机构和热心人士、志愿者等，提供相关的指导和培训，帮助适龄的未婚青年或者离异人士，给他们牵线搭桥，使其早日找到感情的知己、生活的伴侣，对产生婚姻纠纷、婚恋困扰的人员进行安慰和辅导、教育，了解他们的现实问题，帮助他们更理智地对待婚恋生活。

（二）婚姻伦理观与生活质量观的转变

1. 树立合理的婚姻伦理观

坚持在婚恋过程中相互平等、相互尊重。平等和尊重是每个人的基本权利，但是人们在婚恋过程中却往往容易忽视这一点。人们因为关系的亲近而任性和过高地要求对方；一方也容易因为习惯而依赖或者完全依靠另一方，逐渐失去了自我，并在婚恋中无节制地索取感情或者物质，这些都不是理性的婚姻伦理观。无论是哪一种类型的择偶观、婚姻观和离婚观，婚姻生活想要长久和幸福，都应该建立在相互平等和相互尊重的基础上。“拜金女”“软饭男”等就是在某种程度上降低了自我的尊严和价值，自己不努力、希望依附于对方来获得物质的享受和理想的生活，但是这种生活往往只是一时的，很难长久。对于新出现的“不婚族”和“形婚族”，也要给予尊重和理解。生活方式是个人自由的选择，在没有触犯法律和违反社会伦理道德的前提下，是应该受到社会和人们的平等对待的。老年人要树立合理的婚姻伦理观，要解放思想，珍惜自己的权利，尊重对方的健康状况、教育背景、性格品质等，过好自己的黄昏生活。子女们对老年人的选择要尊重、理解，更要关爱老人，关心他们的情感需求。

坚持恋爱自由、结婚自由和离婚自由基础上的认真与慎重。21世纪的今天已经具备了一定程度的包容和开放的条件，但是在面对婚姻恋爱关系时，人们还是应该认真对待、慎重处理。对于“闪婚”“闪离”等要有足够的认识，不能仅凭一时的激情和冲动，要在多方面的权衡下做出理性的抉择。对于“中国式离婚”等则需要转变传统观念，不能单纯地为了面子或者孩子而拖延、折磨自己的婚姻和情感，也要给对方离婚自由和再婚自由的权利，否则耽误和伤害的既是对方，也是自己。从无法维持的、焦虑和痛苦的婚姻中勇敢走出来，比过于小心谨慎、不敢离婚要好得多，也是对自己人生的尊重和负责。

2. 倡导“双方生活质量观同一”的新型婚姻伦理观

以往研究婚姻伦理，大多从择偶标准、婚礼习俗、性观念、生育观念等加以考察，从而得出各个时代婚姻伦理观的内容和特征以及时代的演变等，最后让人们知道什么是正确的婚姻伦理观。本书也在某些方面沿袭了这一研究方法，同时引入了一个新的概念和角度，即运用社会文化史视域下的“生活质量”这一维度进行研讨，从而得出一个重要结论：新型的婚姻伦理观应该符合“双方生活质量观同一”这一命题。

生活质量分为客观生活质量和主观生活质量，即物质和精神两个方面。“双方生活质量观同一”是指在婚恋过程中双方所追求和期待的生活质量的一致和统一。它可以分为三种类型：其一是重视物质、轻视精神的生活质量观；其二是重视精神、轻视物质的生活质量观；其三是既重视物质又重视精神的生活质量观。

认定和实践不同婚姻伦理观的人自身对生活质量的认识理解不同，对生活质量的追求也就不同，而人们对生活质量的追求表明了人们对未来的期待和设想。虽说“有情饮水饱”，但是真实的婚姻生活需要的不仅仅是情感，也需要物质这一客观条件的维持。一个不满足于现状、追求物质享受的人和一个小富即安、情愿精神自由的人在一起生活，必然会产生各种问题和困惑，除非双方能够改变自己的生活质量观以寻求同一，不然即使外表看起来是模范夫妻，但是他们内心的压力和痛苦也是不言而喻的。由此可见，在社会中倡导“双方生活质量观同一”的新型婚姻伦理观是十分必要的。

（三）发挥婚恋流行词的导向作用

随着网络的快速发展和时代的进步，婚恋流行词越来越多，也越来越被人们熟知和运用。虽然流行词更新很快，偏重口语化，但是正确看待和研究婚恋流行词对我们了解当代中国社会的婚姻伦理和人们的生活质量观有着重要的价值。其中，我们既要认真分析和揭示婚恋流行词中负面、消极的影响，更要发掘婚恋流行词中的正面价值和导向作用。

要避免婚恋流行词语中负面词语的消极影响。流行词语主要是依托网络而产生的新生事物，容易受到大家的追捧和得到广泛传播，对人们形成婚姻伦理观和生活质量观起着重要的作用。婚恋流行词并非都有积极、正面的价值和意义，因此需要我们去区分和辨别。例如婚恋流行词中的“泡良族”就是把良家妇女当作猎艳对象，一旦得手后就消失无踪的一类男人。看似是很新潮的流行词语，却蕴含着错误的婚恋观，这种不负责任、只为寻求刺激的交友行为不能效仿和传播，要认清其危害，警惕它对我们生活的渗透和腐蚀。

要发挥婚恋流行词语中正面词语的积极作用。婚恋流行词中有着诸多有正面意义和价值的流行词语，它们对人们形成正确、向上的婚姻伦理观和生活质量观有着积极作用。例如“森女”一词，是对现在处于忙碌都市中的人们回归简单、重视精神生活的一种提醒和启发，我们可以不完全认同它，但是其中也不乏值得我们对其积极正面价值进行深入思考。发挥婚恋流行词的导向作用有利于人们婚恋生活的和谐和幸福，为人们的婚恋生活提供明确的方向。

小结

以婚恋流行词为线索，研究21世纪初期中国的婚姻伦理与生活质量，对我们的现实生活有着十分重要的意义和价值：一是根据流行词的异同和特点，从不同方面对婚姻法律和相关政策进行调整和完善；二是提出了“双方生活质量观同一”的理念，有益于婚姻伦理与生活质量的有机结合；三是发挥婚恋流行词的正向引导作用，为人们的婚恋生活指出明确的方向。

五　结语

进入21世纪后，随着人们的思想观念、网络等的快速发展变化，产生了许多新的婚恋流行词，这些婚恋流行词又可以分为择偶流行词、结婚流行词和离婚流行词。

婚恋流行词生动、形象地反映了当今社会人们的婚姻伦理观和生活质量观；人们现实的生活质量和对未来生活质量的追求直接影响着人们婚姻恋爱的态度和行为，即影响着人们的婚姻伦理观和社会的婚姻伦理观的变化；新时期的婚姻伦理观又是婚恋流行词产生、发展的思想基础。

婚恋流行词、婚姻伦理和生活质量，这三者是相互联系、相互作用的。

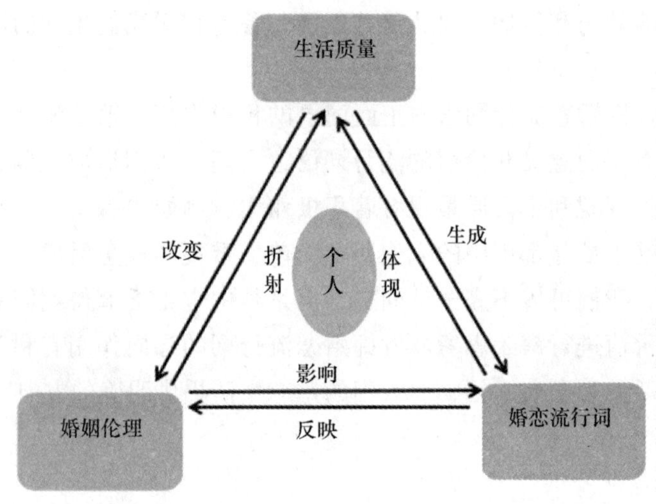

图 1.3

它们的复杂关系在 21 世纪初期的中国婚姻生活中主要体现在以下三个方面：

在择偶观方面，一方面表现在择偶标准的功利化与情感化，代表的流行词有“拜金男”与“拜金女”、“森男”与“森女”等，这些流行词反映了两种不同的婚姻伦理观，其背后所追求的生活质量也有所不同，前者追求物质和金钱，轻视甚至无视自身的情感需求，认为房子、车子、包包等客观实物可以实现婚姻、恋爱甚至人生的所有目标；后者则把双方的情感因素、精神满足放在第一位，对物质生活的要求很少，这种婚姻伦理观主要对主观生活质量即生活满意度和幸福感的要求较高；另一方面则表现在择偶途径的多样化与新颖化，出现以“非常男女”为代表的电视相亲、以“父母相亲会”为代表的公园相亲、以“一线姻缘”为代表的网络相亲等等。由于当今人们对择偶途径的接受程度比较高，所以择偶途径呈现出了多样化和新颖化的特征，以便能够满足人们全方位的个性化要求。

在结婚观方面，人们的婚姻模式显现出多元化和私人化的特征，同时，结婚消费也表现出了攀比和务实的特点。婚姻模式不再局限于传统方式，出现了“不婚”“试婚”“闪婚”“半糖夫妻”“形式婚姻”等多种不同的婚姻模式。各种不同的婚姻模式反映了21世纪初期人们的多种婚姻伦理观和生活质量观，诸如：有人只谈恋爱不结婚会感觉幸福，有人没谈多久恋爱就结婚会感觉幸福，等等。此外，关于结婚消费的流行词“奢婚”“裸婚”“瘦婚”等也反映了人们不同的婚姻伦理观和生活质量观，有的奢侈、高额消费，有的简单、节俭朴实，各不相同。

在离婚观方面，人们对待离婚的态度既慎重又随意。慎重体现在“试离婚”等流行词上，随意则体现在“闪离”等流行词上。这些关于离婚的流行词反映了人们不同的婚姻伦理观和生活质量观。事实上，离婚后的生活有的美好，有的艰难，如“黄昏散”“蜗婚族”等流行词就反映了人们离婚后在生活质量方面出现的新问题。

在分析和阐释了以上婚恋流行词下的婚姻伦理与婚姻生活质量后，我们可以做出以下几个方面的新思考：即《婚姻法》和相关法律、政策的调整和完善、婚姻伦理观和生活质量观的调整和转变以及发挥婚恋流行词的正面价值和导向作用等，并在此基础上提出一种新型的婚姻伦理观，即“双方生活质量观同一”的命题，这一命题倡导和支持拥有相同生活质量观的双方进行恋爱和结婚，以使双方能够满足彼此对生活质量的要求，并体验自身婚姻生活的幸福与美满。

参考文献

一　古籍

1. （宋）陆游：《老学庵笔记》，中华书局 1979 年版。
2. （东汉）许慎：《说文解字》，中国书店 1989 年版。
3. （战国）庄子：《南华经》，安徽人民出版社 1994 年版。
4. （南宋）黎靖德：《朱子语类》，中华书局 1994 年版。
5. （唐）房玄龄等：《晋书》，中华书局 1997 年版。
6. （东汉）班固：《白虎通》，北京图书馆出版社 2006 年版。
7. （春秋）老子：《道德经》，北京时代华文书局 2014 年版。
8. （西汉）戴圣：《礼记》，北京联合出版公司 2015 年版。

二　报纸

《北京日报》、《北京晚报》、《北京青年报》、《参考消息》、《大众日报》、《东方早报》、《奉化日报》、《光明日报》、《工人日报》、《淮河晨刊》、《今晨六点》、《辽宁日报》、《宁波日报》、《西南商报》、《人民日报》、《山西晚报》、《市场报》、《新华月报》、《新民晚报》、《湛江日报》、《浙江早报》、《中国妇女》、《中国妇女报》、《中老年时报》、《中国青年报》、《中国人口报》、《青岛日报》、《太原日报》、《广州早报》、《沈阳日报》、《江苏经济报》。

三　资料汇编

1. 《民主与法制》编辑部编：《婚姻案例 100 例》（增订本），民主与法制杂志社 1981 年版。
2.《中华人民共和国婚姻法》，中国法制出版社 1981 年版。
3. 中央人民政府法制委员会编：《中央人民政府法令汇编（1953年)》，中国法律出版社 1982 年。
4. 国家经济体制改革委员会编：《中国经济体制改革规划集(1979—1987)》，中共中央党校出版社 1988 年版。
5. 国家统计局编：《1993 年中国统计年鉴》，中国统计出版社 1993 年版。
6. 民政部计划财务司编：《民政统计历史资料汇编（1949—1992)》，中国统计出版社 1993 年版。
7. 中国城乡居民家庭生活调查课题组编：《中国城乡居民家庭生活调查报告》，中国大百科全书出版社 1994 年版。
8. 民政部基层政权和社区建设司编：《婚姻登记管理资料汇编(1950—2003. 5)》，中国社会出版社 2003 年版。
9. 中共中央文献研究室编：《三中全会以来重要文献选编》（上册)，中央文献出版社 2011 年版。

四 专著

1. 国外专著
(1)［德］黑格尔：《法哲学原理》，范扬、张企泰译，商务印书馆 1961 年版。
(2)［德］马克思：《1844 年经济学哲学手稿》，刘丕坤译，人民出版社 1979 年版。
(3)［保］瓦西列夫：《情爱论》，赵永穆等译，生活·读书·新知三联书店 1984 年版。
(4)［英］罗素：《婚姻革命》，靳建国译，东方出版社 1988 年版。
(5)［美］罗斯·埃什尔曼：《家庭导论》，潘允康译，中国社会科学出版社 1991 年版。
(6)［英］安东尼·吉登斯：《现代性与自我认同》，赵旭东、方文、王铭铭译，生活·读书·新知三联书店 1998 年版。

（7）［英］安东尼·吉登斯：《现代性的后果》，田禾译，译林出版社 2000 年版。

（8）［英］安东尼·吉登斯：《亲密关系的变革——现代社会中的性、爱和爱欲》，陈永国、汪民安等译，中国社会科学出版社 2001 年版。

（9）［德］罗梅君：《北京的生育、婚姻和丧葬：19 世纪至当代的民间文化和上层文化》，王燕生、杨立等译，中华书局 2001 年版。

（10）［美］罗丽莎：《另类的现代性：改革开放时代中国性别化的渴望》，黄新译，江苏人民出版社 2006 年版。

（11）［美］戴维·波普诺：《社会学》，李强等译，中国人民大学出版社 2007 年版。

（12）［英］艾华：《中国的女性与性相：1949 年以来的性别话语》，施施译，江苏人民出版社 2008 年版。

（13）［加］伊丽莎白·阿伯特：《婚姻史》，孙璐译，中央编译出版社 2014 年版。

2. 国内专著

（1）安凤兰：《姑娘喜欢什么样的小伙子：婚姻介绍所专辑》，春风文艺出版社 1985 年版。

（2）张端义：《贵耳集》，中华书局 1985 年版。

（3）罗国杰、宋希仁编著：《西方伦理思想史》，中国人民大学出版社 1985 年版。

（4）厉以宁：《社会主义政治经济学》，商务印书馆 1986 年版。

（5）苏晓康：《阴阳大裂变》，江苏文艺出版社 1987 年版。

（6）韩明希、李德辉主编：《简明人口学词典》，甘肃人民出版社 1987 年版。

（7）李宏林：《八十年代离婚案》，春风文艺出版社 1987 年版。

（8）潘允康：《中国城市婚姻与家庭》，山东人民出版社 1987 年版。

（9）刘英、薛素珍：《中国婚姻家庭研究》，社会科学文献出版社

1987 年版。
（10）姚鹏主编：《人性的高贵与卑劣——休谟散文集》，杨适等译，生活·读书·新知三联书店 1988 年版。
（11）童恩正：《文化人类学》，上海人民出版社 1989 年版。
（12）杨大义：《婚姻法学》，中国人民大学出版社 1989 年版。
（13）赵绍玲：《涉外婚姻在爆炸》，作家出版社 1989 年版。
（14）罗国杰：《伦理学》，人民出版社 1989 年版。
（15）中国社会科学院人口研究所编：《中国人口年鉴》，经济管理出版社 1989 年版。
（16）张希玉等：《三十对离婚夫妻的反思》，黑龙江人民出版社 1989 年版。
（17）陈国强：《简明文化人类学词典》，浙江人民出版社 1990 年版。
（18）陶明顺、陈惠琴：《离婚纵横谈》，甘肃人民出版社 1991 年版。
（19）唐达、严建平等：《文化传统与婚姻演变——对中国婚姻文化轨迹的探寻》，文汇出版社 1991 年版。
（20）张爱平：《离婚在今天》，辽宁人民出版社 1991 年版。
（21）袁亚愚：《中美城市现代的婚姻和家庭》，四川大学出版社 1991 年版。
（22）冯立天：《中国人口生活质量研究》，北京经济学院出版社 1992 年版。
（23）梁丽芳：《从红卫兵到作家——觉醒一代的声音》，万象图书股份有限公司 1993 年版。
（24）刘英：《当代中国农村家庭——14 省（市）农村家庭协作调查资料汇编》，社会科学文献出版社 1993 年版。
（25）张贤钰：《怎样处理离婚纠纷》，知识出版社 1993 年版。
（26）郭传火：《中国当代试婚潮》，作家出版社 1993 年版。
（27）张德强：《嬗变中的婚姻家庭》，兰州大学出版社 1993 年版。
（28）何岚、史卫民：《漠南情：内蒙古生产建设兵团写真》，法律出版社 1994 年版。
（29）雷洁琼：《改革以来中国农村婚姻家庭的新变化——转型期中国农村婚姻家庭的变迁》，北京大学出版社 1994 年版。
（30）国家统计局人口就业统计司：《中国人口统计年鉴》，中国统计出版社 1994 年版。
（31）雷洁琼主编：《改革以来中国农村婚姻家庭的新变化——转型期中国农村婚姻家庭的变迁》，北京大学出版社 1994 年版。
（32）沈崇麟、杨善华：《当代中国城市家庭研究——七城市调查报告和资料汇编》，中国社会科学出版社 1995 年版。
（33）杨善华：《经济体制改革和中国农村的家庭与婚姻》，北京大学出版社 1995 年版。
（34）潘绥铭：《中国的性现状》，光明日报出版社 1995 年版。
（35）李银河：《中国婚姻家庭及其变迁》，黑龙江人民出版社 1995 年版。
（36）李银河：《中国人的性爱与婚姻》，河南人民出版社 1996 年版。
（37）李银河：《女性权力的崛起》，文化艺术出版社 1996 年版。
（38）徐安琪：《世纪之交中国人的爱情和婚姻》，中国社会科学出版社 1997 年版。
（39）赵秉志：《香港法律制度》，中国人民公安大学出版社 1997 年版。
（40）费孝通：《乡土中国 · 生育制度》，北京大学出版社 1998 年版。
（41）李松晨：《“文革”档案》（第 1 卷），当代中国出版社 1999 年版。
（42）徐安琪、叶文振：《中国婚姻质量研究》，中国社会科学出版社 1999 年版。
（43）龙应台：《啊，上海男人》，学林出版社 1999 年版。
（44）贺大明、彭国元：《玫瑰之约：荧屏内外的故事》，中国广播电视出版社 1999 年版。

（45）王跃年、孙青：《百年风俗变迁》，江苏美术出版社 2000 年版。
（46）王国敏：《20 世纪的中国妇女》，四川大学出版社 2000 年版。
（47）曹锦清：《当代浙北乡村的社会文化变迁》，上海远东出版社 2001 年版。
（48）王海明：《伦理学原理》，北京大学出版社 2001 年版。
（49）宋惠昌主编：《应用伦理学》，中共中央党校出版社 2001 年版。
（50）巫昌祯：《中国婚姻法》，中国政法大学出版社 2001 年版。
（51）张自强：《剑在行动》，中国财政经济出版社 2002 年版。
（52）安云凤：《新编现代伦理学》，首都师范大学出版社 2002 年版。
（53）何雪松：《社会学视野下的中国社会》，华东理工大学出版社 2002 年版。
（54）钱锺书：《围城》，生活·读书·新知三联书店 2002 年版。
（55）张培田、董小龙等：《新中国法治研究资料通鉴》，中国政法大学出版社 2003 年版。
（56）《马克思恩格斯全集》（第三卷），人民出版社 2003 年版。
（57）《马克思恩格斯选集》（第四卷），人民出版社 2012 年版。
（58）钱瑜、李健鸣：《实录北京八十年代印象》，上海文艺出版社 2004 年版。
（59）张希坡：《中国婚姻立法史》，人民出版社 2004 年版。
（60）李煜、徐安琪：《婚姻市场中的青年择偶》，上海社会科学院出版社 2004 年版。
（61）高恒天：《道德与人的幸福》，中国社会科学出版社 2004 年版。
（62）郑雪、严标宾、邱林、张兴贵：《幸福心理学》，暨南大学出版 2004 年版。
（63）陈重伊：《中国婚姻家庭非常裂变》，中央编译出版社 2005 年版。
（64）章海山等：《伦理学引论》，高等教育出版社 2005 年版。

（65）曾盛聪、林滨、葛桦等：《伦理的嬗变——十年伦理变迁的轨迹》，人民出版社2005年版。
（66）李银河：《两性关系》，华东师范大学出版社2005年版。
（67）陈鹏：《中国婚姻史稿》，中华书局2005年版。
（68）黄宗智：《中国乡村研究》（第四辑），中国社会科学出版社2006年版。
（69）阎云祥：《私人生活的变革：一个中国村庄里的爱情、家庭与亲密关系（1949—1999）》，上海书店出版社2006年版。
（70）邓伟志、胡申生：《上海婚俗》，文汇出版社2007年版。
（71）罗国杰：《伦理学》，人民出版社2007年版。
（72）周长城、柯燕：《客观生活质量：现状与评价》，社会科学文献出版社2008年版。
（73）王歌雅：《中国婚姻伦理嬗变研究》，中国社会科学出版社2008年版。
（74）龚群：《社会伦理十讲》，中国人民大学出版社2008年版。
（75）李庆山：《新中国百姓生活六十年》，人民出版社2009年版。
（76）李劭南：《当代北京婚恋史话》，当代中国出版社2009年版。
（77）刘小萌：《中国知青史：大潮（1966—1980）》，当代中国出版社2009年版。
（78）陈煜：《中国生活记忆》，中国轻工业出版社2009年版。
（79）朱贻庭：《中国传统伦理思想史》，华东师范大学出版社2009年版。
（80）李佳梅：《中西家庭伦理比较》，湖南大学出版社2009年版。
（81）梁景和：《近代中国陋俗文化嬗变研究》，首都师范大学出版社2009年版。
（82）梁景和：《社会生活探索》第一辑至第七辑，首都师范大学出版社2009、2010、2012、2013、2014、2015、2016年版。
（83）梁景和：《中国社会文化史的理论与实践》，社会科学文献出版社2010年版。
（84）丁心镜：《幸福学概论》，郑州大学出版社2010年版。

（85）梁景和：《婚姻、家庭、性别研究》第一辑至第五辑，社会科学文献出版社2011、2012、2013、2014、2016年版。

（86）法律出版社法规中心编：《中华人民共和国婚姻法文书范本注解版》，法律出版社2011年版。

（87）何跃青：《中国婚俗文化》，外文出版社2013年版。

（88）徐安琪等：《转型期的中国家庭价值观研究》，上海社会科学院出版社2013年版。

（89）曹锐：《流动妇女婚姻质量研究》，上海人民出版社2013年版。

（90）费孝通：《生育制度》，生活·读书·新知三联书店2014年版。

（91）梁景和：《中国社会文化史的理论与实践续编》，社会科学文献出版社2015年版。

五　论文

1. 期刊论文

（1）幽桐：《对于当前离婚问题的分析和意见》，《新华半月刊》1957年第6期。

（2）伯雄、甄非：《美满的婚姻应以爱情为基础》，《民主与法制》1980年第11期。

（3）万也：《可不可以这样追求爱情?》，《青年一代》1981年第4期。

（4）王晞：《广收随礼、大摆筵席的背后是什么?》，《中国青年》1981年第20期。

（5）程志山：《一天的幸福和一生的幸福》，《中国青年》1981年第23、24期合刊。

（6）方鉴清：《谁骗谁》，《青年一代》1982年第1期。

（7）丁翔华等：《〈可不可以这样追求爱情?〉来信评析》，《青年一代》1982年第3期。

（8）继明、栋祥、张田：《顺英和她的36只羊》，《中国妇女》

1983 年第 1 期。
(9) 孙剑云：《做新娘以后》，《中国妇女》1983 年第 1 期。
(10) 赵子祥：《离婚原因多种多样——对沈阳市一千份离婚案卷的综合分析》，《社会》1984 年第 2 期。
(11) 张敏杰：《从“征婚广告”这个窗口望去》，《社会》1984 年第 5 期。
(12) 王燕生等：《100 个破裂的家庭》，《民主与法制》1985 年第 1 期。
(13) 薛敦方：《外来文化对青年性观念的冲击以及我们的对策》，《当代青年研究》1985 年第 9 期。
(14) 刘达临：《不要把性问题神秘化——性社会学漫谈之一》，《家庭》1986 年第 1 期。
(15) 佳宁：《妻子性冷淡，要耐心找出原因》，《家庭》1986 年第 2 期。
(16) 晓萍：《把爱献给最可爱的人——致女青年》，《家庭》1986 年第 2 期。
(17) 虎世和：《由“重财型”到“重才型”》，《中国妇女》1986 年第 5 期。
(18) 黄瑞旭、杨新连、靳光谨：《“彩礼”问题调查》，《青年研究》1986 年第 8 期。
(19) 陈林祥：《关于父母离婚后子女抚养教育和安排情况的调查》，《青少年犯罪问题》1987 年第 1 期。
(20) 徐安琪：《父母离异的学龄少儿的调查》，《社会学研究》1987 年第 3 期。
(21) 张万华：《征婚启事与 58 名女大学生》，《中国青年》1987 年第 3 期。
(22) 社会发展指标及评价方法课题组：《首都社会发展指标及其评价方法》，《社会学研究》1987 年第 4 期。
(23) 林南：《生活质量的结构与指标》，《社会学研究》1987 年第 6 期。

（24）公放彬：《女大学生所理解的军人爱情——对 52 所地方高校的调查笔录摘要》，《家庭》1987 年第 6 期。

（25）丛聪：《“红”牌坊——白启娴婚姻问题调查追记》，《中国妇女》1987 年第 8 期。

（26）宁东：《一个两次离婚的女人》，《社会杂志》1988 年第 1 期。

（27）雷洁琼：《新中国成立以来婚姻家庭制度变革》，《北京大学学报》（社会科学版）1988 年第 3 期。

（28）吴红征：《他们为何走向离婚？——对湛江市区 42 对自愿离婚者的调查》，《家庭》1988 年第 5 期。

（29）顾邦文：《媳妇决定要离婚》，《家庭》1988 年第 9 期。

（30）张萍：《从征婚启事看我国城镇大龄未婚男女择偶标准差异》，《社会学研究》1989 年第 2 期。

（31）周贵华：《重建后中国社会学的研究选题倾向分析》，《社会学研究》1989 年第 2 期。

（32）王义豪：《近年来农村婚姻家庭关系状况和发展趋势——河北省情况的调查》，《河北学刊》1989 年第 3 期。

（33）杨雄：《走向伊甸园的冲动：当代青年性观念嬗变沉思录》，《当代青年研究》1989 年第 3 期。

（34）于培明：《悄悄兴起的情人风》，《青年一代》1989 年第 3 期。

（35）文弓：《我的妻子像个木头人》，《民主与法制》1989 年第 5 期。

（36）杨凤：《我愿意和军人结良缘》，《家庭》1989 年第 6 期。

（37）徐安琪：《论第三者介入婚姻纠纷的特点与趋势》，《社会科学》1990 年第 1 期。

（38）张绳祖：《关于离婚率上升的原因及其评价》，《中国政法大学学报》1990 年第 2 期。

（39）马役军：《婚姻大世界——中国涉外婚姻十年》，《当代》1990 年第 5 期。

（40）郑永福、吕美颐：《中国近代婚姻观念的变迁》，《中国妇女管理干部学院学报》1991 年第 1 期。

（41）金尔民、张丙康：《跨国界的诱惑》，《青年一代》1991 年第 3 期。

（42）徐安琪：《我国城市婚姻的现状与趋势》，《社会学研究》1991 年第 3 期。

（43）李善峰：《处于变革与选择中的农村婚姻家庭——关于山东农村婚姻家庭 10 年变化的研究报告之一》，《山东社会科学》1991 年第 5 期。

（44）卢淑华、韦鲁英：《生活质量主客观指标作用机制研究》，《中国社会科学》1992 年第 1 期。

（45）郭德明：《对 100 起家庭暴力犯罪案件的剖析》，《公安大学学报》1992 年第 2 期。

（46）李云青：《试论我国离婚率上升的原因》，《阜阳师范学院学报》1992 年第 2 期。

（47）李燕君：《一种令人深思的现象——有感于妻“贵”夫不“容”》，《中国妇女管理干部学院学报》1992 年第 3 期。

（48）卢淑华：《中国城市婚姻与家庭生活质量分析——根据北京、西安等地的调查》，《社会学研究》1992 年第 4 期。

（49）毛磊：《跨越国界的爱情——中国涉外婚姻透视》，《通俗小说报》1992 年第 5 期。

（50）邝海春：《当代青年婚姻与性价值观的嬗变——对广西 405 名青年的问卷调查》，《青年探索》1992 年第 5 期。

（51）晓恒：《改革开放与婚姻家庭——南昌婚姻、家庭观念变化启事录》，《中国妇女管理干部学院学报》1993 年第 1 期。

（52）于学军：《我国婚姻市场的现状及未来发展趋势》，《青年探索》1993 年第 1 期。

（53）蔡久忠：《婚姻消费及其市场意义》，《成都师专学报》1993 年第 2 期。

（54）吴珊珊、孙凤志：《婚姻可以试吗？——关于试婚现象的透视》,《道德与文明》1993 年第 5 期。
(55) 徐安琪:《中国离婚现状、特点及其趋势》,《上海社会科学院学术季刊》1994 年第 2 期。
(56) 熊郁:《中国妇女初婚、生育、性的自主权》,《妇女研究论丛》1994 年第 3 期。
(57) 赵挺:《对当代大学生恋爱动机的剖析与向导》,《六盘水师专学报》1995 年第 1 期。
(58) 黎洪伟:《上海职业青年婚恋状况调查报告》,《当代青年研究》1995 年第 2 期。
(59) 吴本雪:《成都市婚姻家庭追踪调查综述》,《社会学研究》1995 年第 2 期。
(60) 张景琦:《中国传统社会与现代社会性观念之比较研究》,《法制心理研究》1995 年第 3 期。
(61) 陈薇:《当代青年"婚外情"现象初探》,《中国青年研究》1995 年第 4 期。
(62) 陈冀京:《明天你嫁给谁?》,《青年探索》1995 年第 5 期。
(63) 张贤钰:《中美对妇女的暴力侵犯国际妇女研讨会述评》,《法学》1995 年第 5 期。
(64) 曾毅:《八十年代以来我国离婚水平与年龄分布的变动趋势》,《中国社会科学》1995 年第 6 期。
(65) 纪秋发:《北京青年的婚姻观—— 一项实证调查分析》,《青年研究》1995 年第 7 期。
(66) 刘沙:《寻觅"隐秘世界"的美满》,《青年一代》1995 年第 8 期。
(67) 秦季飞:《武汉地区大学生的择偶标准》,《青年研究》1995 年第 11 期。
(68) 胡荣:《厦门市居民生活质量调查》,《社会学研究》1996 年第 2 期。
(69) 魏屹东、刑润川:《〈社会学研究〉(1986—1995) 文献计量研究》,《社会学研究》1996 年第 2 期。

（70）董建江：《一九八七—— 一九九四：从“征婚启事”析婚恋观之嬗变》，《青年研究》1996 年第 3 期。
（71）吴雪莹、陈如：《众里寻他千百度——从征婚启事看当代人的择偶标准》，《青年研究》1996 年第 6 期。
（72）张安英：《家庭暴力的现状、原因及对策》，《学习导报》1996 年第 6 期。
（73）蓝白：《职业女性的离婚宣言》，《青年一代》1996 年第 11 期。
（74）陆洛：《中国人幸福感之内涵、测量及相关因素探讨》，《（中国台湾）国家科学委员会研究集刊》（第八卷）1997 年第 1 期。
（75）南宇：《无处离婚》，《青年一代》1997 年第 2 期。
（76）姜淑清：《90 年代城市未婚青年性观念、性行为调查》，《中国人口科学》1997 年第 2 期。
（77）金一虹：《影响当前家庭稳定性的伦理道德因素分析及对策研究》，《学海》1997 年第 3 期。
（78）杨新科：《改革开放条件下中国择偶观念的变化及发展趋势》，《西北人口》1997 年第 3 期。
（79）风笑天、易国松：《城市居民生活主观生活质量研究——武汉、北京、西安三地调查资料的比较分析》，《华中理工大学学报》1997 年第 3 期。
（80）易松国、风笑天：《城市居民主观生活质量研究——武汉、北京、西安三地调查资料的比较分析》，《华中理工大学学报》1997 年第 3 期。
（81）沈晓阳：《社会转型与婚姻道德》，《道德与文明》1997 年第 4 期。
（82）张应祥：《中国婚姻家庭研究综述》，《中山大学学报论丛》1997 年第 6 期。
（83）郑晨：《源于低值期望的满足感：华南农村居民婚姻满意度调查》，《中山大学学报论丛》1997 年第 6 期。
（84）刘祥：《一个士兵的感情反击战》，《中国青年》1997 年第

7 期。

（85）尚会鹏：《中原地区村落社会中青年择偶观及其变化——以西村为例》，《青年研究》1997 年第 9 期。

（86）易国松：《生活质量研究进展综述》，《深圳大学学报》1998 年第 1 期。

（87）徐安琪：《婚姻质量：度量指标及其影响因素》，《中国社会科学》1998 年第 1 期。

（88）王行娟：《从妇女热线分析当代婚姻震荡的原因》，《妇女研究论丛》1998 年第 2 期。

（89）夏国美：《论变迁社会中婚姻幸福的三要素》，《上海社会科学院学术季刊》1998 年第 2 期。

（90）郑晨：《试论浪漫爱情对婚姻质量的影响》，《浙江学刊》1998 年第 3 期。

（91）叶文振：《当代中国离婚态势和原因分析》，《人口与经济》1998 年第 3 期。

（92）陈新欣：《婚外性关系及道德评判》，《浙江学刊》1998 年第 6 期。

（93）朱新秤：《婚姻不满的社会心理分析》，《社会杂志》1998 年第 8 期。

（94）卢淑华、文国峰：《婚姻质量的模型研究》，《妇女研究论丛》1999 年第 2 期。

（95）古丽夏蒂·吐尔逊：《议离婚》，《新疆公安司法管理干部学院学报》1999 年第 3 期。

（96）罗萍：《当代婚姻状况结构变迁》，《武汉大学学报》1999 年第 3 期。

（97）徐安琪、叶文振：《性生活满意度——中国人的自我评价及其影响因素》，《社会学研究》1999 年第 3 期。

（98）罗开玉：《我国近五十年择偶标准札记》，《中华文化论坛》1999 年第 4 期。

（99）陈震华、喻东山、彭昌孝：《241 例婚姻满意度调查》，《健康心理学杂志》2000 年第 2 期。
（100）秦美珠:《家庭暴力与离婚选择》，《华东理工大学学报》2000 年第 2 期。
（101）赵彦云、李静萍:《中国生活质量评价、分析和预测》,《管理世界》2000 年第 3 期。
（102）沈峻:《五十年来婚姻家庭中妇女地位的变化和面临的挑战》,《天津师范大学学报》2000 年第 3 期。
（103）风笑天、易国松:《城市居民家庭生活质量：指标及其结构》,《社会学研究》2000 年第 4 期。
（104）徐安琪:《择偶标准：五十年变迁及其原因分析》,《社会学研究》2000 年第 6 期。
（105）华德川:《赵本山的“爱恋眼神”》,《青年一代》2000 年第 8 期。
（106）李静之:《新民主主义革命时期中国共产党妇女运动指导思想的确立和发展》,《妇女研究论丛》2001 年第 4 期。
（107）罗渝川、张进辅:《从 20 世纪最后 10 年看我国青年婚恋观的变迁》,《陕西师范大学学报》2001 年第 4 期。
（108）潘允康:《离婚现象的理性思考：辩证统一的历史观和社会观》,《杭州师范学院学报》2001 年第 5 期。
（109）丁凯:《近 20 年征婚广告的媒体梳理》,《社会》2001 年第 9 期。
（110）李相珍:《“文革”期间婚姻生活之我见》，《辽宁大学学报》2002 年第 3 期。
（111）徐安琪、叶文振:《婚姻质量：婚姻稳定性的主要预测指标》,《上海社会科学院学术季刊》2002 年第 4 期。
（112）程美东:《改革开放以来中国婚姻家庭制度的嬗变》,《中国特色社会主义研究》2002 年第 4 期。
（113）徐汉明:《夫妻难沟通，婚姻需治疗》,《科学大观园》2002 年第 6 期。
（114）李莹:《天津市青年主观生活质量的调查分析》，《青年研究》2003 年第 3 期。

(115) 奚恺元、张国华、张岩:《从经济学到幸福学》,《上海管理科学》2003 年第 3 期。

(116) 苗元江、余嘉元:《幸福感:生活质量研究的新视角》,《学科前沿》2003 年第 4 期。

(117) 蔡昉、王德文:《作为市场化的人口流动——第五次全国人口普查数据分析》,《中国人口科学》2003 年第 5 期。

(118) 邢占军:《城市居民婚姻状况与主观幸福感关系的初步研究》,《心理科学》2003 年第 6 期。

(119) 钱铭怡、王易平、章晓云、朱松:《十五年来中国女性择偶标准的变化》,《北京大学学报》2003 年第 9 期。

(120) 肖红:《妇女地位与作用由传统到现代的变化》,《西南民族大学学报》2003 年第 9 期。

(121) 蒋青:《城镇居民生活质量及其影响因素》,《财经科学》2004 年第 1 期。

(122) 张军:《中国婚姻媒介的演变与流弊》,《武汉大学学报》2004 年第 1 期。

(123) 徐安琪、李煜:《青年择偶过程:转型期的嬗变》,《青年研究》2004 年第 1 期。

(124) 李桂梅:《现代家庭伦理精神建构的思考——兼论自由与责任》,《道德与文明》2004 年第 2 期。

(125) 黄桂琴、张志永:《建国初期婚姻制度改革研究》,《政法论坛》2004 年第 2 期。

(126) 周长城、蔡静诚:《生活质量主观指标的发展及其研究》,《武汉大学学报》2004 年第 5 期。

(127) 王淑芹:《论婚姻的二维性》,《社会》2004 年第 10 期。

(128) 刘伟、蔡志洲:《经济增长与幸福指数》,《人民论坛》2005 年第 1 期。

(129) 张国祺:《真理标准问题讨论是邓小平理论的逻辑起点》,《毛泽东思想研究》2005 年第 3 期。

（130）黄立清、邢占军：《国外有关主观幸福感影响因素的研究》，《国外社会科学》2005 年第 3 期。

（131）徐安琪：《夫妻权力和妇女家庭地位的评价指标：反思与检讨》，《社会学研究》2005 年第 4 期。

（132）刘东发：《试析中国女性择偶标准的时代落差》，《湖南行政学院学报》2005 年第 6 期。

（133）罗新阳：《幸福指数：和谐社会的新追求》，《桂海论丛》2006 年第 6 期。

（134）曾国安：《20 世纪 90 年代以来中国城镇居民收入差距对消费倾向的影响》，《消费经济》2006 年第 6 期。

（135）风笑天：《生活质量研究：近三十年回顾及相关问题探讨》，《社会科学研究》2007 年第 6 期。

（136）苗元江、陈浩彬、白苏好：《幸福感研究新视角——社会幸福感概述》，《社会心理学》2008 年第 2 期。

（137）朱晓军：《留守在北大荒的知青：纪念知识青年上山下乡 40 周年》，《北大荒文学》2008 年第 6 期。

（138）李桂梅、郑自立：《改革开放 30 年来婚姻家庭伦理研究的回顾与展望》，《伦理学研究》2008 年第 9 期。

（139）巫昌祯、夏吟兰：《改革开放三十年中国婚姻立法之嬗变》，《中华女子学院学报》2009 年第 1 期。

（140）潘允康：《社会变迁中的家庭和谐问题思考》，《北京工业大学学报》2009 年第 4 期。

（141）陈慧：《从建国以来女性婚姻家庭观念的变迁看女性意识的嬗变》，《内江师范学院学报》2009 年第 11 期。

（142）苗元江：《从幸福感到幸福指数——发展中的幸福感研究》，《南京社会科学》2009 年第 11 期。

（143）方丹、赵华朋：《对幸福指数研究的哲学思考》，《西安社会科学》2010 年第 1 期。

（144）赵文芳：《新中国成立 60 年以来青年婚恋观的发展变迁》，《长江师范学院学报》2010 年第 5 期。

（145）张志永：《1978 年以来当代中国婚姻家庭问题研究的回顾与思考》，《河北师范大学学报》（哲学社会科学版）2011 年第 2 期。

（146）张锦涛：《夫妻对沟通模式感知差异与双方婚姻质量的关系》，《中国临床心理学杂志》2011 年第 3 期。

（147）于萍、周士义、徐晓娟：《美国宏观生活质量指标体系的建构》，《学习与实践》2011 年第 5 期。

（148）康君：《幸福指数研究的不同视角及国际比较》，《数据》2011 年第 6 期。

（149）舒浪：《主观生活质量研究综述》，《群文天地》2011 年第 12 期。

（150）“首都市民价值观调查模型建设研究”课题组：《北京市民婚育观现状调查研究》，《渤海大学学报》（哲学社会科学版）2012 年第 1 期。

（151）王存同：《中国婚姻满意度水平及影响因素的实证分析》，《妇女研究论丛》2013 年第 1 期。

（152）张会平：《家庭收入对女性婚姻幸福感的影响：夫妻积极情感表达的中介作用》，《中国临床心理学杂志》2013 年第 2 期。

（153）梁景和：《生活质量：社会文化史研究的新维度》，《近代史研究》2014 年第 4 期。

（154）陈佳鞠：《夫妻权力结构对婚姻满意度的影响》，《内蒙古大学学报》2015 年第 4 期。

（155）童杰辉、张慧：《社会经济地位对婚姻关系的影响》，《广西社会科学》2015 年第 9 期。

2. 博士论文

（1）李桂梅：《冲突与融合——传统家庭伦理的现代转向及现代价值》，湖南师范大学博士学位论文，2002 年。

（2）陈文联：《五四时期妇女解放思潮研究》，博士学位论文，湖南师范大学，2002 年。

（3）俞路：《20 世纪 90 年代中国迁移口分布格局及其空间极化效应》，博士学位论文，华东师范大学，2006 年。

（4）王歌雅：《中国婚姻伦理嬗变研究》，博士学位论文，黑龙江大学，2006 年。
（5）闫玉：《当代中国婚姻伦理的演变与合理导向研究》，博士学位论文，吉林大学，2008 年。
（6）李飞龙：《社会变迁中的中国农村婚姻与家庭研究（1950—1985）》，中央党校，2010 年。
（7）朱丽娟：《当代中国婚姻家庭制度演变的观念基础》，博士学位论文，吉林大学，2011 年。
（8）李慧波：《新中国十七年（1949—1966）北京市婚姻文化嬗变研究》，博士学位论文，首都师范大学，2012 年。
（9）黄巍：《“文革”时期女性形象政治化研究》，博士学位论文，首都师范大学，2012 年。
（10）姜虹：《新中国十七年北京市民家庭史研究（1949—1966）》，博士学位论文，首都师范大学，2013 年。
（11）董怀良：《自由与干预：改革开放时期中国婚姻“私事化”研究（1978—2000）》，博士学位论文，首都师范大学，2015 年。
3. 硕士论文
（1）黄东：《中国现代婚姻文化嬗变研究》，硕士学位论文，首都师范大学，2002 年。
（2）牛玉萍：《我国 90 年代婚姻家庭观念若干热点问题的研究》，硕士学位论文，清华大学，2004 年。
（3）钟祥虎：《改革开放以来农村婚姻习俗的变迁》，硕士学位论文，安徽大学，2005 年。
（4）穆秀华：《20 世纪 80 年代以来江浙农村婚姻观念变迁考察》，硕士学位论文，华东师范大学，2005 年。
（5）谢燕红：《尴尬的婚姻自由——五十年代婚恋小说解读》，硕士学位论文，郑州大学，2006 年。
（6）付红梅：《当代中国离婚问题的伦理思考》，硕士学位论文，湖南师范大学，2006 年。
（7）李佳漪：《中国传统婚姻家庭的现代嬗变》，硕士学位论文，西南大学，2007 年。
(8) 张学见：《改革开放以来我国离婚率嬗变研究——以社会历史背景变迁为视角》，硕士学位论文，首都师范大学，2008 年。
(9) 龙艳梅：《择偶标准对婚姻质量的影响研究》，硕士学位论文，湖南师范大学，2008 年。
(10) 张涛：《面子理论视角下的婚姻仪式研究》，硕士学位论文，黑龙江省社会科学院，2010 年。
(11) 李芸：《改革开放以来中国婚姻家庭价值观的变迁——从〈一年又一年〉、〈金婚〉、〈幸福里九号〉说起》，硕士学位论文，云南财经大学，2010 年。
(12) 刘玲：《20 世纪 80 年代中国婚姻伦理嬗变研究》，硕士学位论文，首都师范大学，2011 年。
(13) 刘伟英：《转型期我国婚姻伦理问题研究》，硕士学位论文，陕西师范大学，2011 年。
(14) 杨君：《改革开放以来青年婚恋价值观变迁研究》，硕士学位论文，天津商业大学，2012 年。
(15) 陈小玲：《我国电视婚恋交友节目的兴衰及影响研究》，硕士学位论文，中南大学，2012 年。
(16) 王林：《中国传统婚姻伦理演变研究》，硕士学位论文，广西民族大学，2012 年。
(17) 张世均：《二十世纪八十年代初期成都市征婚广告研究——以〈成都晚报〉为例》，硕士学位论文，西南民族大学，2013 年。
(18) 曹晨晨：《牺牲、人格特质与婚姻生活质量的关系研究》，硕士学位论文，河北师范大学，2013 年。
(19) 陈明强：《新中国结婚证书的图像研究》，硕士学位论文，中央美术学院，2013 年。
(20) 胡晓艳：《建国以来我国婚姻习俗研究》，硕士学位论文，齐鲁工业大学，2013 年。
(21) 孙卫：《20 世纪 90 年代中国婚姻伦理的转变——中国家庭伦

理剧透视的历史》，硕士学位论文，首都师范大学，2013 年。
(22) 蔡霞：《上山下乡运动中知识青年婚姻研究（1968—1980）》，硕士学位论文，首都师范大学，2014 年。
(23) 李涛：《二十一世纪初年（2001—2012）中国婚姻文化嬗变研究》，硕士学位论文，首都师范大学，2014 年。

六　口述、访谈资料

1. 安顿：《绝对隐私：当代中国人情感口述实录》，新世界出版社 1995 年版。
2. 安顿：《回家：当代中国人情感口述实录之二》，新世界出版社 1998 年版。
3. 赵学林：《阴影——对第三者婚姻状况的调查》，经济日报出版社 2000 年版。
4. 刘小萌：《中国知青口述史》，中国社会科学出版社 2004 年版。
5. 陶林：《18 位前妻的口述实录》，大众文艺出版社 2005 年版。
6. 梁景和：《中国现当代社会文化访谈录》第一辑至第五辑，首都师范大学出版社 2010、2012、2013、2014、2016 年版。

七　文艺作品

1. 韶华：《儿女们自己的事》，大方书店 1952 年版。
2. 歌曲《月亮代表我的心》：作词：孙仪；作曲：翁清溪；演唱者：陈芬兰；发行时间：1972 年。
3. 歌曲《恋曲 1980》：作词：罗大佑；作曲：罗大佑；演唱者：罗大佑；发行时间：1982 年 4 月 21 日。
4. 影视剧《渴望》：导演：鲁晓威、赵宝刚；编剧：李晓明；出品公司：北京电视艺术中心；出品时间：1990 年。
5. 歌曲《爱》：作词：陈大力，李子恒；作曲：陈大力；演唱者：小虎队；发行时间：1991 年 8 月 2 日。
6. 电影《女皇陵下的风流娘儿们》：导演：董克娜；编剧：王宝成；出品时间：1992 年。

7. 影视剧《北京人在纽约》：导演：郑晓龙、冯小刚；出品公司：北京电视艺术中心；发行时间：1994 年。

8. 影视剧《牵手》：导演：杨阳；编剧：王海鸰、吴兆龙；出品公司：中国国际电视总公司；发行时间：1998 年。

9. 电视栏目《玫瑰之约》：湖南卫视，播出时间：1998 年 7 月 16 日—2005 年 8 月 25 日。

10. 歌曲《当》：作词：琼瑶；作曲：庄立帆、郭文琮；演唱者：动力火车；发行时间：1998 年 9 月 16 日。

11. 电视剧《父母爱情》：导演：孔笙；编剧：刘静；出品公司：新丽传媒股份有限公司、山东影视集团；出品时间：2014 年。

后　记

我曾经撰写《生活质量：社会文化史研究的新维度》① 一文，认为生活质量是研究社会文化史的一个新的视角和领域，也是当今社会对社会文化史研究的期待之一。以往未见从生活质量的维度来研究社会文化问题，所以本书算是一个粗浅的尝试。

把婚姻、婚姻伦理、婚姻生活质量这些以往只作为单独研究的个体融为一体进行学理探索，这是从更为复杂的视域来讨论问题，平添了研讨的难度和困境。本书的目的，只是摸索和探路，希望能够积累一些粗浅的经验和方法。

本书的作者杨冰、张浩墨、张欢欢都是二十几岁的硕士研究生，本书是由他们的硕士学位论文删减后合成的。由硕士研究生来完成这样的一项选题，其困难之大，可以想象。所以本书提供的研究经验自然有限，其中的纰漏和问题的确很多。不过他们提出的某些学术观点还是有一定的启发意义，诸如：婚姻生活质量的高低并不取决于个人按照新式或传统的婚姻伦理规范去生活，而是与个体的心理素质有关，与个体的内心感受有关，与个体选择的行为方式有关；我们不能说哪些社会变迁的要素提高了婚姻生活质量，哪些社会变迁的要素降低了人们的婚姻满意度，这些诸多的社会因素都是客观存在的，它们起到的到底是积极的推动作用还是消极的阻碍作用，还要看婚姻当事人心目中幸福婚姻生活的标准和在社会变迁

---

① 梁景和：《生活质量：社会文化史研究的新维度》，《近代史研究》2014 年第 4 期。

中自身所作出的抉择；“双方生活质量观同一”的命题是倡导和支持拥有相同生活质量观的双方进行恋爱和结婚，这使双方能够满足彼此对生活质量的要求，并容易体验婚姻生活的幸福感，等等。这些观点对人们追求较高的婚姻生活质量和幸福的婚姻生活是有借鉴意义的。

本书是由连续不断的三个时间段组成，在时间形式上构成了一个整体。但其中的学科意识还是有所不同的，前两个时间段是以史学为本位的学科意识；后一个时间段是以伦理学为本位的学科意识，所以在研究的方法和角度以及问题的关注点和语言的表述上明显存在一些差异。

总之，本书只是一个粗浅探索，问题多多，希望能够抛砖引玉，得到读者们的批评指正。

梁景和

2016 年 9 月 1 日